한국 잠자리 도감

조성빈 著

한국 잠자리 도감

초판 1쇄 인쇄 | 2019년 1월 15일
초판 1쇄 발행 | 2019년 1월 20일

지 은 이 | 조성빈
발 행 인 | 이상춘
발 행 처 | 광일문화사

주 소 | 서울특별시 강남구 학동로 323(한미빌딩)
전 화 | (02) 517-5555
팩 스 | (02) 545-5786

ISBN 978-89-86752-67-0 96490

값 48,000원

sungbincho@sogang.ac.kr

Preface

나는 잠자리가 좋다. 내 눈에는 잠자리가 아름답고 신비하다. 주위 사람들은 모두다 왜 마흔이 넘은 아저씨가 잠자리를 하는지 신기해하고 궁금해 하였다. 그때의 내 대답이었다. 날씬한 몸과 화려한 색에 반짝이는 큰 눈, 투명한 날개로 너무도 자유자재로 나는 모습은 땅위에 꼼짝없이 붙어사는 인간에게는 너무나 부러운 모습이었으며, 이러한 모든 것들은 어린 시절의 나를 매료시켰었다.

내 잠자리 인생은 어릴 적 시작되었다. 누구나 그렇듯이 어릴 때 시작되었지만 누구와도 다르게 유난했었고, 커가며 자연스레 멀어졌고, 나이 마흔이 되어 다시 시작하게 되었고 제대로 탐구하게 되었다. 나는 서울에서 태어나고 자랐지만 서너 살 때부터 초등학교 들어가기 전까지 외가에서 많은 시간을 보냈다. 외할아버지는 충청북도에서 중학교 교장선생님을 하셨다. 교장선생님은 2~3년을 주기로 학교를 옮겨 다니기 때문에 학교 안에 사택이 따로 있어서 마을과는 떨어진 외딴집이었고, 60년대 말과 70년대 초에는 교장선생님의 귀한 서울손자인 나는 덩치도 컸고 하얀 편이었고 나대는 성격도 아니어서 마을 어린이들과 어울리진 않았다. 외할아버지, 외할머니, 어머니의 동생들인 이모와 외삼촌과 지냈다. 그 당시에 한국은 후진국 혹은 말이 좋아 개발도상국이었고 외지인에 대한 텃세도 심했다. 결국 유일한 친구가 잠자리가 되었다.

그리고 어느 날 서울로 불려 올라와 초등학교를 다니게 되었다. 꽤 유명한 사립초등학교에 들어가게 되었는데 정말 심한 일본식 강제 교육시스템이어서 학교가 싫었고, 1년 내내 여름방학만 기다리며 초등학교 시절을 보냈다. 7월말 여름방학이 되면 작은 이모 손에 이끌려 한진고속버스나 그레이하운드고속버스, 나중에는 새마을호 기차에 올라 대전에 내리고, 거기에서 옥천, 보은 등지의 외가댁으로 갔던 기억이 생생하다. 8월말 여름방학이 끝나면 서울생활은 다시 시작되었고 또다시 내년 여름방학만을 기다리는 소년으로 돌아갔다.

이런 내 잠자리인생은 중학교 3학년 때 외할아버지께서 동이중학교에서 정년 퇴임하시고 대전의 주택으로 이주하면서 끝이 났다. 나는 중학생이 되며 친구들과 어울리는 게 더 좋아졌고 고등학생, 대학생, 회사원, 결혼, 유학, 두 아이의 아빠, 교수가 되기까지 나름 열심히 살았다.

그래도 마음 한 구석에는 못다 이룬 어린 시절의 꿈같은 것이 있었다. 초등학생이 잠자리를 꽤 깊이 있게 관찰했었고 정밀묘사 그림과 색칠을 수없이 다시 하여 완성했던 노트를 마흔이 될 때까지 간직했던 걸 보면. 그 못 살던 70년대에는 긴 대나무로 만든 잠자리채를 들고 버스에 탈 수도 없었고 잠자리에 미친 어린이를 데리고 잠자리를 찾아 멀리 까지 돌아다닐 어른도 없었다. 그러던 어느 날 인터넷에서 한국에서도 잠자리 사이트가 생긴 것을 보고, 아 우리나라에도 나와 같은 사람이 있구나 라는 기쁘고 반가운 마음으로 다시 시작하게 되었다.

초기에는 그저 시간을 틈틈이 내어 여기저기 홀로, 때로는 게임에 빠진 초등학생 아들을 강제로 끌고 돌아다녔다. 쭈그리고 앉아 컴퓨터게임과 핸드폰게임을 하는 현 젊은 세대는 정말 불행한 시대를 살고 있다. 초등학교에서 집에 돌아오자마자 가방 집어던지고 골목으로 뛰어나가 아이들과 다방구와 팽이치기하며 지냈던 내 세대가 훨씬 정신적, 육체적으로 건강하며 복 받은 세대라는 생각이 든다. 그래서 아들에게 더운 여름날은 땀 뻘뻘 흘리며 밖에 돌아다니며 놀아야 한다고 하며 끌고 다녔는데, 관심도 없는 잠자리를 보며 얼굴은 더워 벌게지고 땀을 뚝뚝 흘리던 어린 아들 얼굴은 안쓰럽기도 하고 한없이 예뻤었다.

그러다 잠자리를 하며 여러 귀인들을 알게 되었다. 정광수씨, 김종문씨, 서창원씨를 알게 되고 많은 탐사를 같이 다니게 되었다. 이분들과의 인연이 없었다면 우리나라의 잠자리를 다 보긴 힘들었을 것이다. 어찌나 찾기 힘든 녀석들이 많은지. 서울, 경기에서 시작하여 충청, 강원, 경상, 전라, 제주, 전국을 돌아다니며 탐사하게 되었다. 서창원씨와의 오키나와 탐사, 김종문씨와의 간토지방 탐사, 다시 김대호씨와의 간토지방 탐사, 일본의 환경을 보며 느낀 것이 많다.

귀한 잠자리는 사람의 발길을 싫어한다. 이런 녀석을 찾아 인간의 손이 덜 닿은 오염 덜 된 자연환경을 찾아가면, 오로지 자연과 나만 남게 된다. 내 머릿속의 세상근심은 멀어지고 이 시간은 내 정신과 영혼에 안식의 시간이 된 것 같다.

이 책을 보는 분들에게 꼭 하고 싶은 얘기가 있다. 우리나라는 자연보호, 생태보호 등에 대한 개념 자체가 없는 나라이다. 지방자치가 시작되며 온 나라는 비즈니스 모델과 수익 창출에 혈안이 되어, 계곡, 하천, 습지 등 귀한 자연을 아무렇지도 않게 파괴하는 것이 가속화되었다. 4대강 사업은 한반도의 잠자리를 포함한 귀중한 생태계를 박살내었다. 계곡과 하천에는 시멘트 제방을 만들어 시멘트 독으로 다 죽여오고, 온갖 음식점들이 들어서 갖은 쓰레기 버리는 것도 모자라, 펜션과 주택 짓기 까지 허용되면서 자연 그대로의 생명이 살아 숨 쉬는 계곡과 하천은 거의 없어졌다. 생명의 보고인 습지는 가만 두고 보지 못한다. 모기 생긴다고 바로 메워 버린다.

미국생활 8년과 동남아의 잠자리생태를 보며 많은 비교를 하게 되었다. 동남아의 열대, 아열대 지방은 원래 생태계가 다양하지만 아직 개발이 덜 된 이유도 있고 강력하게 보호하고 있는 곳도 있다. 일본의 오키나와가 인상적 이었다. 오키나와 본섬은 남북으로 긴데, 남북으로 크게 반 토막 내서 보면, 남부는 개발된 도시에 가깝지만, 북부는 정말 자연보호가 잘 되어있다. 계곡을 따라 산을 오르는 길만 냈을 뿐, 그 계곡 주변에는 농사도 거의 짓지 않으며 음식점은 하나도 없으며 계곡 테두리에 시멘트도 바르지 않은, 자연 그대로를 보존하고 있었다. 그래서 50년 전, 100년 전에 날던 독수리잠자리들이 오늘도 그대로 날고 있다. 이것이 자연보호이다. 사람이 손대지 않는 것. 오키나와 남쪽의 이시가키섬, 이리오모테 섬의 모습을 인터넷에서 한 번 찾아보라. 자연에 손대지 않고 얼마나 그대로 잘 보호하고 있는지.

캘리포니아의 General Sherman tree로 유명한 Sequoia National Park를 차로 정상을 향해 한참을 오르다 보면, 산을 오르는 것이 아니라 시간을 거슬러 태고 때로 돌아가는 시간여행을 하는 듯한 느낌을 받는다. 주변에는 죽어서 쓰러진 혹은 쓰러져 죽어가는 많은 나무들을 보게 되는데, 그들은 그것을 그대로 둔다. 생명의 탄생에서 죽음까지 그리고 자연스레 분해되어 가는 자연의 건강한 모습, 참모습을 그대로 두는 것이다.

한국인의 자연, 생태, 인간 이외의 생명체에 대한 인식이 바뀌어야 한다. 생명의 다양성에 대한 존중이 필요하다. 이렇게 나가면 미래의 한국은 그야말로 시멘트 독으로 가득한 빌딩숲에서 인간만이 득시글대는 도시국가가 되어있을 것이다. 자연계의 생명들이 없어진 세상은 인간에게도 절대로 좋은 환경이 될 수 없다.

자연에 손대는 것, 자연환경에 계획과 인공적인 터치가 가해지는 것, 이 것 자체가 자연파괴란 인식이 진정한 선진국들이 가지고 있는 자연보호 철학이다. 그런 날이 우리나라에도 오길 바라며 잠자리에 대한 이야기를 시작해본다.

노고산자락의 연구실에서

조 성 빈

2019. 1. 1.

The Mission of the Book

The mission of the book is to provide the look of live dragonfly imago matured in nature with its colorful, forceful, and full–blown body, and to describe the ecology and behavior of all species in Korea. The book displays the dorsal view, lateral view, and anterior view (eyes/face view) of mature dragonflies and damselflies in Korea, for identification and comparison purposes.

contents

제1장 잠자리의 출현_1

잠자리의 출현 Evolution of dragonfly_2

1. 잠자리의 조상 Ancestor of dragonfly_2
2. 잠자리 계통발생론 Phylogeny_4
3. 잠자리 downsizing Dragonfly downsizing_5
4. 잠자리는 냉혈동물 Cold-blooded animal_5
5. 잠자리 분류 Classification_6

제2장 잠자리의 구조_9

잠자리의 구조 Morphology of dragonfly_10

1. 잠자리아목의 모습 Suborder Anisoptera_11
2. 산란기관 Oviposition organ_15
3. 실잠자리아목의 모습 Suborder Zygoptera_18

제3장 잠자리의 눈_19

잠자리의 눈 Eyes of dragonfly_20

1. 잠자리의 겹눈 Compound eyes_21
2. 잠자리의 홑눈 Ocelli_26

제4장 잠자리의 날개_29

잠자리의 날개 Wings of dragonfly_30

1. 잠자리의 직접비행 Direct flight_30
2. 키틴질 날개 Chitin wings_31
3. 진화의 정점에 있는 잠자리 Evolutionary apex_33

제5장 잠자리의 한살이_35

잠자리의 한살이 Life cycle of dragonfly_36

1. 알과 부화 Eggs and hatching_36
2. 유충으로 겨울 휴면하는 잠자리 Dormant larvae in winter_37
3. 알로 월동하는 잠자리 Passing the winter as eggs_38
4. 성충으로 월동하는 잠자리 Passing the winter as adults_39
5. 유충의 수중 생활 Underwater life_40
6. 우화 Emergence_41
7. 우화한 성충의 미성숙 시기 Immature period_46
8. 교미와 산란 Mating and ovipositing_48
9. 잠자리의 노년기 Old age_52
10. 잠자리는 100% 야성의 생명체 100% wild nature_52

제6장 잠자리의 종류_53

잠자리의 종류 List of odonata in South Korea_54

제7장 개별 잠자리 소개_63

개별 잠자리 소개 Introduction of odonata species_64

한국에 서식하는 종과 매년 여름 비래하는 종

Odonata that inhabit in South Korea and come-flying every summer

청실잠자리과 Family Lestidae Calvert, 1901_65

1. 가는실잠자리 *Indolestes peregrinus* (Ris, 1916)_66
2. 좀청실잠자리 *Lestes japonicus* Selys, 1883_68
3. 큰청실잠자리 *Lestes temporalis* Selys, 1883_70
4. 묵은실잠자리 *Sympecma paedisca* (Brauer, 1877)_72

물잠자리과 Family Calopterygidae Selys, 1850_74

5. 검은물잠자리 *Atrocalopteryx atrata* Selys, 1853_75
6. 물잠자리 *Calopteryx japonica* Selys, 1869_77

방울실잠자리과 Family Platycnemididae Tillyard, 1917_80

7. 방울실잠자리 *Platycnemis phyllopoda* Djakonov, 1926_79
8. 자실잠자리 *Copera annulata* (Selys, 1863)_82
9. 큰자실잠자리 *Copera tokyoensis* Asahina, 1948_84

실잠자리과 Family Coenagrionidae Kirby, 1890_86

10. 작은실잠자리 *Aciagrion migratum* (Selys, 1876)_88
11. 노란실잠자리 *Ceriagrion melanurum* Selys, 1876_90
12. 연분홍실잠자리 *Ceriagrion nipponicum* Asahina, 1967_92
13. 새노란실잠자리 *Ceriagrion auranticum* Fraser, 1922_94
14. 참실잠자리 *Coenagrion johanssoni* (Wallengren, 1894)_96
15. 북방실잠자리 *Coenagrion lanceolatum* (Selys, 1872)_98

16. 아시아실잠자리 *Ischnura asiatica* (Brauer, 1865)_100

17. 북방아시아실잠자리 *Ischnura elegans* (Vander Linden, 1820)_102

18. 푸른아시아실잠자리 *Ischnura senegalensis* (Rambur, 1842)_104

19. 황등색실잠자리 *Mortonagrion selenion* (Ris, 1916)_107

20. 등검은실잠자리 *Paracercion calamorum* (Ris, 1916)_109

21. 등줄실잠자리 *Paracercion hieroglyphicum* (Brauer, 1865)_111

22. ~~왕실잠자리~~ *Paracercion hieroglyphicum* (Brauer, 1865)_112

~~*Paracercion v-nigrum* (Needham, 1930)~~

23. 작은등줄실잠자리 *Paracercion melanotum* (Selys, 1876)_115

24. 큰등줄실잠자리 *Paracercion plagiosum* (Needham, 1930)_117

25. 왕등줄실잠자리 *Paracercion v–nigrum* (Needham, 1930)_119

~~*Paracercion sieboldii* (Selys, 1876)~~

왕잠자리과 Family Aeshnidae Rambur, 1842_122

26. 큰무늬왕잠자리 *Aeschnophlebia anisoptera* Selys, 1883_124

27. 긴무늬왕잠자리 *Aeschnophlebia longistigma* Selys, 1883_127

28. 참별박이왕잠자리 *Aeshna crenata* Hagen, 1856_130

29. 별박이왕잠자리 *Aeshna juncea* (Linnaeus, 1758)_133

30. 애별박이왕잠자리 *Aeshna mixta* Latreille, 1805_136

31. 도깨비왕잠자리 *Anaciaeschna martini* (Selys, 1897)_140

32. 남방왕잠자리 *Anax guttatus* (Burmeister, 1839)_147

33. 먹줄왕잠자리 *Anax nigrofasciatus* Oguma, 1915_151

34. 왕잠자리 *Anax parthenope julius* (Brauer, 1865)_153

35. 한국개미허리왕잠자리 *Boyeria karubei* Yokoi, 2002_157

Boyeria jamjari Jung, 2011 → (synonym)

36. 개미허리왕잠자리 *Boyeria maclachlani* Selys, 1883_161

37. 잘록허리왕잠자리 *Gynacantha japonica* Bartenev, 1910_164

38. 황줄왕잠자리 *Polycanthagyna melanictera* (Selys, 1883)_167

39. 한라별왕잠자리 *Sarasaeschna pryeri* (Martin, 1909)_171

측범잠자리과 Family Gomphidae Rambur, 1842_175

40. 마아키측범잠자리 *Anisogomphus maacki* (Selys, 1872)_177
41. 노란배측범잠자리 *Asiagomphus coreanus* (Doi et Okumura, 1937)_179
42. 산측범잠자리 *Asiagomphus melanopsoides* (Doi, 1943)_182
43. 자루측범잠자리 *Burmagomphus collaris* (Needham, 1930)_184
44. 쇠측범잠자리 *Davidius lunatus* (Bartenev, 1914)_186
45. 어리부채장수잠자리 *Gomphidia confluens* Selys, 1878_188
46. 노란측범잠자리 *Lamelligomphus ringens* (Needham, 1930)_192
47. (1) 고려측범잠자리 *Nihonogomphus ruptus* (Selys, 1858)_194
    (2) 꼬마측범잠자리 *Nihonogomphus minor* Doi, 1943 → (extinct)_194
48. 측범잠자리 *Ophiogomphus obscurus* Bartenev, 1909_199
49. 어리측범잠자리 *Shaogomphus postocularis* (Selys, 1869)_202
    Shaogomphus postocularis epophthalmus (Selys, 1872)
50. 어리장수잠자리 *Sieboldius albardae* Selys, 1886_206
51. 부채장수잠자리 *Sinictinogomphus clavatus* (Fabricius, 1775)_212
52. 호리측범잠자리 *Stylurus annulatus* (Djakonov, 1926)_216
    Stylurus kreyenbergi Ris, 1928 → (synonym)
    Stylurus flavicornis (Needham, 1931) → (junior synonym)
53. 가시측범잠자리 *Trigomphus citimus* (Needham, 1931)_219
54. 검정측범잠자리 *Trigomphus nigripes* (Selys, 1887)_221

장수잠자리과 Family Cordulegastridae Calvert, 1893_224

55. 장수잠자리 *Anotogaster sieboldii* (Selys, 1854)_225

잔산잠자리과 Family Macromiidae Needham, 1903_230

56. 산잠자리 *Epophthalmia elegans* Brauer, 1865_232

57. 잔산 잠자리 *Macromia amphigena* Selys, 1871_235

58. 노란잔산잠자리 *Macromia daimoji* Okumura, 1949_238

59. 만주잔산잠자리 *Macromia manchurica* Asahina, 1964_241

청동잠자리과 Family Corduliidae Selys, 1850_244

60. 언저리잠자리 *Epitheca marginata* (Selys, 1883)_246

61. 백두산북방잠자리 *Somatochlora clavata* Oguma, 1913_248

62. 참북방잠자리 *Somatochlora exuberata* Bartenev, 1910_252

Somatochlora japonica Matsumura, 1911 → (synonym)

~~*Somatochlora metallica* (Vander Linden, 1825)~~

63. 밑노란잠자리 *Somatochlora graeseri* (Selys, 1887)_260

(1) 아종 *Somatochlora graeseri aureola* Oguma, 1913

(2) 원종 *Somatochlora graeseri graeseri* Selys, 1887

64. 삼지연북방잠자리 *Somatochlora viridiaenea* (Uhler, 1858)_268

잠자리과 Family Libellulidae Rambur, 1842_272

65. 남색이마잠자리 *Brachydiplax chalybea* Brauer, 1868 _275

66. 고추잠자리 *Crocothemis servilia mariannae* Kiauta, 1983_277

67. 어리밀잠자리(밀잠자리붙이) *Deielia phaon* (Selys, 1883)_279

68. 대모잠자리 *Libellula angelina* Selys, 1883_282

69. 넉점박이잠자리 *Libellula quadrimaculata* Linnaeus, 1758_284

70. 배치레잠자리 *Lyriothemis pachygastra* (Selys, 1878)_286

71. 꼬마잠자리 *Nannophya pygmaea* Rambur, 1842_288

72. 밀잠자리 *Orthetrum albistylum speciosa* (Uhler, 1858)_291

73. 중간밀잠자리 *Orthetrum internum* McLachlan, 1894_293

~~*Orthetrum japonicum* (Uhler, 1858)~~

74. 홀쭉밀잠자리 *Orthetrum lineostigma* (Selys, 1886)_296

75. 큰밀잠자리 *Orthetrum melania* (Selys, 1883)_298

76. 된장잠자리 *Pantala flavescens* (Fabricius, 1798)_300

77. 노란허리잠자리 *Pseudothemis zonata* (Burmeister, 1839)_302

78. 나비잠자리 *Rhyothemis fuliginosa* Selys, 1883_304

79. 날개잠자리 *Tramea virginia* (Rambur, 1842)_306

80. 산깃동잠자리 *Sympetrum baccha* (Selys, 1884)_309

81. 긴꼬리고추잠자리 *Sympetrum cordulegaster* (Selys, 1883)_312

82. 노란잠자리 *Sympetrum croceolum* (Selys, 1883)_314

83. 여름좀잠자리 *Sympetrum darwinianum* (Selys, 1883)_316

84. 대륙고추좀잠자리 *Sympetrum depressiusculum* (Selys, 1841)_319

85. 두점박이좀잠자리 *Sympetrum eroticum* (Selys, 1883)_322

86. 두점배좀잠자리 *Sympetrum fonscolombii* (Selys, 1840)_324

87. 고추좀잠자리 *Sympetrum depressiusculum* (Selys, 1841)_327

Sympetrum frequens (Selys, 1883) → (synonym)

88. 깃동잠자리 *Sympetrum infuscatum* (Selys, 1883)_330

89. 흰얼굴좀잠자리 *Sympetrum kunckeli* (Selys, 1884)_332

90. 애기좀잠자리 *Sympetrum parvulum* Bartenev, 1912_334

91. 날개띠좀잠자리 *Sympetrum pedemontanum* (Muller, 1766)_337

92. 들깃동잠자리 *Sympetrum risi* Bartenev, 1914_339

93. 하나잠자리 *Sympetrum speciosum* Oguma, 1915_341

94. 대륙좀잠자리 *Sympetrum striolatum* (Charpentier, 1840)_343

95. 진노란잠자리 *Sympetrum uniforme* (Selys, 1883)_345

부록 Appendix_349

I. 북한의 잠자리 352
Odonata in North Korea that do not inhabit in South Korea

96. 북청실잠자리(북파란실잠자리) *Lestes dryas* Kirby, 1890_352

97. 청실잠자리 *Lestes sponsa* (Hansemann, 1823)_353

98. 검은날개물잠자리 *Matrona basilaris* Selys, 1853_354

99. 시골실잠자리 *Coenagrion ecornutum* (Selys, 1872)_355

100. 북방청띠실잠자리 *Coenagrion hastulatum* Charpentier, 1825_356

101. 큰실잠자리(청띠실잠자리) *Coenagrion hylas* (Trybom, 1889)_357

102. 알락실잠자리 *Enallagma cyathigerum* (Charpentier, 1840)_358

103. 청동실잠자리 *Nehalennia speciosa* (Charpentier, 1840)_359

104. 청동잠자리 *Cordulia aenea* (Linnaeus, 1758)_360

105. 북방잠자리 *Somatochlora alpestris* (Selys, 1840)_361

106. 밑노란잠자리붙이(작은북방잠자리) *Somatochlora arctica* (Zetterstedt, 1840)_362

107. 진주잠자리 *Leucorrhinia dubia* Vander Linden, 1825_363

108. 큰진주잠자리 *Leucorrhinia intermedia* Bartenev, 1912_364

109. 검정좀잠자리(검은고추잠자리) *Sympetrum danae* (Sulzer, 1776)_365

110. 붉은좀잠자리(북방고추잠자리) *Sympetrum flaveolum* (Linnaeus, 1758)_366

111. 만주좀잠자리 *Sympetrum vulgatum imitans* (Selys, 1886)_367

112. 백두산옛잠자리 *Epiophlebia sinensis* (Li & Nel, 2011)_368

113. ~~북알락실잠자리 *Enallagma deserti* (Selys, 1871)~~_368

114. ~~북해도북방잠자리 *Somatochlora exuberata* Bartenev, 1910 (syn. *Somatochlora japonica* Matsumura, 1911)~~_368

115. 검은얼굴쇠측범잠자리 *Davidius* sp._369

116. 검은쇠측범잠자리 *Davidius* sp._369

117. 온수평좀잠자리 *Sympetrum onsupyongensis* Hong & Hwang, 1999 (doubtful status)_369
118. 보천보좀잠자리 *Sympetrum pochonboensis* Ri & Hong, 2001 (doubtful status)_369

Ⅱ. 비래 기록이 있거나 비래/정착 가능한 종_370
Odonata with come-flying record and with possibility of come-flying or settling down in the future

119. 독수리잠자리 *Chlorogomphus brunneus* Oguma, 1926_370
120. 점박이잠자리 *Tholymis tillarga* (Fabricius, 1798)_373
121. 얼룩날개나비잠자리 *Rhyothemis variegata* (Linnaeus, 1763)_374
122. ~~남방잘록허리왕잠자리 *Gynacantha basiguttata* Selys, 1882~~_375
123. 담색물잠자리 *Mnais pruinosa* Selys, 1853_376
124. 점박이황등색실잠자리 *Mortonagrion hirosei* Asahina, 1972_378
125. *Anax panybeus* Hagen, 1867_379
126. *Anaciaeschna jaspidea* (Burmeister, 1839)_380
127. *Planaeschna milnei* (Selys, 1883)_382
128. *Gynacantha ryukyuensis* Asahina, 1962_384
129. *Orthetrum sabina sabina* (Drury, 1733)_385
130. *Trithemis aurora* (Burmeister, 1839)_387
131. *Lyriothemis elegantissima* Selys, 1883_389

Reference_390

제1장 잠자리의 출현

Evolution of dragonfly

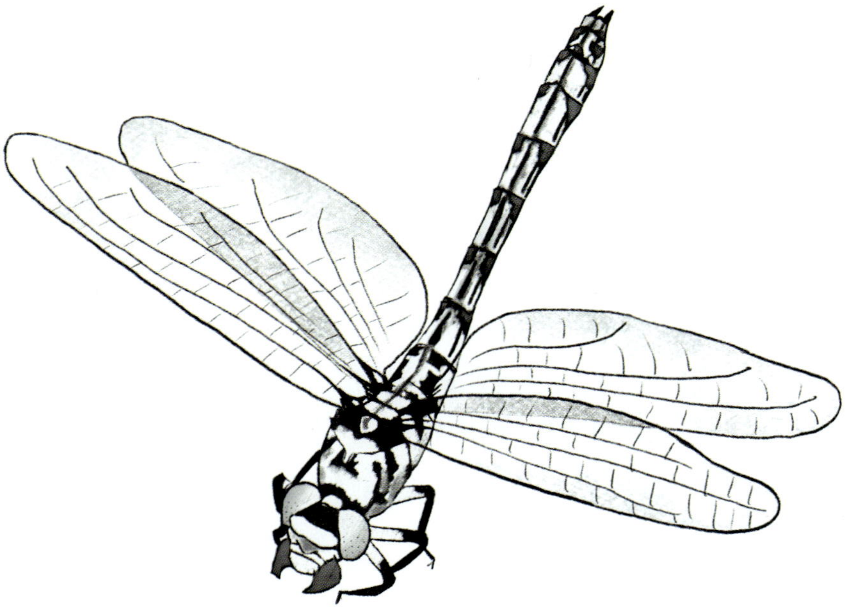

제1장 잠자리의 출현 Evolution of dragonfly

태양계에서 지구는 45억 년 전에 태어난 것으로 추정되고 있는데, 과거의 생물체에 대한 추정은 화석과 운석, 그리고 다른 천체의 성질 등으로부터 하고 있다. 지구의 역사는 지질 조사에 근거하고 있으며 지질 시대는 시간의 순서에 따라 다음과 같이 구분하고 있다.

- 시생대38억 년~25억 년 전
- 원생대25억 년~5억 7천만 년 전
- 고생대5억 7천만 년~2억 3천만 년 전: 캄브리아기-오르드비스기-실루리아기-데본기-석탄기-페름기이첩기
- 중생대2억 3천만 년~6천 5백만 년 전: 트라이아스기삼첩기-쥬라기-백악기
- 신생대6천 5백만 년 전~현재: 제3기-제4기홍적세-충적세

1. 잠자리의 조상 Ancestor of dragonfly

지구에 생명은 약 30억 년 전인 시생대에 단세포생물이 출현하면서 시작되었다. 절지동물은 원생대 후반인 6억 년~5억 4천만 년 전에 지구상에 출현하여, 고생대 캄브리아기인 5억 4천만 년~5억 년 전에 급속히 다양화되었다. 잠자리목Order Odonata의 조상인 Paleodictyoptera는 고생대 석탄기인 3억 6천만 년~2억 8천만 년 전에 나타났으며 날개폭이 20~50cm에 달하였다. Paleodictyoptera의 외형은 (Fig. 1)과 흡사할 것으로 추정되고 있다.

잠자리목의 가장 오래된 화석은 3억 2천 5백만 년 전의 Protodonata이다. Protodonata는 proto원형와 odonata잠자리목가 결합된 이름으로서 원형잠자리란 의미를 가지고 있으며, 현재의 잠자리와 외형이 비슷하고 연관이 있을 것으로 추정되고 있다. 고생대 석탄기와 페름기2억 8천만 년~2억 5천만 년 전에 곤충은 하늘을 날 수 있는 능력을 가지게 되었는데, 잠자리는 최초로 하늘을 날게 된 곤

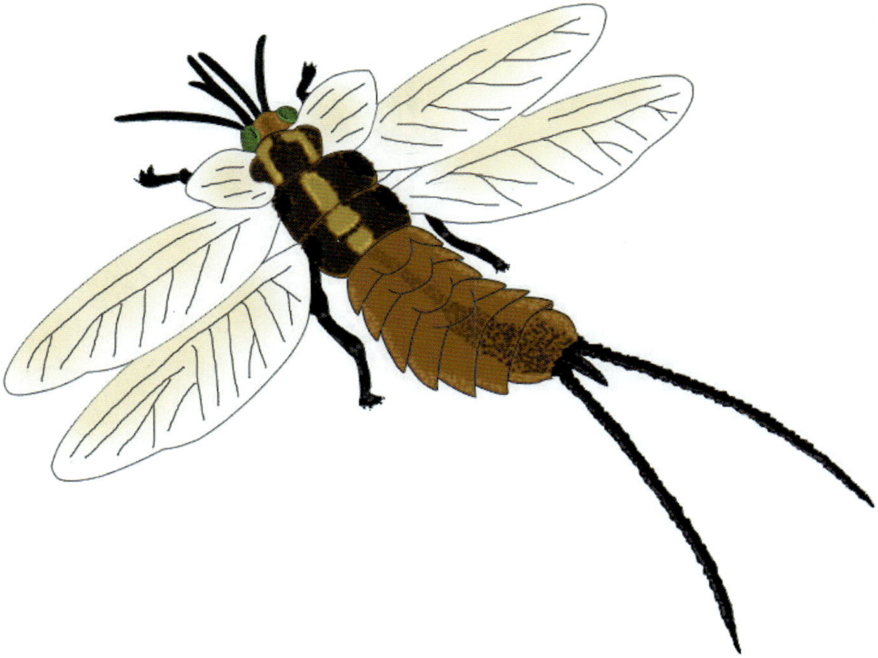

Fig. 1. Paleodictyoptera

충 중의 하나이다. Protodonata 혹은 Griffenflies라고 불리던 목Order은 후에 Meganisoptera라는 목Order으로 이름이 바뀌었다. Meganisoptera는 포식성의 비행곤충으로서 날개폭 12~75cm에 달하는 다양한 크기의 종들로 구성되었다. 대부분은 현재의 잠자리보다 약간 컸지만, 석탄기의 Meganeura monyi, Megatypus, 페름기의 Meganeuropsis permiana 등은 날개폭이 70cm에 달하는 거대한 종 이었다(Fig. 2).

가는 몸체, 큰 눈, 강력한 턱, 먹이를 거머쥘 수 있는 다리 등 현재의 잠자리와 매우 유사한 구조를 가지고 있었으나, 날개의 시맥이 매우 원시적 형태를 띠고 있어 진정한 의미의 잠자리 날개로는 아직 진화가 덜 된 상태이었다. 유충은 현재의 잠자리와 같이 수중생활을 하고 물고기와 같은 척추동물, 양서류까지 잡아먹는 강력한 포식자였다. Meganisoptera의 화석은 프랑스에선 후기 석탄기, 북미에선 초기 페름기, 러시아와 호주에서는 후기 페름기에서 발견되었는데, 현재와 같은 진정한 의미의 잠자리 화석은 프랑스의 중생대 트라이아스기 지질에서 발견되었다.

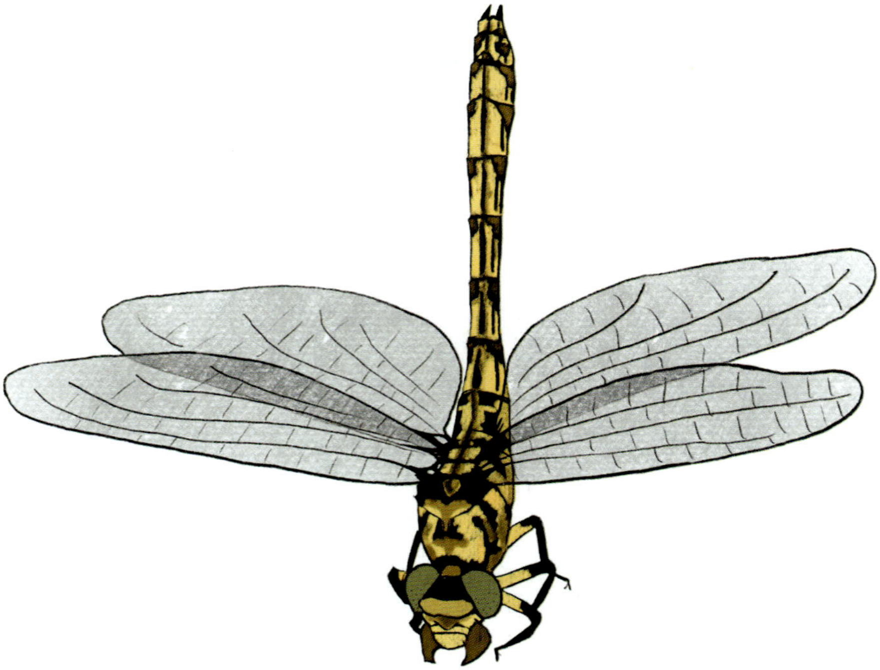

Fig. 2. Meganisoptera 상상도

2. 잠자리 계통발생론 Phylogeny

잠자리에 대한 계통발생론은 다음과 같다.

- Handlirsch1906~1908는 Suborder Anisozygoptera옛잠자리아목에서 Suborder Anisoptera잠자리아목와 Suborder Zygoptera실잠자리아목가 발생되었다고 보았다.
- Tillyard1928는 Suborder Zygoptera에서 Suborder Anisozygoptera가 발생되었고, Suborder Anisozygoptera에서 Suborder Anisoptera가 발생되었다고 보았다.
- Tillyard and Fraser1938~1940는 Protozygoptera에서 Suborder Zygoptera와 Suborder Anisozygoptera가 발생되었으며, Protanisoptera에서 Suborder Anisoptera가 발생된 것으로 보았다가, 후에 Fraser1957는 Tillyard1928의 입장으로 전환하였다.

3. 잠자리 downsizing Dragonfly downsizing

고생대 석탄기에는 대기 중 산소의 농도가 35%에 달하여 영화 '쥬라기 공원'이나 '킹콩'에서 보는 것처럼 지구상의 식물과 동물이 모두 큰 덩치를 가지고 있었다. 이후 산소의 농도는 계속 줄어들어 오늘날의 21%까지 감소되었고 이는 동식물이 모두 downsizing하게 되는 원인이 되었다. 숨을 쉴 때에 흡입된 산소는 기도를 통하여 폐로 들어가고 혈액에 녹아들어 온몸으로 산소를 전달하게 된다. 산소의 농도가 높을 때에는 긴 기도를 통과하여 온몸으로 충분한 산소를 전달할 수 있었기에 동식물의 덩치가 클 수 있었지만, 산소의 농도가 떨어진 상태에서는 긴 기도와 큰 몸은 산소부족으로 생존할 수 없었기에, 생명체들은 작아지기 시작하였고 잠자리도 현재의 잠자리 크기로 줄어들었다.

그 외에도 큰 지각 변동을 겪으며 중생대 말기에 겉씨식물에서 진화된 속씨식물이 생겨나 지구를 점령하고 물에서 죽어 썩으며 수중 산소 농도가 떨어지고 물속 생태계에 변화가 일어나며 덩치 큰 잠자리 유충들은 적응하지 못하고 멸종하였다고 보는 견해도 있다.

4. 잠자리는 냉혈동물 Cold-blooded animal

잠자리는 냉혈동물이기 때문에 태양열에 의지하여 체온을 상승시켜야 제대로 비행할 수 있다. 한여름, 온도가 비교적 덜 떨어진 새벽에도 비행을 시작하는 새벽/황혼성의 왕잠자리류를 제외하면, 대부분의 잠자리들은 아침에 햇빛을 받으며 날개를 떨어서 가슴근육의 온도를 올리고 활동을 시작한다. 더운 날씨에는 가슴과 배를 하늘로 치켜 올려 태양빛에 노출되는 부분을 감소시킨다. 하늘을 천천히 활공하며 공기에 몸을 식히거나 물에 첨벙거리며 두세 번 다이빙하는 행동도 기온이 높을 때 체온을 낮추기 위한 행동이다. 가을에 추워진 날씨에서는 빛을 반사하는 밝은 색의 바위에 앉아서 반사되는 태양열로 체온을 높인다.

잠자리의 가슴은 온통 날갯짓을 위한 근육으로 꽉 차있다. 쉬지 않고 날아다니는 잠자리는 이 가슴근육에서 당연히 열이 많이 발생하는데, 과열로 인한 죽음을 방지하기 위하여 큰 잠자리들은 액체에 열을 실어 배로 보내 소멸시키는 온도조절

메카니즘을 가지고 있다. 잠자리의 배는 긴데, 이는 공기에 닿는 표면적을 넓게 하여 열을 식히기 좋은 구조로 체형을 하고 있음으로 해석될 수 있다. 사람의 긴 창자는 배속에서 꾸불꾸불 구부러져 있음에 반해, 잠자리의 창자는 일자로 된 배에 일자로 늘어서있다. 배가 길어지면 포식자에게 잡히기 쉬워지겠지만 효율적 비행을 위하여 어쩔 수 없이 자연선택 된 체형이 아닐까 한다.

일부 왕잠자리과의 왕잠자리들은, 예를 들어 남방왕잠자리는, 몸의 진피세포에 있는 색소세포가 온도조절을 돕는데, 더운 낮에는 체색을 밝게 하여 열을 덜 흡수하고 저녁이 가까워 기온이 떨어지면 체색이 어두워져 태양열을 좀 더 흡수하게끔 한다.

5. 잠자리 분류 Classification

잠자리는 날개 시맥의 패턴, 겹눈의 모양, 배 부속물의 모양과 산란관 여부 등으로 속과 종을 구분하고 있다. 2018년 10월 29일 현재 전 세계에서 보고된 잠자리 종수는 47과(Family), 685속(Genus), 6,288종(Species)이다. 잠자리아목에는 11과 366속 3,094종, 실잠자리아목에 35과 318속 3,191종, 옛잠자리아목에는 1과 1속 3종이 올라 있다.

* University of Puget Sound 사이트: https://www.pugetsound.edu/academics/academic-resources/slater-museum/biodiversity-resources/dragonflies/world-odonata-list2/

Order Odonata잠자리목에는 세 개의 아목이 존재한다.

- Suborder Anisozygoptera옛잠자리아목
- Suborder Anisoptera잠자리아목
- Suborder Zygoptera실잠자리아목

옛잠자리아목은 잠자리아목과 실잠자리아목의 특징을 혼합하여 가지고 있으며, 잠자리목의 3개 아목 중 가장 희소하여 단 3종만 발견되었는데 Epiprocta아목, Epiophlebiidae과, *Epiophlebia*속에 속한다. 일본에서 *Epiophlebia superstes*, 네팔

의 동부 히말라야산맥에서 *Epiophlebia laidlawi*, 최근에는 중국 Heilongjiang province(Li et al., 2012)와 북한의 삼지연호수(Fleck et al., 2013)에서 *Epiophlebia sinensis*, 중국의 서 Sichuan province에서 *Epiophlebia diana*라는 종(후에 *E. sinensis*로 동종처리 됨)이 발견되었다. 일본의 *Epiophlebia superstes*는 산간의 유속이 빠른 찬 계곡에 서식하고 있으며, 네팔의 *Epiophlebia laidlawi*는 해발 1,800~3,500m 고지의 계곡에 산란하고 비행은 주로 3,000m 이상의 고지에서 하는 것으로 보고되었다. 옛잠자리는 이름 그대로 잠자리의 원시적 형태와 좀 더 닮아있고, 여타 잠자리들보다 경쟁력 혹은 현대 환경 적응성이 떨어지는 것으로 보이는데, 그 이유는 다른 잠자리와 곤충들이 살기 척박한 지역에서 주로 발견되기 때문이다.

제2장 잠자리의 구조

Morphology of dragonfly

제2장 잠자리의 구조 Morphology of dragonfly

잠자리는 Taxonomy(분류학分類學, 계통학系統學상)으로 다음과 같이 분류하고 있다.

Kingdom Animalia: 동물계界
- Subkingdom Bilateria: 좌우대칭동물아계亞界
  - Infrakingdom Protostomia: 구구동물舊口動物아계 하부단계
    - Superphylum Ecdysozoa: 탈피동물상문上門
      - Phylum Arthropoda: 절지동물문門
        - Subphylum Hexapoda: 곤충아문亞門
          - Class Insecta: 곤충강綱
            - Subclass Pterygota: 유시有翅아강亞綱
              - Infraclass Palaeoptera: 구시舊翅아강 하부단계
                - Order Odonata: 잠자리목目

유시有翅 즉, 날개를 가진 곤충이며, 구시舊翅 즉, 날개 가진 생명체의 조상적 형태를 가져 앉을 때 날개를 배 위에 접는fold wings back over the abdomen 자세를 취할 수 없다는 의미이다. 실잠자리의 경우는 날개를 접고 앉는다는 표현보다는 날개를 가슴 위로 겹쳐 세우고 앉는다는 표현을 함으로써 구분하고자 한다.

잠자리의 몸은 머리, 가슴, 배의 세부분으로 이루어졌다. 머리에는 겹눈 1쌍, 홑눈 3개, 더듬이 1쌍이 있고, 가슴에는 앞날개 1쌍, 뒷날개 1쌍, 다리 3쌍이 있고, 배는 총 10마디로 이루어져 있고 배 끝에는 수놈은 부속기, 암놈은 미모가 있고, 날개에는 결절, 연문, 삼각실 혹은 사각실이 있다. 잠자리아목과 실잠자리아목은 머리와 날개의 모양에서 차이를 보이는데, 실잠자리아목은 상대적으로 덩치가 작고 가늘고 긴 배를 가지고 있다.

실잠자리아목Suborder Zygoptera은 앉을 때 날개를 몸 위로 겹쳐 고르게 한다는 의미에서 균시아목均翅亞目; 고를 균, 날개 시이라고 한다.

잠자리아목Suborder Anisoptera은 앉을 때 날개를 몸 위로 겹치지 못해 고르게 안 된다는 의미에서 불균시아목不均翅亞目이라고 한다.

잠자리아목은 겹눈이 크게 잘 발달되어 있고, 대체로 앞날개는 뒷날개보다 길며, 뒷날개는 앞날개보다 면적이 넓다. 수놈의 교미부속기는 상부속기, 하부속기로 이루어져 있으며, 제2~3배마디에 위치한 부성기는 왕잠자리과에서는 평상시 거의 노출되어 있지 않지만 다른 잠자리아목에서는 돌출되어 있다. 암놈은 제9배마디에 산란관 혹은 산란판이 있으며, 배 끝에는 미모가 있다.

1. 잠자리아목亞目의 모습 Suborder Anisoptera

Fig. 3. 잠자리아목 dorsal view – 별박이왕잠자리

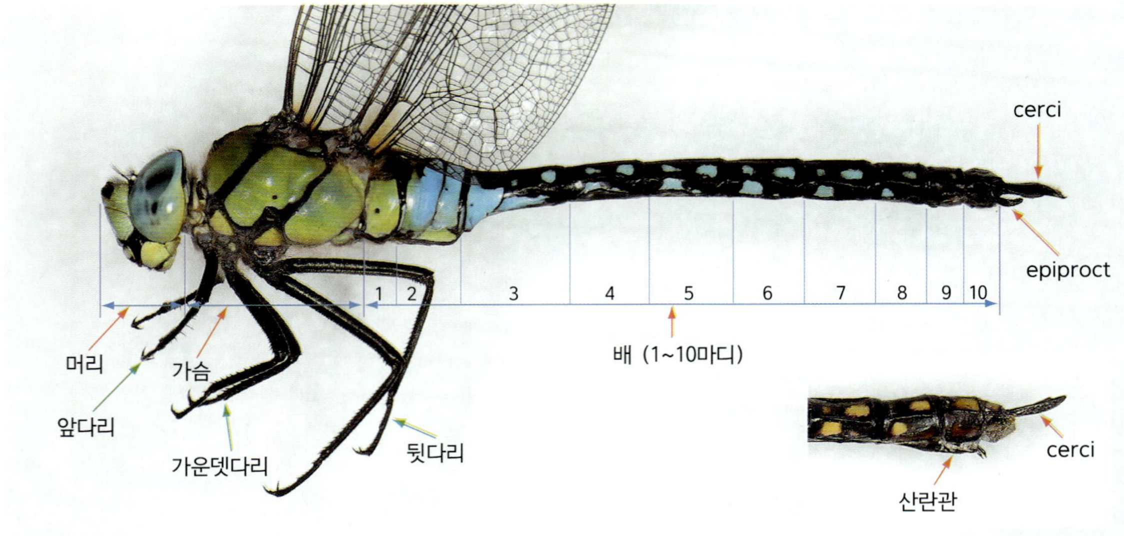

Fig. 4. 잠자리아목 lateral view – 먹줄왕잠자리

(Fig. 3)은 잠자리아목의 dorsal view로서 별박이왕잠자리의 사진이고, (Fig. 4)는 잠자리아목의 lateral view로서 먹줄왕잠자리의 사진이다. 확인할 수 있는 부위는 다음과 같다.

- head: 머리
- thorax: 가슴
- abdomen: 배
- forewing: 앞날개
- hindwing: 뒷날개
- nodus: 결절結節
- stigma, pterostigma: 연문緣紋
- triangle: 삼각실三角室
- compound eye: 겹눈
- ovipositor: 산란관産卵管
- fore legs: 앞다리, 전지前肢
- middle legs: 가운뎃다리, 중지中肢
- hind legs: 뒷다리, 후지後肢
- cercus *pl.* cerci: 잠자리목 성충 수놈의 미각尾角, 성충 암놈의 미모尾毛를 일컫는 term용어이며, 수놈의 경우 상부속기上付屬器 역할을 한다.

- epiproct: 잠자리아목 성충 수놈의 항상편肛上片을 일컫는 용어이며, 하부속기下付屬器 역할을 한다.
- paraproct *pl.* paraprocts: 실잠자리아목 성충 수놈의 항측편肛側片을 일컫는 용어이며, 하부속기(下付屬器) 역할을 한다.

(Fig. 5)는 한국개미허리왕잠자리 유충 수놈과 암놈의 부속기관 모습이다. 잠자리아목Suborder Anisoptera 유충 수놈에게는 epiproct 위에 projection이 있으며 cercus가 암놈에 비하여 크다. 반면, 유충 암놈은 projection이 없고 cercus가 작다. 잠자리아목 유충에 대한 성별 구분은 projection의 존재 여부로 판별할 수 있다. 물론, 장수잠자리와 왕잠자리과 유충은 암놈의 primary genitalia원산란관: 原産卵管를 보면 확인할 수도 있다.

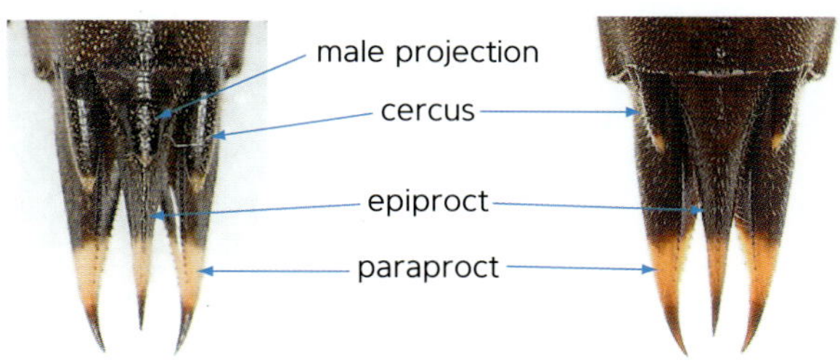

Fig. 5. 잠자리아목 유충 부속기관 – 한국개미허리왕잠자리

Suborder Anisoptera잠자리아목 유충과 성충의 부속기관 간의 연결 고리는 다음과 같다.

- cerci: 유충의 미각尾角 또는 미엽尾葉. 성충의 cerci가 되는데, 수놈에게는 upper appendages 즉, 상부속기上付屬器 역할을 하고, 암놈에게는 미모尾毛가 된다.
- projection: 유충 수놈에게만 있는 epiproct 위의 부속지附屬肢. 성충 수놈의 epiproct가 되고 lower appendage 즉, 하부속기下付屬器 역할을 한다.
- epiproct: 유충의 항상편肛上片. 성충에게는 sclerites 즉, 경피硬皮, 경절硬節의 형태로 흔적만 남는다.
- paraprocts: 유충의 항측편肛側片. 성충 암놈의 미모 아래 볼록한 부분이 된다.

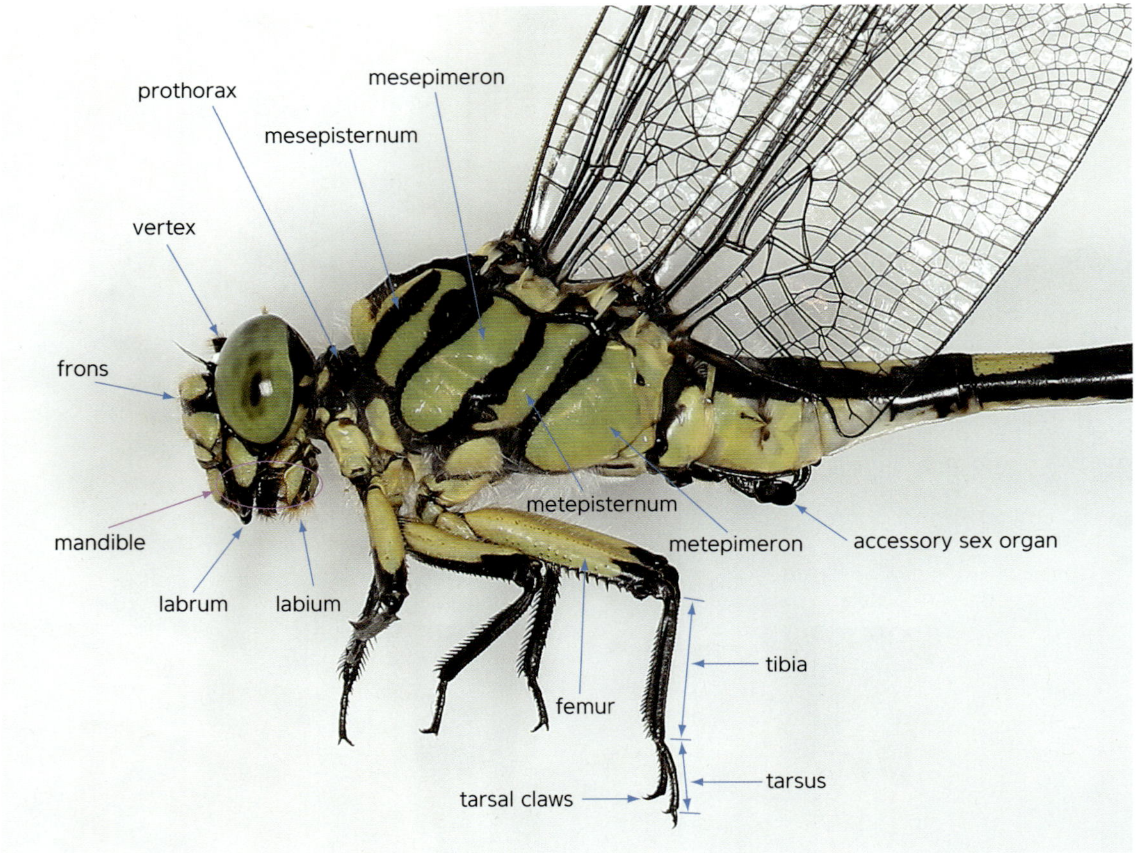

Fig. 6. 잠자리아목 lateral view – 부채장수잠자리

(Fig. 6)은 부채장수잠자리의 lateral view로서, 머리, 가슴, 배에서 확인할 수 있는 세부 부위의 명칭이다. 부성기는 왕잠자리과에서는 평상 시 돌출되지 않고, 다른 잠자리들 수놈에게서 볼 수 있다.

- vertex: 머리 꼭짓점
- frons: 이마
- mandible: 턱
- labrum: 윗입술
- labium: 아랫입술
- prothorax: 앞가슴, 첫째마디가슴앞다리가 붙어있는
- mesepimeron: 중흉후측판中胸後側板

• mesepisternum: 가운데 가슴앞배판
• metepisternum: 후흉전복판後胸前腹板
• metepimeron
• femur: 퇴절腿節, 대퇴골大腿骨
• tibia: 경절脛節, 하퇴골下腿骨, 정강이뼈
• tarsus: 부절跗節, 족근足根, 족골足骨
• tarsal claws: 부절跗節 발톱
• accessory sex organ: 부성기副性器

(Fig. 7)은 한국개미허리왕잠자리의 anterior view로서, 세 종류의 눈과 더듬이를 확인할 수 있다.

• compound eye: 겹눈
• median ocellus: 중앙 홑눈
• lateral ocelli: 바깥 홑눈
• antenna: 더듬이

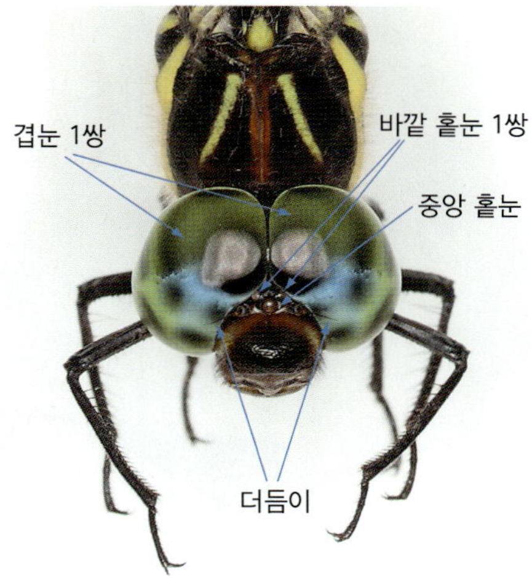

Fig. 7. 잠자리아목 anterior view – 한국개미허리왕잠자리

2. 산란기관 Oviposition organ

왕잠자리과와 실잠자리아목은 산란관을 통하여 산란하게 된다. (Fig. 8)은 황줄왕잠자리의 산란기관이다. 산란기관은 Lam, V1, V2, V3, stylus로 이루어져 있다. V1, V2는 평상시에는 배에 밀착되어 있다가 산란할 때 분리되어 식물이나 흙 속에 찔러 넣는다. 산란기관의 세부 명칭은 다음과 같다.

• ovipositor: 산란관産卵管
• Lam: basal plate기초판: 基礎板 of ovipositor lamina valvarum
• V1: first valves벌문: 閥門 of ovipositor valvulae 1
• V2: second valves벌문: 閥門 of ovipositor valvulae 2
• V3: third valves벌문: 閥門 of ovipositor valvulae 3
• St.: stylus산란침: 産卵針

산란침을 여기저기 꽂아보아 알 낳기 적합한 포인트를 찾고, 기초판은 cutting blade 역할을 하고, V1,V2가 배에서 분리되어 식물이나 흙속으로 찔러져 알을 낳는다. 알은 V1이 시작되는 부위의 the posterior base of the gonapophyses에서 몸을 떠나, V1,V2의 외부 채널을 통해 이동하여, V1,V2의 끝에서 가까운 위치에 있는 V2의 왼쪽과 오른쪽 밸브 사이의 slit을 통하여 배출된다(Fig. 9의 오렌지색 화살표). 알의 이동경로에 대한 설명은 두 학자, Natalia A. Matushkina와 Klaus-Dieter Klass에게 받았다. (Fig. 10)은 한국개미허리왕잠자리의 산란 모습으로서 뻗어 나온 산란관을 확인할 수 있다.

* Acknowledgement: I express my gratitude to Klaus-Dieter Klass and Natalia A. Matushkina for their expert explanation about oviposition.

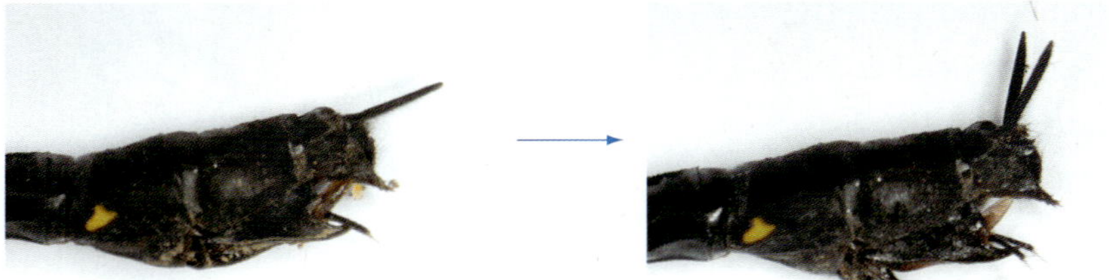

Fig. 8. 잠자리아목 산란기관 - 황줄왕잠자리

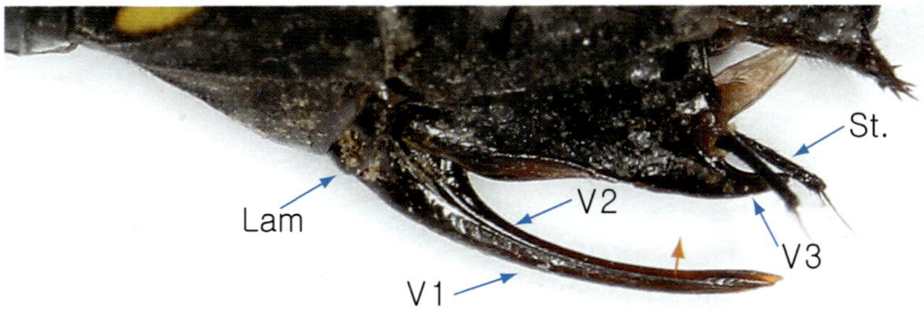

Fig. 9. 황줄왕잠자리의 산란기관 세부명칭

Fig. 10. 한국개미허리왕잠자리의 산란

왕잠자리과를 제외한 잠자리아목에 속하는 잠자리는 vulvar lamina산란판: 産卵弁를 가지고 있다(弁: 원래 '고깔 변'인데, 일본에서는 '힘쓸 판辦' 대신 사용함). (Fig. 11)은 잠자리아목의 다양한 산란판 측면 모습이며, (Fig. 12)는 고려측범잠자리의 알이 배출되는 부위의 모습이다.

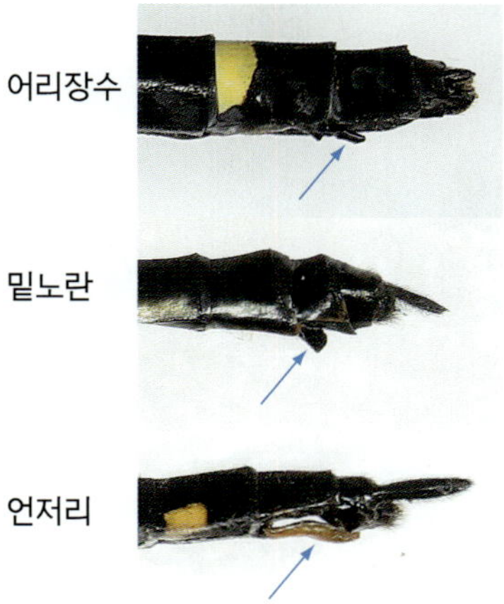

Fig. 11. 잠자리아목 산란판

Fig. 12. 고려측범잠자리 알 배출구

3. 실잠자리아목의 모습 Suborder Zygoptera

(Fig. 13~15)는 실잠자리아목의 dorsal view, lateral view, anterior view로서, 큰청실잠자리의 모습이다. 겹눈이 머리에서 차지하는 비율이 잠자리아목보다 약간 적은 편이며, 앞날개와 뒷날개가 같은 모양을 하고 있다. 실잠자리아목은 앉을 때에 잠자리아목과 달리 날개를 등위로 겹쳐 세우고 앉는데, 국내에서는 청실잠자리속의 두 종은 잠자리아목처럼 날개를 펴고 앉는다.

Suborder Zygoptera실잠자리아목 유충과 성충의 부속기관 간의 연결 고리는 다음과 같다.

Fig. 13. 실잠자리아목 dorsal view - 큰청실잠자리

- cerci: 유충의 미각尾角 또는 미엽尾葉. 성충의 cerci가 되는데, 수놈에게는 upper appendages 즉, 상부속기上付屬器 역할을 하고, 암놈에게는 미모尾毛가 된다.
- paraprocts: 유충의 항측편肛側片. 성충 수놈의 paraprocts가 되고 lower appendages 즉, 하부속기下付屬器 역할을 한다.
- epiproct: 유충의 항상편肛上片. 성충에게는 sclerites의 형태로 흔적만 남는다.

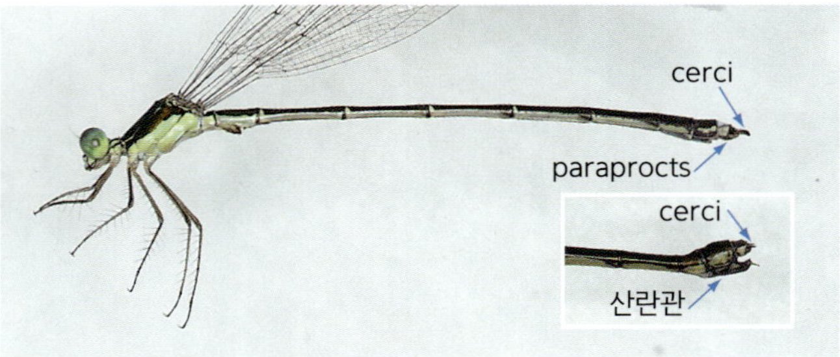

Fig. 14. 실잠자리아목 lateral view - 큰청실잠자리

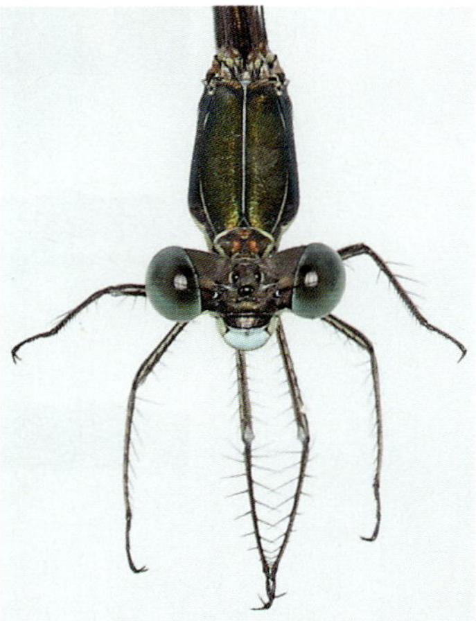

Fig. 15. 실잠자리아목 anterior view - 큰청실잠자리

제3장 잠자리의 눈

Eyes of dragonfly

제3장 잠자리의 눈 Eyes of dragonfly

잠자리의 눈은 2개의 겹눈compound eyes과 3개의 홑눈ocelli으로 구성되어 있다(Fig. 16). 겹눈은 많은 수의 낱눈ommatidium이라 불리는 렌즈와 감각세포로 이루어져있다. 겹눈이 잘 발달되어있는 왕잠자리과의 경우 3만개까지의 낱눈이 모여 하나의 겹눈을 이루고 있다(Land and Nilsson, 2002). 잠자리 앞에서 움직이고 있는 대상은 각각의 낱눈에 상이 맺히므로 이들의 움직임과 방향은 민감하게 잠자리에게 인식된다.

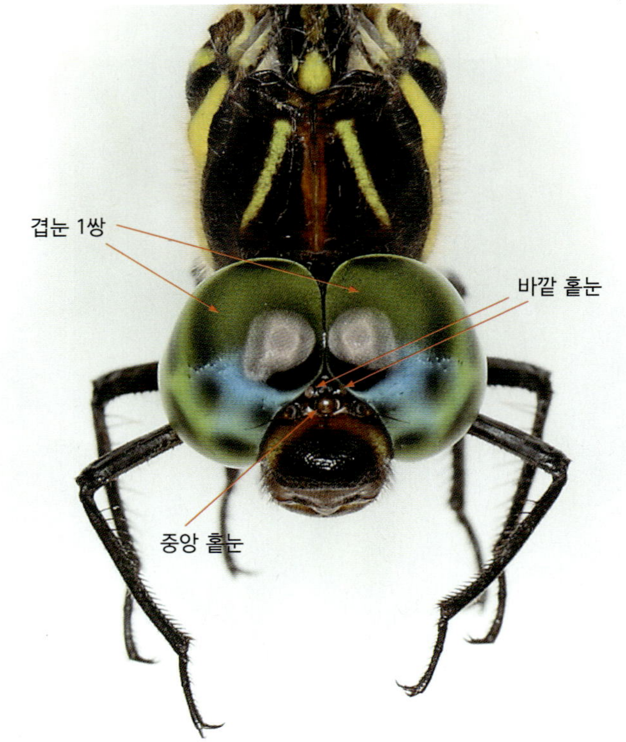

Fig. 16. 잠자리의 눈

1. 잠자리의 겹눈 Compound eyes

사람의 눈은 수정체의 두께가 조절되어 원근 초점 조절이 가능하지만, 잠자리의 겹눈은 수정체 두께 조절이라는 개념자체가 없어 원근 초점 조절이 불가능하다. 가까운 거리에 있는 대상에 대하여는 초점이 정확히 맺히지만, 먼 거리의 대상은 초점이 정확히 맺히지 않는다고 한다. 반면, 수많은 낱눈에 상이 맺히므로 대상이 움직일 때는 매우 민감하게 움직임을 감지할 수 있으며, 300분의 1초 동안의 움직임도 감지할 수 있다고 한다. 이렇게 움직임에 민감한 눈은 작은 먹이의 움직임을 감지하여 먹이사냥을 가능하게 하고 사람을 포함한 동물과 포식곤충의 움직임을 감지하여 피할 수 있도록 해준다. 한 여름 오후 8시가 다 되어가 앞이 거의 보이지 않을 정도의 어둠 속에서도 왕잠자리류는 그 조그만 날벌레를 초고속으로 날며 자유자재로 방향과 높이를 바꾸며 먹이사냥 하는 모습은 정말 신기하기 그지없다.

한 쌍의 겹눈은 사람처럼 양안 시야 작용을 하여 대상물과의 거리를 판단할 수 있도록 해준다. 겹눈은 둥근 공 모양을 하고 있어 360도 모든 방향을 볼 수 있다. 전방시각이 좋도록 겹눈의 앞과 위쪽이 특히 예민하며, 가짜동공pseudo-pupils이라 불리는 검은 점이나 줄무늬 등이 있어 빛을 반사하지 않고 전방시야를 좋게 해준다(Fig. 17). 아프리카의 밝은 초원에서 고속으로 달리는 치타도 눈 아래 굵은 검은 줄이 있어 빛 반사를 막아주어 시야가 좋고, 같은 이유로 군인들도 야외에서 눈 밑에 검은 칠을 한다.

Fig. 17. 겹눈의 가짜동공

겹눈을 크게 윗부분과 아랫부분의 두 영역으로 구분하면, 윗부분은 짧은 파장의 빛에 민감하고 아랫부분은 긴 파장의 빛에 민감하다. 좀잠자리속의 겹눈 윗부분은 파란색 수용기를 가지고 있어 420nmnano meter의 파장에 제일 민감하고 약간의 자외선 수용기를 가지고 있다(Labhart and Nilsson, 1995).

햇빛을 스펙트럼으로 분해했을 때 나타나는 빨주노초파남보의 색에서 빨간색 쪽이 파장이 길고 그 바깥에는 적외선이 있으며, 파란/보라색 쪽이 파장이 짧고 그 바깥에는 자외선이 있는데, 사람의 눈은 보라색에서 빨간색까지의 가시광선이라 불리는 파장(400~740nm)만을 볼 수 있다. 반면에 대부분의 곤충은 짧은 파장 쪽으로 약간 치우친 대략 300~600nm의 파장 영역을 볼 수 있는 것으로 알려져 있다. 사람과는 달리 자외선(파장: 380nm 이하)과 편광polarized light을 볼 수 있는 장점이 있다.

고공을 날아다니는 잠자리들이 수풀과 부들에 가려져 잘 보이지 않고 거리도 수십 미터 아래에 있는 습지나 개울을 찾아, 그리고 물이 맑은 물인지 검은 물인지를 구분하여 산란지를 찾아내는 것이 참 신기하게 생각되었는데, 이는 물 표면에서 수평적으로 편광 되는 빛을 감지할 수 있기 때문이라고 한다(Bernath et al., 2002; Horvath, 1995). 또한 잠자리를 포함한 여러 곤충이 이러한 수평 편광에 이끌린다고 하는데, 승용차 유리창에 산란하는 잠자리를 보거나, 광이 잘 나는 검은색 승용차에 잠자리가 날아와 마치 물위에서 날 듯 한참 나는 것을 보면 이해가 간다. 산유국에서는 이러한 편광 이끌림 때문에, 많은 잠자리들이 물이 아닌 원유의 번들거림에 이끌려 대량 죽음으로 이어지기도 한다고 한다.

원래 빛은 모든 방향으로 진동하며 이러한 온전한 빛 하에서 인간은 사물을 제대로 볼 수 있다. 편광은 파장이 한 방향으로만 진행되는 빛을 말하며 반짝이는 물체에 빛이 반사되면 일어난다. 하늘을 쳐다볼 때 햇빛이 공기 중의 먼지나 물방울을 만나 편광화 된 난반사가 일어나곤 한다. 또한 햇빛이 물 표면에 정반사되면 한 쪽 방향으로 진동하는 편광화 된 빛이 나온다. 사람은 이러한 반사되는 빛 때문에 자연광으로 볼 수 있던 대상을 보는데 불편함을 겪는데, 이 때 편광 sunglass를 쓰면 반사되는 빛을 차단하여 원래 자연광으로 보던 대상을 잘 볼 수 있다. 잠자리가 편광을 볼 수 있다는 의미는 물에서 반사되는 편광에 이끌려 서식지나 산란지를 찾기도 하고, 물이나 하늘을 배경으로 작은 곤충이 날 때에 반사되는 편광 하에서도 대상물을 잘 감지하고 먹이사냥을 할 수 있다는 뜻으로 해석할 수 있을 것 같다.

빛은 파장wavelength에 따라 다음과 같이 구성되어있다.
(단위: nmnano meter = 10^{-9}meter)

- 감마선Gamma rays: 10^{-6}nm 이하~10^{-2}nm
- X선X radiations: 10^{-2}nm~10nm
- 자외선Ultraviolet light: 10nm~400nm
- 가시광선Visible light: 400nm~740nm
- 적외선Infrared light: 700nm~1mm
- 극초단파Microwaves: 1mm~1m
- 전파Radio waves: 1mm~100km 이상

분류방법에 따라 근소한 차이가 있으나, 인간은 가시광선인 400nm~700nm(or 740nm)의 파장 영역만 볼 수 있는 것으로 알려져 있다(Hunt, 2004; Wyszecki and Stiles, 1982). 빛의 지각은 눈에 있는 광수용체 단백질로 하는데, 로돕신rhodopsin은 막대모양의 간상세포에 함유되어 있으며 붉은색의 빛을 감지하는 단백질로서 주로 야간에 사용되고, 포톱신photopsin은 원뿔모양의 원추세포에 함유되어 있으며 색깔을 감지하는 단백질로서 주로 주간에 사용된다.

흔히 사람에게는 빨간색, 녹색, 파란색의 색수용체 단백질을 가지고 있다고 말하는데, 이는 긴 파장, 중간 파장, 짧은 파장에서 최고의 흡수율absorptance을 보이는 세 가지 옵신opsin을 일컬으며 다음과 같다.

- 긴 파장인 560nm에서 최고의 흡수율을 보이는 옵신으로서, 노란색 영역에서 가장 민감하며, 다른 두 옵신에 비하여 상대적으로 빨간색에 민감하여 흔히 빨간색을 감지하는 red opsin으로 표현된다.
- 중간 파장인 530nm에서 최고의 흡수율을 보이는 옵신으로서, 초록색 영역에서 가장 민감하고 green opsin으로 불린다.
- 짧은 파장인 430nm에서 최고의 흡수율을 보이는 옵신으로서, 파란색 영역에서 가장 민감하고 blue opsin으로 불린다.

(Fig. 18)은 인간의 눈에 있는 세 가지 옵신의 파장에 대한 흡수도를 보여주고 있다(Solomon and Lennie, 2007). 파장별로 나타나는 색깔은 다음과 같다.

- 보라색: 400nm 주위
- 파란색: 475nm 주위
- 초록색: 510nm 주위
- 노란색: 570nm 주위
- 주황색: 590nm 주위
- 빨간색: 650nm 주위

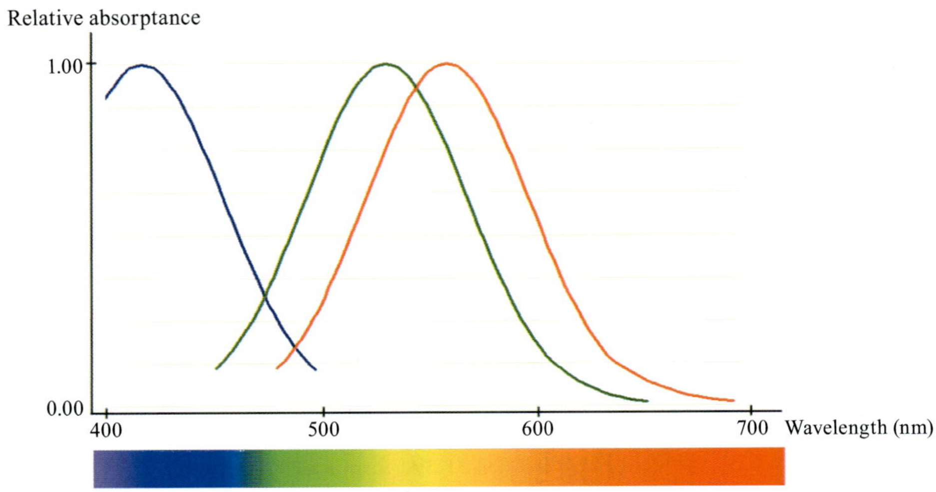

Fig. 18. 인간이 가진 세 가지 옵신의 파장에 대한 흡수도

사람이 세 가지의 색수용체 단백질을 가지고 있는데 반해, 잠자리는 네 개 혹은 다섯 개의 옵신을 가지고 있다. 일반적으로 겹눈의 윗부분에서는 짧은 파장인 자외선, 파란/보라색을 민감하게 지각하고, 겹눈의 아랫부분에서는 상대적으로 긴 파장인 녹색과 노란/주황색에 민감한 것으로 알려져 있다.

왕잠자리과는 겹눈 윗부분에서는 파장 380nm인 파란/보라색과 자외선의 경계에 매우 민감한 수용체에 있고 겹눈 아랫부분에서는 420~520nm인 파장에 민감한 수용체가 있으며, 잠자리과는 겹눈 윗부분에서는 410nm, 겹눈 아랫부분에서는 450~550nm 근처의 파장에 매우 민감한 것으로 연구되었다(Horridge, 1969).

좀잠자리속의 *Sympetrum rubicundulum*이라는 잠자리의 겹눈은 네 파장의 영역(340, 410, 490~540, 620nm)에서 파장수용도가 가장 극대화 되는 것으로 연구되었다(Meinertzhagen et al., 1983). 겹눈의 윗부분에서는 자외선수용체가 매우 민감히 반응하고 겹눈의 아랫부분에서는 주황색부근(620nm)에 민감히 반응하는 것으로 나타났다. (Fig. 19)는 *S. rubicundulum*의 빛 파장에 따른 흡수도를 simulate한 것으로서, 인간보다 감지하는 파장의 영역이 넓으며 자외선도 볼 수 있음을 나타내고 있다.

일반적으로 많은 곤충이 630nm 이상의 영역인 빨간색은 잘 못 보는 것으로 알려져 있는데, 잠자리의 경우는 예외이다. 사람의 경우 파장 560nm 노란색에서 파장수용도가 극대화되는 옵신이 좌우로 440nm에서 700nm까지 감지함으로써 빨간색을 볼 수 있는데, 620nm에서 파장수용도가 극대화되는 옵신을 가진 잠자리는 당연히 긴 파장 쪽으로는 700nm 보다 긴 파장까지 감지할 것이다. 잠자리 중 많은 종들이 수놈은 빨간색을 띠고 암놈은 누런색을 띠는 것도, 이들이 빨간색을 지각하여 암수를 구별하고 생식과 생존을 가능하게 하여 왔다는 증거가 될 것이다.

청동잠자리과의 *Hemicordulia tau*라는 종에서는 다섯 종류의 광수용체가 330, 410, 460, 525, 630nm 파장 근처에서 매우 민감하게 반응하는 것으로 연구되었다(Yang and Osorio, 1991).

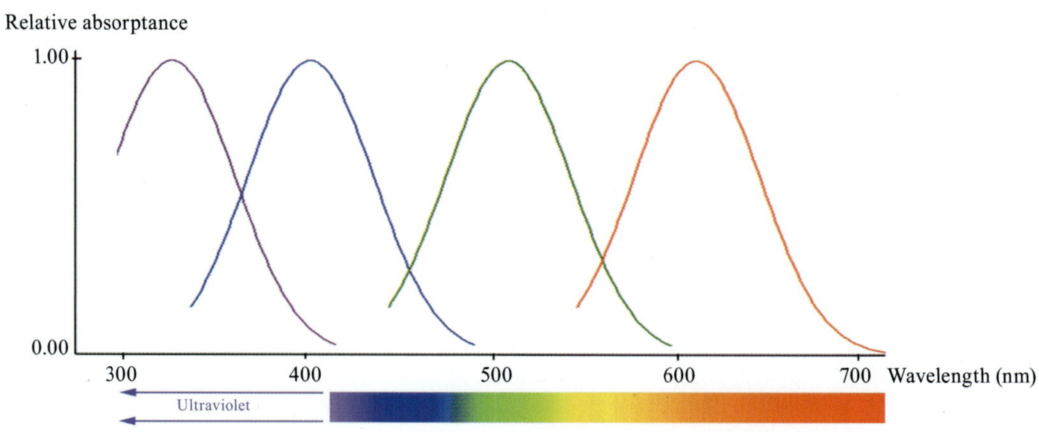

Fig. 19. *Sympetrum rubicundulum*이 가진 네 가지 옵신의 파장에 대한 흡수도

2. 잠자리의 홑눈 Ocelli

홑눈은 겹눈과 달리 각각 1개의 렌즈로 구성되어 있으며 시야의 정확성 보다는 빛의 강도를 감지하여 비행의 방향성을 돕는 것으로 알려져 있다. 홑눈은 1개의 중앙 홑눈median ocellus과 양쪽에 2개의 바깥 홑눈lateral ocelli으로 구성되어 있다. 중앙 홑눈은 약 1,500개의 광수용체를 가진 렌즈로서 바깥 홑눈 보다 크며 타원에 가깝게 생겼는데, 이 타원형 모양에서 오는 난시는 렌즈안의 이열 구조로 해소되며 비행 시 수평을 지각할 수 있도록 해준다(Berry et al., 2007). 바깥 홑눈은 공간 정보를 분석하고 방향을 감지하는 역할을 한다(Berry et al., 2007).

홑눈은 빛의 강도를 감지함으로써 새벽에서 아침, 점심을 거쳐 황혼에 이르는 시간의 변화에 따른 생체 리듬을 조절하는데 중요한 역할을 한다. 잠자리를 잡아서 집안에서 풀어 놓으면 환한 창가나 저녁에는 형광등으로 즉시 방향을 잡고 날아가는데, 이러한 즉각적인 반응을 유도하는데 중요한 역할을 한다. 즉, 겹눈으로 주위환경을 분석하고 어디로 날지를 결정하기 전에, 홑눈에 의하여 밝은 쪽으로 방향을 잡고 즉시 비행을 시작하는 것으로 연구되고 있다.

Fig. 20. 잘록허리왕잠자리의 중앙 홑눈과 몸의 일직선 상태

잠자리의 중앙 홑눈은 비행 모습을 옆에서 볼 때 몸과 일직선을 이룬다(Fig. 20). 모든 비행하는 생명체와 인간이 만든 항공기에서는 비행 시 수평감각이 꼭 필요하다. 좀 더 정확히 말하자면, 중력방향에 직각을 이루는 평형감각을 말한다. 물 위에서 회전한 후에 어디가 하늘이고 어디가 물인지 알아야 물에 빠지지 않고, 산지 등 경사진 곳에서도 바르게 날 수 있는데, 홑눈은 잠자리의 비행에서 이러한 중요한 역할을 담당하고 있다.

잠자리는 비행 중 방향을 바꿀 때 머리는 중력방향에 직각을 이루는 평행이 되도록 유지하며 몸의 나머지 부분은 진행방향으로 회전하게 된다(Fig. 21, 22). 이는 전투기의 비행에서도 쉽게 확인할 수 있는데, 진행 방향으로 동체가 기울며 회전한다. 겹눈 역할이 눈 앞 대상을 인식하고 그 움직임을 감지하는 중요한 역할이라고 강조되고, 상대적으로 홑눈의 역할이 과거에는 덜 강조되어 왔지만, 최근의 연구논문들에 의하여 밝혀진 바로는, 홑눈도 빛의 강도와 변화를 아주 예민하게 감지하고 수평감각을 유지할 수 있도록 하여줌으로써 비행 중 상하좌우로의 신속한 방향 전환을 가능하게 하는 잠자리의 생존에 반드시 필요한 중요한 역할을 한다고 한다.

Fig. 21. 어리장수잠자리의 회전비행 시 머리와 가슴/배의 각도

Fig. 22. 별박이왕잠자리의 회전비행 시 머리와 가슴/배의 각도

제4장 잠자리의 날개
Wings of dragonfly

제4장 잠자리의 날개 Wings of dragonfly

잠자리의 가슴은 날기 위한 근육으로 꽉 차 있으며, 하나의 날개를 움직이기 위하여 두 개의 근육이 수축과 이완을 한다. 네 장의 날개에 붙어있는 근육은 독립적으로independently 움직일 수 있으며, 초당 약 30회의 날갯짓을 한다. 나비는 간접비행indirect flight을 하는데 이는 날개와 비행근육이 직접 붙어있지 않은 형태를 말하며, 반면에 잠자리는 직접비행direct flight을 하는데 이는 날개와 비행근육이 직접 붙어있는 형태를 말한다.

1. 잠자리의 직접비행 Direct flight

(Fig. 23)에서 볼 수 있는 것처럼, 바깥쪽 근육basalar muscles이 수축할 때 날개는 아래로 향하며, 안쪽 근육subalar muscles이 수축할 때 날개는 위로 향하며 날갯짓을 한다(Hatch, 1966).

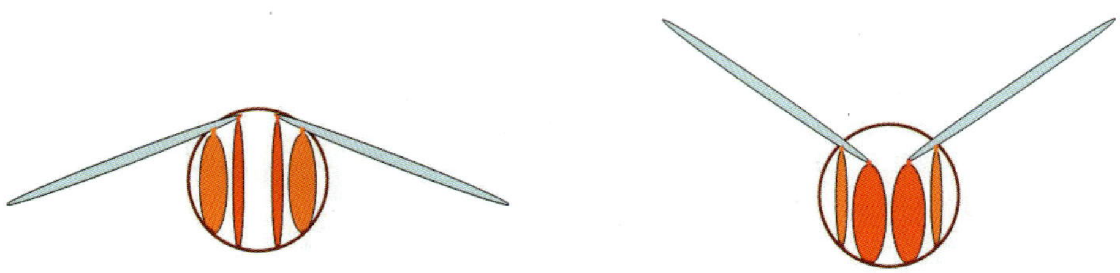

Fig. 23. 잠자리의 날갯짓과 근육의 움직임

앞날개와 뒷날개는 교차 움직임을 보인다. (Fig. 24)에서 볼 수 있듯이, 앞날개가 아래로 향할 때(푸른 화살표) 뒷날개는 위로 향하며(붉은 화살표), 앞날개가 위로 향할 때 뒷날개는 아래로 향한다. 이렇게 앞날개와 뒷날개가 엇갈리는 교차 움직임을 함으로써 잠자리는 비행 시 상하로 떨림 없이 안정된 비행을 할 수 있다. 반면에 나비는 앞날개와 뒷날개가 동시에 아래로 향하거나 위로 향하며 움직이어서 비행 시 위아래로 덜덜 떨리며 불안정한 비행을 하게 된다. 주추진력은 날개를 아래로 내릴 때 발생하며 앞날개의 추진력은 뒷날개보다 우수하다고 연구되었다.

Fig. 24. 앞날개와 뒷날개의 움직임 – 한라별왕잠자리

잠자리의 비행은 어느 방향으로나 가능하여 전진, 후진, 좌우로 회전비행, 고도를 높이거나 낮추고, 정지비행 할 수 있다. 이러한 다양한 움직임을 가능하게 하기 위하여 날개의 움직임은 단순히 상하로만 움직이는 것이 아니고, 날개 하나를 놓고 볼 때 앞쪽이나 뒤쪽을 숙여 수평선을 기준으로 각도를 조절할 수 있으며, 좌우날개에서 한쪽은 앞쪽을 숙이고 다른 한쪽은 뒤쪽을 숙이는 등 다양한 조합을 함으로써 전진, 후진, 회전, 상승과 하강, 정지 비행 등 완벽한 비행을 할 수 있다. 이러한 이유 등으로 잠자리는 지상의 모든 비행하는 생물체 중 가장 완벽한 비행기술을 가지고 있다고 하며, 미국 NASA와 Pentagon 등에서는 잠자리의 비행술을 오랜 기간 연구해오고 있으며, 군사정찰의 목적과 현재까지의 비행체와는 전혀 다른 개념의 비행술을 가진 비행기를 만들기 위해서라고 한다.

2. 키틴질 날개 Chitin wings

곤충의 외골격은 키틴chitin이라는 물질로 이루어 졌는데, 잠자리의 날개 또한 키틴질로 이루어졌다. 날개는 항공 역학적으로 바람을 가르고 다양한 비행을 할 수 있는 매우 효과적인 구조를 가지고 있다(Jongerius and Lentink, 2010). 얇고 빛나는 키틴 필름으로 이루어진 날개는 센 바람에는 살짝 휘어지며 부러지지 않는 융통성을 보이며 그 바람을 이기고 앞으로 나간다. 수명이 거의 다하여 날개의 조직이 푸석푸석해지고 부서지기 전까지는 온전한 잠자리의 비행을 책임지는 놀라운 진화의 산물이다. 날개와 근육을 연결하는 부위와 날개의 주요 시맥에는 레실린resilin이라 불리는 구조단백질이 함유되어있는데 거의 완전한 탄성을 갖고 있어 운동에너지를 효율적으로 전달하고 있다(Appel et al., 2015; Donoughe et al., 2011; Elvin et al., 2005).

무척추동물의 피는 haemolymph라 불리는데, 인간과 마찬가지로 피에는 생존을 위한 영양분과 산소가 녹아있고 온몸으로 전달된다. 잠자리의 날개에 보이는 시맥으로 이 피가 순환된다. 날개는 살아있는 조직으로서 피의 순환이 잘 이루어지지 않으면 마르고 쉽게 부서지게 된다. (Fig. 25)는 시맥에 따라 어떻게 피가 순환되는지를 묘사하고 있다. 피는 가슴에서 나와 날개의 앞쪽 시맥을 따라 날개 말단까지 갔다가 날개의 다른 부분을 돌아 다시 가슴으로 들어온다(Arnold, 1964).

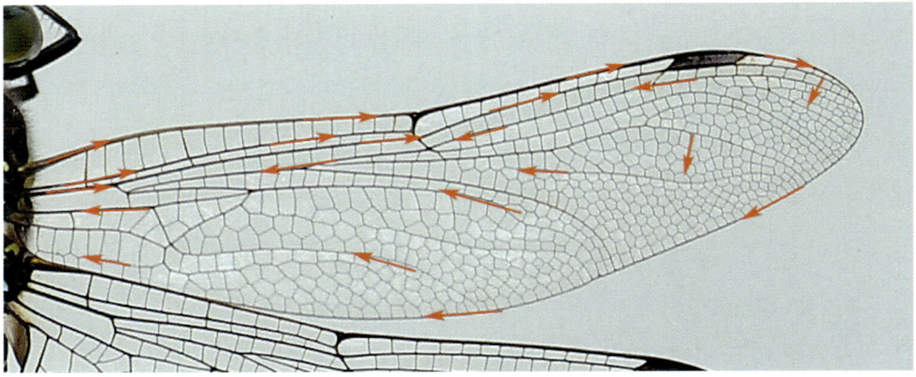

Fig. 25. 잠자리 날개의 시맥과 피의 순환

날개는 살아 있는 조직이기에 종이처럼 비에 젖어 찢어지지 않는다. 가랑비가 올 때에도 많은 잠자리들은 개의치 않고 비행하는 모습을 볼 수 있으며, 비를 피하여 나무속에 앉기도 하지만 그냥 낮은 풀에 앉아 비를 흠뻑 맞기도 한다. 날개는 매우 강하고 가볍고, 날갯짓을 위한 근육으로 꽉 차 있는 가슴에서 나오는 파워 넘치는 날갯짓은 고속 비행, 급선회, 급정지, 정지비행, 후진비행 등 영화 속 UFO에서나

가능한 비행을 가능하게 해준다.

미국 Kansas University 연구팀이 북미대륙의 제왕나비Monarch butterfly를 연구하는 과정에서 초소형, 초경량의 무선장치를 나비에 부착하고 GPS로 추적하며 이동경로를 연구하였다. 그 과정에서 왕잠자리에게도 무선장치를 부착하여 아침에 날려주고 GPS로 추적하며 따라가 늦은 오후 나무에 앉아 쉬는 것까지 확인하였는데, 하루 동안의 비행거리는 무려 161km나 되었다. 한마디로 곤충 중 제1의 날기 선수라고 할 수 있다.

연못이나 개울에는 수놈들이 영역을 지키며 암놈이 나타나기를 눈이 빠지게 기다리고 있기 때문에 많은 종들에게서 암놈은 성숙 후 관찰이 어렵다. 운 좋게 먹이 사냥 하는 모습을 보게 되거나 산란을 하러 올 때를 기다려야 하는데, 이게 쉽지 않다. 장수잠자리의 경우, 수놈이 제법 많은 곳에 가더라도 수놈 수만큼 암놈도 있을 텐데 암놈 한 번 보려면 여러 날 공치는 경우가 허다하다. 장수잠자리 암놈은 우리나라 잠자리 중 가장 크고 무겁다. 이런 녀석이 순식간에 총알처럼 직선으로 날아와 개울가 풀이 가려진 곳으로 들어가는데, 놀라운 것은 그 무게에 그 속도로 날아와 급정거를 한다는 점이다. 아무리 멈추는 순간 후진비행으로 날갯짓을 바꾸며 급정거하려해도 관성의 법칙 때문에 앞으로 밀려 물에 빠지거나 주위 바위에 부딪힐 법도 한데 말이다.

3. 진화의 정점에 있는 잠자리 Evolutionary apex

3억 년 생존을 하는 동안 잠자리는 여러 면에서 진화에 진화를 거듭하여 온 듯하다. 오랜 기간 잠자리를 관찰하며 깨달은 것은 이들은 진화의 정점에 있다는 것이다. 더 이상 진화될 것이 없다. 사람들이 이들의 생태공간을 파괴하여 멸종으로 이끌지만 않는다면 잠자리는 자연에서 굉장한 강자의 위치에 있다. 거미줄에 걸리고 사마귀, 개구리, 새 등에게 잡아먹히지만, 잠자리는 이들 보다 훨씬 뛰어나고 엄청난 포식자이다.

농약으로는 그 많은 해충을 완전히 없앨 수 없다. 논과 밭의 엄청난 해충들과 모기들이 인간에게 주는 폐해를 생각해보라. 논에 벌레를 완전히 없앨 정도로 농약의 양과 강도를 높인다면 거기서 나오는 쌀을 먹는 인간이 먼저 죽을 것이다. 물 속 유충시절에는 모기유충인 장구벌레를 엄청나게 잡아먹고, 물 밖에 나와 성충이 된 후에도 엄청나게 모기와 해충을 잡아먹고 있다. 거미와 사마귀는 움직임이 적어 에너지 소비가 극히 적다. 사냥의 성공률도 낮고, 당연히 식사량도 클 수가 없다. 하지만, 하루 종일 자기 몸무게에서 오는 중력을 이기고 날아다녀야 하는 잠자리는 엄청난 칼로리가 필요하고 따라서 엄청난 대식가이다. 몸무게 대비 식사량을 따진다면 곤충 중에서 잠자리를 능가할만한 녀석이 없을 것이다. 초여름 전남 지방에 가보면 넓은 논 지대에는 상공 200~300m까지 된장잠자리 떼 수만 마리가 떠있는 것을 볼 수 있다. 아이러니하게도 우리나라에서 벼농사를 지어 밥 먹고 살 수 있도록 해주는 것에 최대 기여하는 존재는 외국에서 날아오는 된장잠자리로 보인다. 잠자리가 없다면 농사도 불가능해지고 모기를 비롯한 각종 해충으로 인한 질병이 만연하게 될 것이다.

제5장 잠자리의 한살이

Life cycle of dragonfly

제5장 잠자리의 한살이 Life cycle of dragonfly

잠자리는 알-유충-성충의 과정을 거치는 불완전변태(homomorphism)를 한다. 완전변태를 하는 나비는 유충과 성충 사이에 번데기의 기간이 있다. 알은 잠자리의 종류에 따라 수일에서 수주일 혹은 여러 달이 지난 후 부화하여 유충이 되고 먹이사냥을 시작한다. 대부분의 잠자리는 겨울을 유충이나 알의 형태로 지내고, 몇몇 종은 성충의 형태로 보내기도 한다.

1. 알과 부화 Eggs and hatching

(Fig. 26)은 남색이마잠자리의 배에서 나오고 있는 알의 모습이며, (Fig. 27)은 깃동잠자리가 물주변의 풀이나 흙에 뿌린 알의 모습이다. 알은 종에 따라 구형이나 길쭉한 타원형 등 다양한 모습을 하고 있다.

알에서 부화한 유충은 외골격 생명체이기 때문에 여러 번의 탈피를 거치며 성장한다. 잠자리 유충은 모기 유충인 장구벌레부터 하루살이 유충, 강도래와 날도래 유충 등의 물벌레와 자기보다 덩치가 작은 잠자리 유충, 양서류인 개구리의 유충 올챙이, 척추동물에 속하는 어류인 송사리 등까지 잡아먹으며 성장하게 된다. (Fig. 28)은 황줄왕잠자리 유충의 올챙이 포식 장면이다.

Fig. 26. 남색이마잠자리 배에서 나오는 알

Fig. 27. 깃동잠자리 배에서 나온 후 풀밭에 뿌려진 알

Fig. 28. 황줄왕잠자리 유충의 올챙이 포식

왕잠자리와 먹줄왕잠자리의 경우 물속과 바로 위의 풀줄기에 산란하는데 알에서 부화한 유충은 엄청난 포식성을 보이며 급성장하여 상당히 자란 상태에서 겨울을 맞이한다. 한국의 겨울은 수온이 낮기 때문에 휴면 상태로 겨울을 보내고 이듬해 봄이 되어 수온이 오르기 시작하면 깨어나 다시 먹이사냥을 시작하고 완전히 성장하여 우화탈피하고 성충이 된다.

2. 유충으로 겨울 휴면하는 잠자리 Dormant larvae in winter

유충으로 겨울을 나는 잠자리의 경우, 유충은 한겨울에 수온이 떨어지면 휴면 상태에 들어가는데, dormant or diapause 상태라 표현하고, 겨울잠 자는 동물에게 쓰는 hibernation동면이란 표현은 하지 않는다. 휴면 상태는 신진대사가 최소로 줄고 호흡량도 줄어, 죽진 않았지만 거의 그런 상태란 표현이 가정 적절할 듯 싶다.

한 가지 인간들이 주의하고 보호해야할 점은, 물 표면이 얼음으로 덥힌 추운 겨울에는 얼음을 깨고 밑에서 휴면중인 잠자리 유충을 꺼내면 치사율이 매우 높다는 점이다. 필자의 경험에 의하면 왕잠자리과 유충은 100% 깨어나지 못하고 그대로 죽었다. 덩치가 작은 잠자리과 유충들만이 상당 수 잠에서 깨어날 수 있었다. 하지만 이 경우도 종령 유충은 깨어난 지 이틀이 지나 아무 이유 없이 그냥 죽었으며 전아종령 전 단계에 있는 작은 녀석들만 깨어나 제대로 성장할 수 있었다.

자연 상태에서는 휴면에서 깨어나려면 수일에서 수 주일에 걸쳐 온도변화가 서서히 일어나며, 밀쳐지고 뒤집혀지는 물리적 충격에도 휴면상태에서는 전혀 반응할 수 없기 때문에, 몸이 크고 길며 딱딱하지 않은 왕잠자리과 유충들은 얼음아래를 뒤져 건져 올리는 과정에서 큰 충격을 받고 그대로 죽음을 맞이하는 것으로 보인다. 채집되지 않은 물속에 남아 있는 유충들 또한 죽음을 맞이한다. 휴면 중에는 호흡량이 줄지만 움직일 수 없기 때문에 흙탕물을 뒤집어쓰고 나면 호흡 곤란으로 죽게 된다.

휴면 중에는 호흡량은 줄지만 그렇다고 호흡을 못하면 죽기 때문에 개구리와 두꺼비는 겨울에는 진흙에서 빠져 나온 상태로 동면하며 피부 호흡으로 산소를 보충한다. 계곡과 냇가는 얼음이 얼어도 얼음 아래로 물이 흐르기 때문에 산소가 녹아들지만, 둠벙과 소류지에는 말 그대로 얼음 뚜껑lid of ice이 되어 공기와 차단되는데 어떻게 그 안에서 산소공급이 이루어지는지, 그리고 잠자리 유충을 비롯한 다양한 생명체들은 그 안에서 어떻게 겨울을 버티는지 한겨울에 꽝꽝 얼어버린 소류지에 가보면 의문점이 생긴다. 햇빛이 비추고 물풀이 있으면 얼음 아래에서 광합성이 그래도 된다고 볼 수 있지만, 햇빛이 들지 않는 산속의 나무로 둘러싸인 작은 웅덩이는 정말 의문이다. 개구리의 한 종은 엉덩이 부분에서 피부 호흡을 집중적으로 하는 것으로 연구된 바도 있는데, 잠자리 유충도 어떤 식으로든가 산소를 공급받기 위한 비밀 장치가 있을 것 같기도 한데 연구해볼만한 주제가 아닐까 한다.

3. 알로 월동하는 잠자리 Passing the winter as eggs

대부분의 좀잠자리속 잠자리들은 물 주변의 풀이나 흙에 알을 뿌리고 알의 상태로 겨울을 난 후 이듬해 봄이나 여름에 비가 많이 올 때에 부화하여 유충은 물이 많이 고인 곳으로 찾아가 성장하게 된다. 알이 뿌려진 모든 주변들이 이듬해 물이 충분히 차는 것이 아니므로 손실loss이 많이 발생하는 것으로 보인다. 하지만 물속에 산란되어 유충으로 자라는 종들도 물속 생활이 긴만큼 포식자에게 많이 잡아먹히므로, 어차피 유충이 다 성장하여 성충이 되는 비율은 극히 낮을 수밖에 없다.

왕잠자리과에서 대표적인 가을왕잠자리라고 할 수 있는 잘록허리왕잠자리도 알로 월동한다. 이들의 산란지는 많은 경우 맹꽁이 서식지와 겹치는데 한여름 장마가 되어야 웅덩이에 물이 고이고 이 때에 알에서 부화한 유충은 급성장하여 7월말이후 성충으로 우화하여 성숙하기 시작하며 가을이 깊어가는 9월말 이후에 웅덩이가 마르면 그 때에 산란을 한다. 가을 논 추수가 끝난 후 젖어있거나 마른 논에 산란하는 것도 마찬가지다. 어찌 보면 매우 영리하고 효율적인 생존방식이라고 할 수 있다. 항상 물이 고여 있어야 살 수 있는 물장군, 게아재비, 왕잠자리와 먹줄왕잠자리 유충 등과 서식지가 겹치지 않는 경우가 많고, 서식지가 공유되더라도 잘록허리왕잠자리 유충이 물에서 보내는 시기는 매우 짧아 이때에는 다른 덩치 크고 더 사나운 왕잠자리 유충이 거의 없거나 매우 적은 시기이기 때문이다.

4. 성충으로 월동하는 잠자리 Passing the winter as adults

잠자리는 냉혈동물이기 때문에 기온이 적어도 섭씨 15~18도 이상이 되어야 비행을 한다. 물론 늦가을의 10월말 추운 날에는 섭씨 10도 정도의 날씨에도 살아남아 있는 여름좀잠자리, 노란잠자리, 진노란잠자리, 대륙좀잠자리, 날개띠좀잠자리 등이 있기도 하다. 우리나라의 잠자리들은 추운 겨울에는 물속의 유충이나 물속이나 물 밖에서 알 상태로 월동을 하는데, 특이하게 묵은실잠자리, 가는실잠자리, 작은실잠자리는 성충의 상태로 월동한다.

대학생 때였는데 당시에는 아파트가 아니라 주택에서 살았고 마당에는 잔디와 나무가 있었는데, 어느 햇살 따스한 겨울날 집정원의 조그만 나무에 묵은실잠자리가 붙어있는 것을 보고 깜짝 놀랐던 기억이 있다. 그때는 당연히 성충으로 월동하는 잠자리가 있다는 것을 생각지도 못했다. 영하의 겨울이지만 가끔 영상으로 기온이 오르고 햇살이 좋은 날이면 꿀벌들도 가끔씩 돌아다니고 아주 작은 날벌레도 수풀에서 보인다. 묵은실잠자리도 에너지를 얻기 위해선 이런 날이면 작은 벌레를 잡아먹는 것 같다. 그 때의 묵은실잠자리도 잡아보니 깨어 있었고 날려 주니 잘 날아갔던 기억이 난다.

5. 유충의 수중 생활 Underwater life

유충기에는 왕잠자리과 유충들은 대부분 풀줄기나 나무줄기 등을 붙잡고 생활하는데(Fig. 29, 30), 개미허리왕잠자리 유충의 경우 덩치가 적은 아종령 전의 기간에는 모래 속에서 생활하기도 한다. 잔산잠자리과와 잠자리과 유충들은 흙 위에서 생활하고(Fig. 31), 측범잠자리과에서는 덩치가 큰 부채장수잠자리, 어리부채장수잠자리, 어리장수잠자리 유충만이 흙 위에서 생활하고, 나머지 덩치가 적은 종들은 모래 속으로 들어가서 산다. 유충은 배 끝에서 물을 뿜는 제트 추진력으로 움직이는데 이 추진력이 약하기도 하고, 몸의 구조는 납작하여 흐르는 물에 덜 휩쓸리게 하면서 흙 속으로 들어가 생활할 수밖에 없는 듯하다. 장수잠자리 유충은 몸을 반쯤 흙속에 파묻고 지나가는 먹이를 기다린다(Fig. 32).

Fig. 29. 물속의 부들에 붙어있는 도깨비왕잠자리 유충

Fig. 30. 물속의 나무에 붙어있는 황줄왕잠자리 유충

Fig. 31. 물속 흙 위에서 생활하는 산잠자리 유충

Fig. 32. 물속 흙에 반쯤 숨어서 생활하는 장수잠자리 유충

6. 우화 Emergence

물속에서 성장한 유충은 우화가 가까워지면 머리와 가슴이 부풀어 오르고 금식禁食: fast에 들어가며 수면 밖 공기 호흡 연습에 들어간다. (Fig. 33)은 도깨비왕잠자리 유충이 몸을 반쯤 물 밖으로 뺀 상태로 하루의 거의 대부분 시간을 보내는 모습이며, 이렇게 수일간 공기 호흡 적응을 한 후 우화한다. 몇몇 종은 유충 사육 경험에 의하면 이러한 공기 호흡 연습을 하지 않는 것으로 보이는데 부채장수잠자리 유충, 날개잠자리 유충 등이 그러한 경우이다.

금식은 여러 가지 이유에서 필요한 과정으로 보인다. 우화를 위하여 내장을 깨끗이 비우고, 공기 호흡을 위하여 몸의 여러 기관이 변형되어 성숙이 마무리되며, 유충의 표피내부에서는 성충의 외골격표피가 완전히 성숙되어 우화시 잘 분리될 수 있도록 하는 등 유충에게는 굉장한 내부변화의 시간으로 보인다. 대부분의 잠자리의 우화는 밤이나 새벽에 포식자의 눈을 피하여 이루어진다. 하지만 측범잠자리과는 아침이나 낮에 우화하여 우화시간대는 하루 종일이라고 하는 것이 합당해 보인다.

Fig. 33. 도깨비왕잠자리 유충의 공기 호흡 적응시기

Fig. 34. 황줄왕잠자리 유충의 우화과정

(Fig. 34)는 황줄왕잠자리 유충의 우화과정이다. 사진속의 녀석은 매우 영리한 녀석이었다. 밤에 부들을 타고 올라오더니 하나의 부들로는 불안했던지 한참 꿈틀거려 기어이 옆의 부들까지 움켜쥐어 두 줄기의 부들을 단단히 붙잡고 5분가량 격렬하게 배를 흔들어댔다. 거의 밑으로 떨어지나 싶을 정도로 몸을 흔들어댔는데 그 과정에서 앞으로 약간 숙여져 있던 부들은 우화하기 좋게 뒤로 젖혀져 몸을 빼낼 때 몸이 중력의 도움을 받아 잘 빠지는 각도로 자리 잡자 흔들기를 멈추었다. 이것을 보고 감탄했었다.

우화의 시작은 등과 머리를 밀어내어 표피가 찢어지며 시작된다. 등이 보이기 시작하는 동시에 머리가 빠지기 시작하고 머리와 가슴이 완전히 빠지면 몸을 뒤로 젖힌다. 배가 점점 더 빠져나오고 저러다 물로 쏙 빠져 떨어질까 싶은 시점에서 멈춘다. 이 상태에서 대략 10분 정도 쉰다. 빠진 기력이 회복될 때쯤 순식간에 몸을 웅크려 다리로 탈피각을 거머쥐는 동시에 배의 나머지 부분을 빼낸다. 이제 성충의 몸이 일단 다 빠져나온 상태이다.

그 후 날개에 혈액을 힘차게 뿜어 넣어 날개를 부풀리기 시작한다. 이 과정도 꽤 힘들어 보인다. 죽을힘을 다해 부들부들 몸을 떨며 날개를 밀어 펼친다. 날개가 다 펴지면 이제 배를 밀어내기 시작한다. 배가 다 밀려나와 길어지면 배 끝으로 몸 안에 남은 마지막 물방울을 두세 차례 밀어낸다. 그리고 마지막으로 날개를 양쪽으로 활짝 펼친다. 이 상태에서 몇 시간 후 날개가 거의 다 말라 날 수 있는 상태가 되면 날아간다.

이 과정을 몇 차례 보며 사진도 찍고 캠코더로 녹화도 하며 밤을 샜는데 정말로 자연의 신비 그 자체였다. 벌레를 좋아하지 않는 나에게 유충은 그저 시커멓고 징그러운 벌레였는데 그 험한 물속 생활을 마감하고 어느 날 밤 풀 위로 올라온 후 완전히 다른 존재가 되는 것이었다. 몸은 길고 날씬하며, 겹눈은 크고, 멋진 날개가 펼쳐져 하늘을 날아다니는 colorful한 존재로 완전 다시 태어나는 것이다. 유충 우화각을 보면 그 작은 유충 안에 어떻게 저런 큰 녀석이 있었나 싶기도 하고, 눈과 가슴은 크게 부풀어 단단해지고 배는 늘씬하게 길어지며 무엇보다 꼬깃꼬깃 접혀있던 날개는 드디어 활짝 펼쳐진다. 정말 감동의 순간이었다. 이 동영상을 여러 차례 많은 사람들에게 보여주었는데 잠자리에 전혀 관심이 없는 일반인들도 모두 감동하였다. 누군가 그래서 '개천에서 용dragon 난다'고 하는 말이 잠자리dragonfly를 두고 하는 말이 아니냐는 유머를 구사했었다.

(Fig. 35)는 어리장수잠자리 유충의 우화과정이다. 측범잠자리과는 대부분 돌, 바위, 나무 등에 수직에 가깝게 매달리거나 때로는 흙 위에서 수평으로 우화를 시작한다. 왕잠자리과와 달리 머리와 가슴을 빼낸 후 뒤로 젖히지 않고 앞으로 숙여 탈피각 등 지지대를 잡고 나머지 배를 빼어내는 식이다. 흔히 왕잠자리과는 식물 줄기 등에 매달려 우화하는 도수우화형倒垂羽化型, 거꾸로 도, 늘어뜨릴 수, 측범잠자리과는 돌 위에서 꼿꼿이 서서 우화하는 직립우화형直立羽化型이라는 표현을 쓰는데, 측범잠자리과에서도 특히 덩치가 큰 부채장수잠자리와 어리부채장수잠자리는 나뭇가지가 직각보다 더 뒤로 넘어진 각도에서 우화를 많이 한다. 두 가지 우화 패턴에서 분명한 차이점은 배를 빼낼 때 머리와 가슴을 뒤로 젖힌 후에 앞으로 구부리며 빼내느냐, 아니면 머리와 가슴을 유충에 직각 되도록 솟구쳤다가 앞으로 숙이면서 빼내느냐에 있다.

Fig. 35. 어리장수잠자리 유충의 우화과정

우화는 잠자리 인생에서 가장 파격적인 변화의 순간인 동시에 가장 위험한 순간이다. 잠자리는 죽을힘을 다해 성충의 몸을 유충표피에서 빼내려고 노력하며, 또다시 죽을힘을 다해 날개에 혈액을 뿜어 넣어 날개를 제대로 펼치려고 한다. 유충 밖으로 몸을 빼다가 멈춰서 말라죽거나 날개를 제대로 펼치지 못하고 우그러진 상태에서 날아가지 못하고 그 자리에서 결국 죽음을 맞이하거나 우화하는 도중 포식자에게 잡아먹히거나 바람에 쓰러지고 땅으로 떨어져 우화를 완성하지 못하는 등 우화 실패의 비율은 꽤 높은 것으로 보인다. (Fig. 36)은 쇠측범잠자리 유충이 우화과정에서 몸을 다 빼내지 못하고 그대로 말라죽은 모습이다.

황줄왕잠자리 유충은 물에서 꽤 떨어진 나무의 높은 곳까지 기어 올라가 우화하는 경우도 많다. (Fig. 37)의 개체는 지상에서 3m 이상의 나뭇가지까지 기어 올라가 우화를 한 경우이었다. 고려측범잠자리 유충은 물에서 나와 심지어 30~40m를 기어가서 풀과 자갈이 있는, 꼭 붙잡을 만한 것이 있는 곳을 골라 우화하기도 한다. 측범잠자리과 유충은 물에서 기어 나와 돌 위에서 우화하는데, 다년간의 관찰에 의하면 개체수가 적은 측범잠자리과 유충들, 예를 들어 고려측범잠자리 유충은 우화 실패 비율이 다른 잠자리들보다 상대적으로 높은 것 같다. 돌 위에서 우화할 때 바람의 영향을 받아 옆으로 쓰러질 위험도 높고, 중력의 영향을 받아 몸을 아래로 늘어뜨려 빼내는 왕잠자리에 비하여 중력을 거스르고 몸을 탈피각 위로 세워 빼내야 하는데 더 많은 에너지가 소모될 것 같다.

Fig. 36. 쇠측범잠자리 유충의 우화 실패

Fig. 37. 황줄왕잠자리 유충의 우화각

이건 개인적인 생각인데, 왕잠자리는 이주성이 강하지만, 측범잠자리들은 대부분 태어난 곳을 떠나지 않고 살다가 죽게 되기 때문에, 개체수가 적은 고려측범잠자리나 어리측범잠자리는 짝을 만날 때 choice가 훨씬 적다. 즉, 피할 수 없이면 친척이라 할지라도 근친교배의 비율이 높아지고 열성유전자 발현이 많아져 약한 녀석들이 많고 우화 실패가 높을 수도 있을 것 같다는 생각이 든다. 우화시즌에 맞춰 이른 오전에 강가를 탐사하면 너무 많은 우화 실패와 부전을 목격하고 놀라고 의아해 하게 된다. 가뜩이나 개체수도 희박한 녀석들이 왜 이렇게 많이 우화 실패해 죽어가고 있을까? 그 오래고 험한 물속생활을 용케도 견디고 알과 유충의 백분의 일이나 이때까지 살아남아 우화하고 있을까? 성충이 되려는 마지막 순간에 너무도 허망하게 제대로 우화하지 못하는 많은 녀석들을 보면 안쓰럽기도 하고 자연의 비정함이 느껴지기도 한다.

7. 우화한 성충의 미성숙 시기 Immature period

우화에 성공한 녀석들은 체색이 뿌옇고 몸도 단단하지 않고 날개도 연약하다. (Fig. 38)은 산잠자리 암놈의 미성숙 시기 모습이다. 겹눈 색과 체색이 아직 제대로 발현되지 않았고 날개 바깥쪽의 노란 실루엣도 덜 빠진 상태이다. 이들은 포식자의 눈을 피해 숲이나 산속의 나무와 수풀 등지에서 지내며 이따금씩 주위에서 먹이사냥을 한다.

Fig. 38. 산잠자리 미성숙시기

(Fig. 39)는 고려측범잠자리가 작은 벌레를 포식하는 장면이고, (Fig. 40)은 어리측범잠자리가 작은 벌레를 포식하는 장면이고, (Fig. 41)은 장수잠자리가 노린재를 포식하는 장면이다. 잠자리는 유충 때와 마찬가지로 살아서 움직이는 대상만을 공격하는 100% predator이며 killer이다. (Fig. 42)는 어리장수잠자리가 나방을 잡아먹는 장면이다. 영종도에서 밀잠자리가 나비를 잡으려고 전속력으로 맹렬히 나비를 쫓던 것을 본 기억이 있다. 잠자리가 전속력으로 달려드니 그 속도가 얼마나 빠르겠는가. 그런데

Fig. 39. 고려측범잠자리의 포식

Fig. 40. 어리측범잠자리의 포식

Fig. 41. 장수잠자리의 노린재 포식

Fig. 42. 어리장수잠자리의 나방 포식

정말 놀라운 것은 그 펄렁펄렁 힘없이 나는 나비도 믿기지 않는 속도로 도망을 다니며 순간순간 방향을 획획 바꿔대며 아슬아슬하게 잡히지 않았다. 무려 10여분 온천지를 돌아다니며 추격전이 펼쳐졌고 결국 밀잠자리는 지쳤는지 포기하고 말았다. 직선으로 날지 못하고 정신없이 위아래로 펄렁거리며 휘청휘청 나는 나비를 잠자리는 잘 못 잡는다는 것 같다. 반대로 덜 휘청거리며 나는 나방을 훨씬 더 잘 잡아먹는 것으로 보인다.

잠자리는 자기보다 작은 잠자리를 포식하기도 하는데, 이런 현상은 특정 잠자리에서 두드러지게 보인다. 가장 이런 특성이 강한 종으로 어리장수잠자리와 긴무늬왕잠자리를 들 수 있는데, (Fig. 43)은 어리장수잠자리가 된장잠자리를 포식하는 장면이다. 덩치 큰 실잠자리도 자기보다 작은 실잠자리를 자주 사냥하며, 큰자실잠자리 성숙 암놈이 같은 종 미성숙 수놈을 노리고 잡아먹으려고 공격하는 것을 목격하기도 하였다.

Fig. 43. 어리장수잠자리의 된장잠자리 포식

입이 작은 왕잠자리과는 모기, 깔따구 등 주로 작은 곤충을 다수 포식하는데, 왕잠자리, 개미허리왕잠자리, 심지어 애별박이왕잠자리까지도 저녁의 황혼섭식비행시간에는 매우 공격적으로 변해 좀잠자리까지도 사냥한다. 반면, 입이 크게 발달한 측범잠자리과는 꿀벌부터 말벌까지도 사냥한다. 특히, 장수잠자리나 어리부채장수잠자리는 덩치가 크고 사나운 말벌까지도 사냥하는데, 물론 먼저 기습을 당하면 먹이가 되기도 한다. 누가 먼저 발견하고 기습 하냐가 포식자predator가 되냐 먹이감prey이 되냐를 결정짓는 것으로 보인다.

또 한 가지 놀라운 사실은 잠자리를 먹이로 하는 거미까지도 일부 잠자리들은 주식으로 한다는 점이다. 긴무늬왕잠자리, 큰무늬왕잠자리, 실잠자리류는 전문적인 거미 사냥꾼이다. 다리를 오므리고 거미줄 앞에 다가가 잽싸게 입으로 문 뒤 후진 비행하여 나옴으로써 거미줄에 걸리지 않고 거미를 낚아채 잡아먹는다.

8. 교미와 산란 Mating and ovipositing

대략 2~3주간의 미성숙 시기를 보내면 성숙하여 혼인색이 나타나기 시작한다. 막 성숙에 이른 시점에서의 성숙도를 100%라고 하면, 약 80~90% 정도의 성숙도에 이르면 짝짓기가 시작된다. 거의 대부분의 잠자리들은 수놈이 물가에서 영역비행을 하며 암놈을 기다린다. 뙤약볕에서 하루 종일 수놈끼리 머리로 들이받으며 치열하게 영역싸움을 하는 반면, 암놈은 주변에 은신해서 쉬고 있다가 먹이 사냥 할 때만 주로 돌아다니는 편이다. 거의 성숙에 이른 암놈이 수놈들의 영역에 날아오면 곧바로 짝짓기가 시작된다. 짝짓기는 무서울 정도로 치열한데, 수놈이 멀리 혹은 하늘 높이 지나가는 암놈을 잘도 발견하여 총알같이 달려든다. 잠자리 암놈이 제일 무서워하는 것은 사람이 아니라 잠자리 수놈이라고 할 정도로 수놈들의 교미본능과 행동은 대담하고 치열하다.

Fig. 44. 잠자리 수놈의 자가 수정 행위
– 애별박이왕잠자리 ©김종문

잠자리 수놈은 짝짓기하기 전에 반드시 self insemination자가 수정이라는 과정을 거치는데, 제9배마디에서 나오는 정자를 제2,3배마디에 있는 sperm storage reservoir정자저장소와

penis부성기로 옮기는 것을 말한다(Fig. 44). 배를 오므려 배 끝에서 나오는 정자를 배가 시작되는 부위의 정자저장소로 옮겨야 암놈과 짝짓기를 할 때 암놈의 생식기관과 접촉되고 정자가 암놈의 배로 전해질 수 있다. 수놈의 이러한 자가 수정과정은, 거미(절지동물문: Phylum Arthropoda, 거미강: Class Arachnida, 거미목: order Araneae)에게는 평범한 행위이지만, 곤충강Class Insecta 내에서는 잠자리를 제외한 다른 곤충들에게는 일어나지 않는 독특한 행동 양식이다.

잠자리아목의 경우는 수놈의 cerci상부속기와 epiproct하부속기를 암놈의 머리에 고정하는데, 측범잠자리과의 잠자리와 같이 겹눈이 떨어져 있는 경우에는 겹눈 사이의 머리에 부속기를 고정시키고(Fig. 45), 왕잠자리과의 잠자리와 같이 겹눈이 붙어 있는 경우에는 겹눈 뒤쪽에 고정시킨다. 실잠자리아목의 경우는 수놈의 cerci상부속기와 paraprocts하부속기를 암놈 가슴thorax의 pronotum전흉배판: 前胸背板 부분에 고정시킨다(Fig. 46).

Fig. 45. 잠자리아목의 암수 연결 - 부채장수잠자리

Fig. 46. 실잠자리아목의 암수 연결 - 연분홍실잠자리

암수는 일자로 연결된 상태in tandem로 신혼비행을 하거나 즉시 짝짓기에 돌입한다. (Fig. 47)은 노란잠자리의 신혼비행이며, (Fig. 48)은 큰밀잠자리의 교미 장면이다.

교미 후에 산란은 종별로 다양한 모습을 보인다. 왕잠자리와 같이 한 영역에 개체수가 많은 잠자리는 암놈이 산란 중에 다른 수놈에게 채여가지 않도록 수놈이

Fig. 47. 노란잠자리의 신혼비행

Fig. 48. 큰밀잠자리의 교미

연결된 상태에서 물에 있는 수초줄기나 잎에 옮겨 다니며 산란한다(Fig. 49). 두점박이좀잠자리는 암수가 연결된 상태에서 물 주변의 풀과 흙에 알을 뿌리며(Fig. 50), 고추좀잠자리는 물이 고인 진흙에 산란한다(Fig. 51). 하지만 암수가 연결된 상태에서 산란하는 경우가 많은 왕잠자리와 여러 잠자리들에게서도 암놈 단독 산란 하는 모습도 종종 관찰된다. 먹줄왕잠자리는 물속 풀에 단독 산란한다(Fig. 52). 잘록허리왕잠자리는 물이 마른 웅덩이나 추수후의 물 빠진 논에 단독산란을 한다(Fig. 53). 큰청실잠자리는 나무의 가지에 산란한다(Fig. 54).

종마다 산란의 일반적인 모습은 있으나 그 모습이 아닌 다른 모습들도 다양하게 관찰되어, '이 종은 이렇게 산란한다'는 식의 한 패턴으로 규정 짓 긴 어려워 보인다. 예를 들어, 어리장수잠자리와 고려측범잠자리는 물 표면에 배를 스치며 알을 물속에 뿌리는 타수산란이 일반적인데, 어떤 경우에는 정지비행을 하며 공중에서 알을 떨어뜨리는 타공 산란을 하기도 한다. 물가 주변 축축한 흙이나 진흙에 산란을 하는 대표적인 종인 밑노란잠자리도 물 표면에 직접 산란하기도 한다.

산란은 목숨을 건 또 한 번의 모험의 순간이다. 산란하는 잠자리는 개구리, 베스, 블루길과 같은 포식자들이 노리고 쉽사리 잡아먹을 수 있는 순간이다. 산란 중 포식자의 입속으로 들어가고 마는 장면들은 시간여유를 가지고 관찰하다 보면 어렵지 않게 볼 수 있는 장면이다.

Fig. 49. 왕잠자리의 수초 산란

Fig. 50. 두점박이좀잠자리의 공중에서 알을 뿌리는 형태의 산란

Fig. 51. 고추좀잠자리의 물 고인 진흙에 산란

Fig. 52. 먹줄왕잠자리의 수초 산란

Fig. 53. 잘록허리왕잠자리의 물가 흙 산란

Fig. 54. 큰청실잠자리의 나뭇가지 산란

9. 잠자리의 노년기 Old age

완성숙 시기가 지날 때 즈음이면 수놈들은 대부분 치열한 전투의 결과로 날개가 너덜너덜해져있고 몸도 낡았으며 암놈보다 먼저 생을 마감하는 것 같다. 이 시기에도 암놈들은 깨끗하게 늙은 녀석들이 꽤 많이 관찰된다. 치열한 비행과 전투의 시간이 상대적으로 적은 암놈들은 많은 수가 비교적 곱게 늙어 죽어간다.

완성숙의 중반기 이후에는 수놈의 영역비행이 사라지고 짝짓기 하는 모습도 없어진다. 이들이 자연에서 모습을 감춘 것처럼 보이지만 먹이사냥 시간이 되면 늙은 녀석들이 우루루 쏟아져 나온다. 이 마지막 시기의 할아버지 할머니 잠자리들은 더 이상 영역비행, 짝짓기 등에는 관심이 없으며 기운 빠진 몸을 잘 숨기고 있다가 먹이들이 비상하는 해질녘이 되기를 기다렸다가 이 때 쏟아져 나와 남은 기운을 밥 먹는데 쓰고 남은 날을 하루라도 더 버텨보려는 듯하다. 임종은 이곳저곳에서 맞이하겠지만 의외로 자기가 태어난 곳인 물에 날아와 겨우 날다가 물에 빠져 허우적거리고 못나와 생을 마감하는 녀석들이 많이 관찰된다.

10. 잠자리는 100% 야성의 생명체 100% wild nature

잠자리 성충은 사육이 불가능하다. 100% 야성의 생명체이기 때문이다. 참새도 야성이 강해서 새장에 가둬 놓으면 밖으로 나가려고 계속 머리를 들이받고 아무것도 먹지 않고 그러다 곧 죽는다. 잠자리를 유리나 그물이 쳐진 아무리 넓은 곳이라도 가둬 놓으면 먹이가 될 만한 벌레를 넣어주어도 먹이사냥도 하지 않고 짝짓기는 더더욱 하지 않으며, 유리나 그물에 붙어 있다가 죽어간다. 매사 적극적이며 모진 왕잠자리는 이틀도 버티지만, 성질 급한 장수잠자리나 부채장수잠자리, 어리부채장수잠자리는 창가의 방충망에 붙여 놓아도 서너 시간이 지나면 아예 날지 못한다. 스트레스로 삶을 포기해 버리는 것 같다. 성질 급한 갈치가 물밖에 나오면 바로 죽는 것과 마찬가지인 것 같다. 이러한 100% 야성 생명체이기에 잠자리는 나에게 더욱 매력 있는 존재인 것 같다.

제6장 잠자리의 종류

List of odonata in South Korea

제6장 잠자리의 종류

List of odonata in South Korea

한반도산 잠자리 목록에는 (1) 과거 오래 전에 아열대 지역에서 단 한 번 비래했던 기록이 있는 종; (2) 일본학자 Asahina가 과거 기록이 오동정(mis-identification) 이었다고 잠정 결론 내렸던 종; (3) 한 번도 서식이 제대로 확인된 적 없는 종 등이 포함되어 종수가 부풀려져 있다. 이러한 종을 제외하고 국내에 정착 서식하고 있거나 매년 여름 비래하여 국내에서 한 계절만 생활하는 종과 같이 실질적으로 서식여부를 확인할 수 있는 종만을 리스트하면 2아목 10과 51속 96종이라고 할 수 있다. 본 도감은 이 96종에 대한 연구조사 결과를 핵심적으로 다루고, 비래기록 등만 존재하는 종들은 부록에서 소개한다.

96종 중 남방왕잠자리, 된장잠자리, 날개잠자리는 아열대종으로서 봄과 여름에 걸쳐 남쪽 나라에서 우리나라로 날아오는 비래종(飛來種)이며, 여름과 가을 동안 2세대 혹은 된장잠자리는 3세대까지도 거치며, 유충은 한국의 추운 겨울을 이겨내지 못하고 물속에서 동사하고, 이듬해 성충이 다시 날아온다. 이외에도 가을에는 애별박이왕잠자리, 두점배좀잠자리, 긴꼬리고추잠자리, 대륙고추좀잠자리 등이 비래하는데 이런 종은 100% 비래한 개체는 아니고 정착하여 한국에서 태어난 개체와 혼재되어 있다.

잠자리의 국명은 정광수(2007, 2012)의 기준에 따라 정리하였다.

잠자리목 Order Odonata Fabricius, 1783

한국에 서식하는 종과 매년 여름 비래하는 종

Odonata that inhabit in South Korea and come-flying every summer

I. 실잠자리아목 Suborder Zygoptera Selys, 1853

청실잠자리과 Family Lestidae Calvert, 1901

가는실잠자리속 Genus *Indolestes* Fraser, 1922

1. 가는실잠자리 *Indolestes peregrinus* (Ris, 1916)

청실잠자리속 Genus *Lestes* Leach, 1815

2. 좀청실잠자리 *Lestes japonicus* Selys, 1883
3. 큰청실잠자리 *Lestes temporalis* Selys, 1883

묵은실잠자리속 Genus *Sympecma* Burmeister, 1839

4. 묵은실잠자리 *Sympecma paedisca* (Brauer, 1877)

물잠자리과 Family Calopterygidae Selys, 1850

검은물잠자리속 Genus *Atrocalopteryx* Dumont, Vanfleteren, De Jonckheere & Weekers, 2005

5. 검은물잠자리 *Atrocalopteryx atrata* Selys, 1853

물잠자리속 Genus *Calopteryx* Leach, 1815

6. 물잠자리 *Calopteryx japonica* Selys, 1869

방울실잠자리과 Family Platycnemididae Tillyard, 1917

방울실잠자리속 Genus *Platycnemis* Burmeister, 1839

7. 방울실잠자리 *Platycnemis phyllopoda* Djakonov, 1926

자실잠자리속 Genus *Copera* Kirby, 1890

8. 자실잠자리 *Copera annulata* (Selys, 1863)
9. 큰자실잠자리 *Copera tokyoensis* Asahina, 1948

실잠자리과 Family Coenagrionidae Kirby, 1890

작은실잠자리속 Genus *Aciagrion* Selys, 1891

10. 작은실잠자리 *Aciagrion migratum* (Selys, 1876)

노란실잠자리속 Genus *Ceriagrion* Selys, 1876

11. 노란실잠자리 *Ceriagrion melanurum* Selys, 1876
12. 연분홍실잠자리 *Ceriagrion nipponicum* Asahina, 1967
13. 새노란실잠자리 *Ceriagrion auranticum* Fraser, 1922

실잠자리속 Genus *Coenagrion* Kirby, 1890

14. 참실잠자리 *Coenagrion johanssoni* (Wallengren, 1894)
15. 북방실잠자리 *Coenagrion lanceolatum* (Selys, 1872)

아시아실잠자리속 Genus *Ischnura* Charpentier, 1840

16. 아시아실잠자리 *Ischnura asiatica* (Brauer, 1865)
17. 북방아시아실잠자리 *Ischnura elegans* (Vander Linden, 1820)
18. 푸른아시아실잠자리 *Ischnura senegalensis* (Rambur, 1842)

황등색실잠자리속 Genus *Mortonagrion* Fraser, 1920

19. 황등색실잠자리 *Mortonagrion selenion* (Ris, 1916)

등줄실잠자리속 Genus *Paracercion* Weekers & Dumont, 2004

20. 등검은실잠자리 *Paracercion calamorum* (Ris, 1916)
21. 등줄실잠자리 *Paracercion hieroglyphicum* (Brauer, 1865)
22. ~~왕실잠자리~~ *Paracercion hieroglyphicum* (Brauer, 1865)
    ~~*Paracercion v-nigrum* (Needham, 1930)~~
23. 작은등줄실잠자리 *Paracercion melanotum* (Selys, 1876)
24. 큰등줄실잠자리 *Paracercion plagiosum* (Needham, 1930)
25. 왕등줄실잠자리 *Paracercion v-nigrum* (Needham, 1930)
    ~~*Paracercion sieboldii* (Selys, 1876)~~

II. 잠자리아목 Suborder Anisoptera Selys, 1840

왕잠자리과 Family Aeshnidae Rambur, 1842

긴무늬왕잠자리속 Genus *Aeschnophlebia* Selys, 1883

26. 큰무늬왕잠자리 *Aeschnophlebia anisoptera* Selys, 1883

27. 긴무늬왕잠자리 *Aeschnophlebia longistigma* Selys, 1883

별박이왕잠자리속 Genus *Aeshna* Fabricius, 1775

28. 참별박이왕잠자리 *Aeshna crenata* Hagen, 1856

29. 별박이왕잠자리 *Aeshna juncea* (Linnaeus, 1758)

30. 애별박이왕잠자리 *Aeshna mixta* Latreille, 1805

도깨비왕잠자리속 Genus *Anaciaeschna* Selys, 1878

31. 도깨비왕잠자리 *Anaciaeschna martini* (Selys, 1897)

왕잠자리속 Genus *Anax* Leach, 1815

32. 남방왕잠자리 *Anax guttatus* (Burmeister, 1839)

33. 먹줄왕잠자리 *Anax nigrofasciatus* Oguma, 1915

34. 왕잠자리 *Anax parthenope julius* (Brauer, 1865)

개미허리왕잠자리속 Genus *Boyeria* McLachlan, 1896

35. 한국개미허리왕잠자리 *Boyeria karubei* Yokoi, 2002

Boyeria jamjari Jung, 2011 → (synonym)

36. 개미허리왕잠자리 *Boyeria maclachlani* Selys, 1883

잘록허리왕잠자리속 Genus *Gynacantha* Rambur, 1842

37. 잘록허리왕잠자리 *Gynacantha japonica* Bartenev, 1910

황줄왕잠자리속 Genus *Polycanthagyna* Fraser, 1933

38. 황줄왕잠자리 *Polycanthagyna melanictera* (Selys, 1883)

한라별왕잠자리속 Genus *Sarasaeschna* Karube & Yeh, 2001

39. 한라별왕잠자리 *Sarasaeschna pryeri* (Martin, 1909)

측범잠자리과 Family Gomphidae Rambur, 1842

마아키측범잠자리속 Genus *Anisogomphus* Selys, 1858

40. 마아키측범잠자리 *Anisogomphus maacki* (Selys, 1872)

산측범잠자리속 Genus *Asiagomphus* Asahina, 1985

41. 노란배측범잠자리 *Asiagomphus coreanus* (Doi et Okumura, 1937)

42. 산측범잠자리 *Asiagomphus melanopsoides* (Doi, 1943)

자루측범잠자리속 Genus *Burmagomphus* Williamson, 1907

43. 자루측범잠자리 *Burmagomphus collaris* (Needham, 1930)

쇠측범잠자리속 Genus *Davidius* Selys, 1878

44. 쇠측범잠자리 *Davidius lunatus* (Bartenev, 1914)

어리부채장수잠자리속 Genus *Gomphidia* Selys, 1854

45. 어리부채장수잠자리 *Gomphidia confluens* Selys, 1878

노란측범잠자리속 Genus *Lamelligomphus* Fraser, 1922

46. 노란측범잠자리 *Lamelligomphus ringens* (Needham, 1930)

고려측범잠자리속 Genus *Nihonogomphus* Oguma, 1926

47. (1) 고려측범잠자리 *Nihonogomphus ruptus* (Selys, 1858)

(2) 꼬마측범잠자리 *Nihonogomphus minor* Doi, 1943 → (extinct)

측범잠자리속 Genus *Ophiogomphus* Selys, 1854

48. 측범잠자리 *Ophiogomphus obscurus* Bartenev, 1909

어리측범잠자리속 Genus *Shaogomphus* Chao, 1984

49. 어리측범잠자리 *Shaogomphus postocularis* (Selys, 1869)

Shaogomphus postocularis epophthalmus (Selys, 1872)

어리장수잠자리속 Genus *Sieboldius* Selys, 1854

50. 어리장수잠자리 *Sieboldius albardae* Selys, 1886

부채장수잠자리속 Genus *Sinictinogomphus* Fraser, 1939

51. 부채장수잠자리 *Sinictinogomphus clavatus* (Fabricius, 1775)

안경잡이측범잠자리속 Genus *Stylurus* Needham, 1897

52. 호리측범잠자리 *Stylurus annulatus* (Djakonov, 1926)

Stylurus kreyenbergi Ris, 1928 → (synonym)

Stylurus flavicornis (Needham, 1931) → (junior synonym)

가시측범잠자리속 Genus *Trigomphus* Bartenev, 1911

53. 가시측범잠자리 *Trigomphus citimus* (Needham, 1931)

54. 검정측범잠자리 *Trigomphus nigripes* (Selys, 1887)

장수잠자리과 Family Cordulegastridae Calvert, 1893

장수잠자리속 Genus *Anotogaster* Selys, 1854

55. 장수잠자리 *Anotogaster sieboldii* (Selys, 1854)

잔산잠자리과 Family Macromiidae Needham, 1903

산잠자리속 Genus *Epophthalmia* Burmeister, 1839

56. 산잠자리 *Epophthalmia elegans* Brauer, 1865

잔산잠자리속 Genus *Macromia* Rambur, 1842

57. 잔산잠자리 *Macromia amphigena* Selys, 1871
58. 노란잔산잠자리 *Macromia daimoji* Okumura, 1949
59. 만주잔산잠자리 *Macromia manchurica* Asahina, 1964

청동잠자리과 Family Corduliidae Selys, 1850

언저리잠자리속 Genus *Epitheca* Charpentier, 1825

60. 언저리잠자리 *Epitheca marginata* (Selys, 1883)

북방잠자리속 Genus *Somatochlora* Selys, 1871

61. 백두산북방잠자리 *Somatochlora clavata* Oguma, 1913
62. 참북방잠자리 *Somatochlora exuberata* Bartenev, 1910
    Somatochlora japonica Matsumura, 1911 → (synonym)
    ~~*Somatochlora metallica* (Vander Linden, 1825)~~
63. 밑노란잠자리 *Somatochlora graeseri* (Selys, 1887)
    (1) 아종 *Somatochlora graeseri aureola* Oguma, 1913
    (2) 원종 *Somatochlora graeseri graeseri* Selys, 1887
64. 삼지연북방잠자리 *Somatochlora viridiaenea* (Uhler, 1858)

잠자리과 Family Libellulidae Rambur, 1842

남색이마잠자리속 Genus *Brachydiplax* Brauer, 1868

65. 남색이마잠자리 *Brachydiplax chalybea* Brauer, 1868

고추잠자리속 Genus *Crocothemis* Brauer, 1868

66. 고추잠자리 *Crocothemis servilia mariannae* Kiauta, 1983

밀잠자리붙이속 Genus *Deielia* Kirby, 1889

67. 어리밀잠자리(밀잠자리붙이) *Deielia phaon* (Selys, 1883)

대모잠자리속 Genus *Libellula* Linnaeus, 1758

68. 대모잠자리 *Libellula angelina* Selys, 1883

69. 넉점박이잠자리 *Libellula quadrimaculata* Linnaeus, 1758

배치레잠자리속 Genus *Lyriothemis* Brauer, 1868

70. 배치레잠자리 *Lyriothemis pachygastra* (Selys, 1878)

꼬마잠자리속 Genus *Nannophya* Rambur, 1842

71. 꼬마잠자리 *Nannophya pygmaea* Rambur, 1842

밀잠자리속 Genus *Orthetrum* Newman, 1833

72. 밀잠자리 *Orthetrum albistylum speciosa* (Uhler, 1858)

73. 중간밀잠자리 *Orthetrum internum* McLachlan, 1894

~~*Orthetrum japonicum* (Uhler, 1858)~~

74. 홀쭉밀잠자리 *Orthetrum lineostigma* (Selys, 1886)

75. 큰밀잠자리 *Orthetrum melania* (Selys, 1883)

된장잠자리속 Genus *Pantala* Hagen, 1861

76. 된장잠자리 *Pantala flavescens* (Fabricius, 1798)

노란허리잠자리속 Genus *Pseudothemis* Kirby, 1889

77. 노란허리잠자리 *Pseudothemis zonata* (Burmeister, 1839)

나비잠자리속 Genus *Rhyothemis* Hagen, 1867

78. 나비잠자리 *Rhyothemis fuliginosa* Selys, 1883

날개잠자리속 Genus *Tramea* Hagen, 1861

79. 날개잠자리 *Tramea virginia* (Rambur, 1842)

좀잠자리속 Genus *Sympetrum* Newman, 1833

80. 산깃동잠자리 *Sympetrum baccha* (Selys, 1884)

81. 긴꼬리고추잠자리 *Sympetrum cordulegaster* (Selys, 1883)

82. 노란잠자리 *Sympetrum croceolum* (Selys, 1883)

83. 여름좀잠자리 *Sympetrum darwinianum* (Selys, 1883)

84. 대륙고추좀잠자리 *Sympetrum depressiusculum* (Selys, 1841)

85. 두점박이좀잠자리 *Sympetrum eroticum* (Selys, 1883)

86. 두점배좀잠자리 *Sympetrum fonscolombii* (Selys, 1840)

87. 고추좀잠자리 *Sympetrum depressiusculum* (Selys, 1841)

Sympetrum frequens (Selys, 1883) → (synonym)

88. 깃동잠자리 *Sympetrum infuscatum* (Selys, 1883)

89. 흰얼굴좀잠자리 *Sympetrum kunckeli* (Selys, 1884)
90. 애기좀잠자리 *Sympetrum parvulum* Bartenev, 1912
91. 날개띠좀잠자리 *Sympetrum pedemontanum* (Muller, 1766)
92. 들깃동잠자리 *Sympetrum risi* Bartenev, 1914
93. 하나잠자리 *Sympetrum speciosum* Oguma, 1915
94. 대륙좀잠자리 *Sympetrum striolatum* (Charpentier, 1840)
95. 진노란잠자리 *Sympetrum uniforme* (Selys, 1883)

제7장 개별 잠자리 소개
Introduction of odonata species

제7장 개별 잠자리 소개
Introduction of odonata species

잠자리의 과, 속, 종에 따라, 위에서 번호 매겨진 순서에 따라 개별 잠자리들을 소개한다.

청실잠자리과

Family Lestidae Calvert, 1901

청실잠자리과에는 전세계적으로 9속 153종의 잠자리가 있으며, 한국에는 3속 4종만이 서식한다. 날개를 펴고 앉는 특성이 있는 실잠자리과인데, 국내 4종 중 좀청실잠자리와 큰청실잠자리만이 날개를 펴고 앉는다.

소 개

1. 가는실잠자리 *Indolestes peregrinus* (Ris, 1916)
2. 좀청실잠자리 *Lestes japonicus* Selys, 1883
3. 큰청실잠자리 *Lestes temporalis* Selys, 1883
4. 묵은실잠자리 *Sympecma paedisca* (Brauer, 1877)

1. 가는실잠자리

Indolestes peregrinus (Ris, 1916)

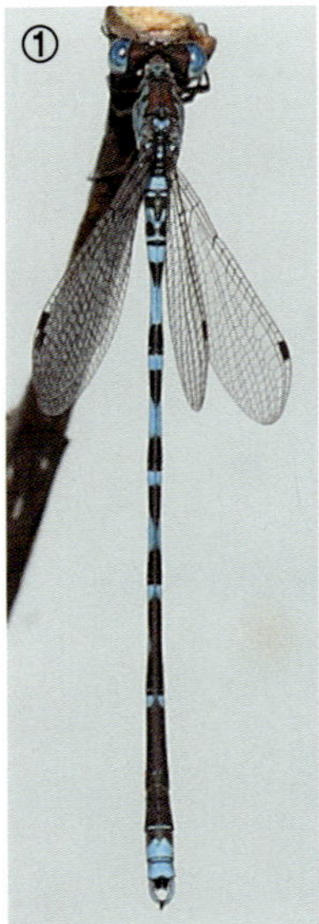

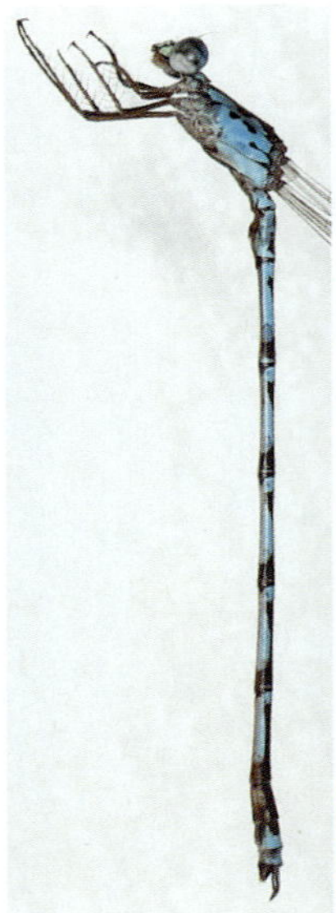

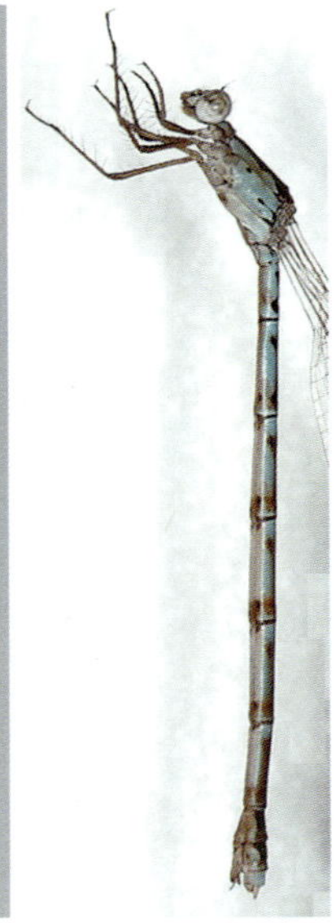

• **Identification**:

Size(mm)

	whole body	head & thorax	abdomen	forewing & hindwing
♂	35	7	28	19
♀	35	7	28	21

• **Population density & Flight season**: common, late Apr.~May

• **Ecology & Behavior**: 1년 1세대이고 성충으로 월동한다. 평지와 산지의 연못과 웅덩이에 서식하며 봄이 되면 4월말부터 보이기 시작한다. 암수연결 혹은 암놈단독 산란한다.

① ♂. 2012. 5. 21. 경기 구리, ② ♀. 2012. 4. 30. 경기 구리, ③ ♂♀.
④ ♂. 2012. 4. 30. 경기 구리

③

④

(Summary *w.r.t.* ecology & behavior)

• living in small ponds; • 1 generation in a year & passing the winter as adult damselflies; • patrolling over aquatic weeds; • hunting small insects; • ovipositing, in tandem or sometimes by female alone, on plant stems

2. 좀청실잠자리

Lestes japonicus Selys, 1883

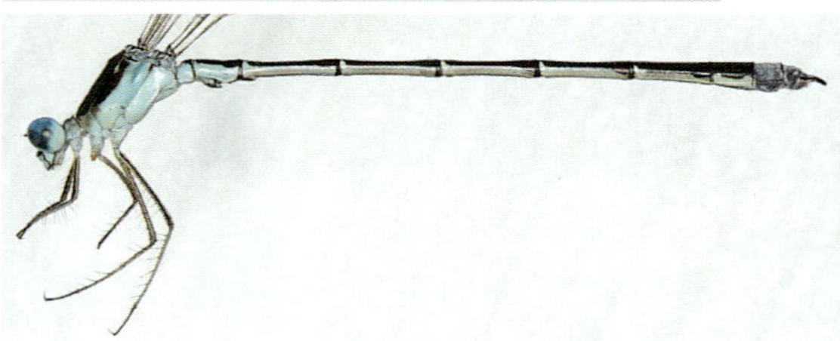

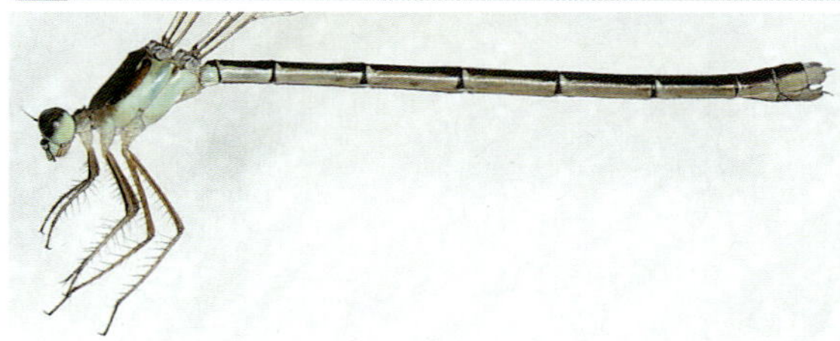

• **Identification**: 청실잠자리과(Family Lestidae)는 spreadwings 즉, 날개를 편 채로 앉는 특징을 가지고 있다. 국내에서는 청실잠자리속의 좀청실잠자리와 큰청실잠자리가 그러하다.

Size(mm)

	whole body	head & thorax	abdomen	forewing & hindwing
♂	42	9	33	21
♀	42	9.5	32.5	22

• **Population density & Flight season**: locally common, late Aug.~Oct.

• **Ecology & Behavior**: 1년 1세대이고 알로 월동한다. 평지와 산지의 연못과 웅덩이에 서식한다. 암수연결 산란이 주된 모습이고 암놈 단독산란도 한다.

① ♂. 2012. 9. 7. 서울 마포, ② ♀. 2012. 9. 7. 서울 마포, ③ ♂♀.
④ ♂. 2011. 10. 3. 경기 연천, ⑤ ♀. 2012. 9. 15. 서울 마포

③

④

⑤

(Summary *w.r.t.* ecology & behavior)

• living in small ponds; • 1 generation in a year & passing the winter as eggs; • perching with spread-wings; • patrolling over aquatic weeds; • hunting small insects; • ovipositing, in tandem or sometimes by female alone, on plant stems

3. 큰청실잠자리

Lestes temporalis Selys, 1883

• **Identification**: 날개를 편 채로 앉는 특징을 가지고 있다.

Size(mm)

	whole body	head & thorax	abdomen	forewing & hindwing
♂	44	8.5	35.5	23
♀	45	9.5	35.5	28

• **Population density & Flight season**: locally common, late Aug.~Oct.

• **Ecology & Behavior**: 1년 1세대이고 알로 월동한다. 평지와 산지의 연못과 웅덩이에 서식한다. 암수연결 혹은 암놈 단독으로 나뭇가지 등에 산란한다.

① ♂. 2012. 9. 15. 서울 강동, ② ♀. 2012. 9. 24. 강원 정선, ③ ♂♀.
④ ♂. 2012. 9. 24. 강원 정선, ⑤ ♀. 2012. 9. 24. 강원 정선,
⑥ ⑦ ♂♀. 교미와 산란. 2011. 10. 3. 경기 연천

(Summary *w.r.t.* ecology & behavior)

• living in small ponds; • 1 generation in a year & passing the winter as eggs; • perching with spread-wings; • patrolling over aquatic weeds; • hunting small insects; • ovipositing, in tandem or sometimes by female alone, on twigs

4. 묵은실잠자리

Sympecma paedisca (Brauer, 1877)

①

②

• Identification:

Size(mm)

	whole body	head & thorax	abdomen	forewing & hindwing
♂	35	7	28	21
♀	35	7	28	21

• Population density & Flight season: common, late Apr.~May

• Ecology & Behavior: 1년 1세대이고 성충으로 월동한다. 평지와 산지의 연못과 웅덩이에 서식하며 봄이 되면 4월말부터 보이기 시작한다. 겨울에도 햇살이 따스하고 온도가 올라가는 날이 있는데, 이런 날에는 잘 살펴보면 묵은실잠자리는 가끔씩 먹이사냥 하는 것을 관찰할 수 있다. 암수연결 혹은 암놈 단독으로 산란한다.

• **잠자리의 월동에 관하여**: A lesson from Jean-Pierre Boudot

앞서 37페이지에서 겨울에 휴면하는 유충이란 표현이 있는데, dormant(휴면休眠하다)와 hibernate(동면冬眠하다)의 차이는, lethargy(무기력無氣力, 기면嗜眠 상태의)하면 hibernate라 하고 그렇지 않으면 dormant라 표현한다. 보통 유충은 overwinter(겨울을 나다, 월동越冬한다, pass over winter)라 하는데, lethargy 상태가 아니기 때문에 휴면한다고 표현한다.

성충의 경우 *Sympecma paedisca*(묵은실잠자리)는 아주 추운 기간에는 나뭇가지나 풀에 붙어 무기력 상태인 동면하고 있다고 표현한다. 유충의 경우 *Somatochlora alpestris*(북방잠자리)는 스웨덴에서는 6개월 동안 얼음이나 언 침전물 속에서 생존하고 있으므로 이런 경우에는 동면한다고 표현한다(Johansson & Nilsson, 1991).

① ♂. 2013. 5. 11. 경기 광명, ② ♀. 2013. 5. 11. 경기 광명, ③ ♂♀.
④ ♂. 2012. 4. 30. 경기 구리

(Summary *w.r.t.* ecology & behavior)

• living in small ponds; • 1 generation in a year & passing the winter as adult damselflies; • patrolling over aquatic weeds; • hunting small insects; • ovipositing, in tandem or sometimes by female alone, on plant stems

물잠자리과

Family Calopterygidae Selys, 1850

물잠자리과에는 전세계적으로 21속 182종의 잠자리가 있으며, 한국에는 2속 2종만이 서식한다. 좌우 겹눈은 많이 떨어져 있고 몸은 매우 가는 형태이다. 유수성 환경에 서식한다.

소 개

5. 검은물잠자리 *Atrocalopteryx atrata* Selys, 1853
6. 물잠자리 *Calopteryx japonica* Selys, 1869

5. 검은물잠자리

Atrocalopteryx atrata Selys, 1853

①

②

• **Identification**: 물잠자리보다 덩치가 크며, 암수 모두 날개의 연문은 없다.

Size(mm)

	whole body	head & thorax	abdomen	forewing & hindwing
♂	62~65	12	50~53	40~42
♀	60~61	11	49~50	41~42

• **Population density & Flight season**: common, late Jun.~Aug.

• **Ecology & Behavior**: 1년 1세대이고 유충으로 월동한다. 산간 계곡과 평지의 냇가에 전국에 걸쳐 서식한다. 물잠자리보다 늦게 출현하며, 서식시기가 겹치기 시작하면서 덩치가 큰 검은물잠자리가 영역을 점유한다.

① ♂. 2012. 7. 13. 서울 마포, ② ♀. 2012. 7. 13. 서울 마포, ③ ♂♀. 2012. 7. 13. 서울 마포,
④ ♂♀. 교미. 2009. 8. 10. 충북 괴산, ⑤ ♂. 2013. 8. 21. 서울 마포, ⑥ ♀. 2009. 8. 17. 충북 괴산

(Summary *w.r.t.* ecology & behavior)

• living in small and mid-size streams; • 1 generation in a year & passing the winter as larvae; • patrolling over aquatic weeds; • hunting small insects; • ovipositing, in tandem or by female alone, on aquatic weeds and plant stems

6. 물잠자리

Calopteryx japonica Selys, 1869

• **Identification**: 물잠자리는 암놈에게만 흰색의 날개 연문이 나타난다.

Size(mm)

	whole body	head & thorax	abdomen	forewing & hindwing
♂	59	11	48	38
♀	56	11	45	41

• **Population density & Flight season**: common, late May~early Jul.

• **Ecology & Behavior**: 1년 1세대이고 유충으로 월동한다. 산간 계곡과 평지의 냇가에 전국에 걸쳐 서식한다. 봄에 계곡과 냇가에 출현하며, 여름이 되어 덩치가 큰 검은물잠자리가 나타나면 사라지기 시작한다.

① ♂. 2011. 6. 3. 서울 마포, ② ♀. 2011. 6. 14. 서울 마포, ③ ♂♀. 2012. 5. 24. 서울 마포, ④ ♀. 2009. 6. 22. 서울 서초, ⑤ ♂. 2012. 7. 2. 서울 마포, ⑥ ♀. 산란. 2012. 7. 2. 서울 마포

(Summary *w.r.t.* ecology & behavior)

• living in valleys and small streams; • 1 generation in a year & passing the winter as larvae; • patrolling over aquatic weeds; • hunting small insects; • ovipositing, in tandem or by female alone, on aquatic weeds and plant stems

방울실잠자리과

Family Platycnemididae Tillyard, 1917

방울실잠자리과에는 전세계적으로 42속 464종의 잠자리가 있으며, 한국에는 2속 3종만이 서식한다. 수놈의 가운데와 뒷다리가 하얗게, 종마다 정도의 차이는 있지만, 부풀어 있는 특징을 가지고 있다.

소 개

7. 방울실잠자리 *Platycnemis phyllopoda* Djakonov, 1926
8. 자실잠자리 *Copera annulata* (Selys, 1863)
9. 큰자실잠자리 *Copera tokyoensis* Asahina, 1948

7. 방울실잠자리

Platycnemis phyllopoda Djakonov, 1926

①
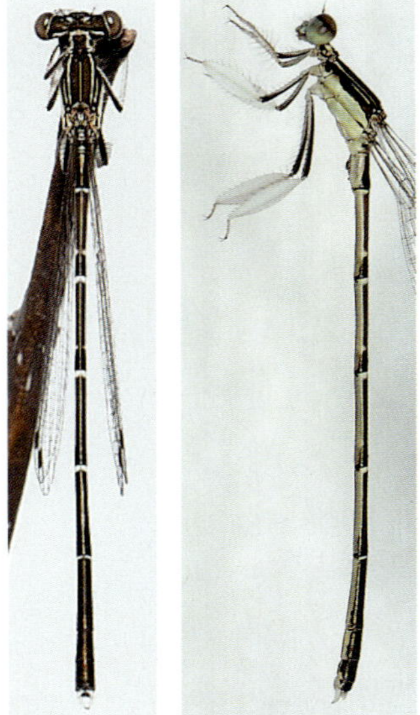

②
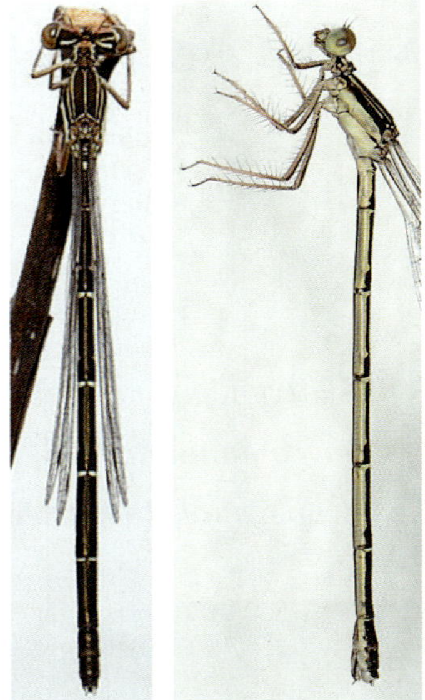

• **Identification**: 수놈의 가운데와 뒷다리 표피가 밥풀처럼 하얗게 부풀어 있어 쉽게 동정이 가능하다.

Size(mm)

	whole body	head & thorax	abdomen	forewing & hindwing
♂	36~40	7.5~8	28.5~32	18~20
♀	36	8	28	21

• **Population density & Flight season**: common, Jun.~Aug.

• **Ecology & Behavior**: 1년 1세대이고 유충으로 월동한다. 평지의 냇가에 서식한다. 암수연결 되어 산란한다.

① ♂. 2012. 6. 3. 서울 마포, ② ♀. 2012. 6. 3. 서울 마포, ③ ♂♀.
④ ♂. 2012. 7. 7. 서울 마포, ⑤ ⑥ ♂♀. 산란. 2012. 6. 3. 서울 마포

③

④

⑤

⑥

(Summary *w.r.t.* ecology & behavior)

• living in streams and rivers; • 1 generation in a year & passing the winter as larvae; • patrolling over aquatic weeds; • hunting small insects; • ovipositing, in tandem, on plant stems

8. 자실잠자리

Copera annulata (Selys, 1863)

①
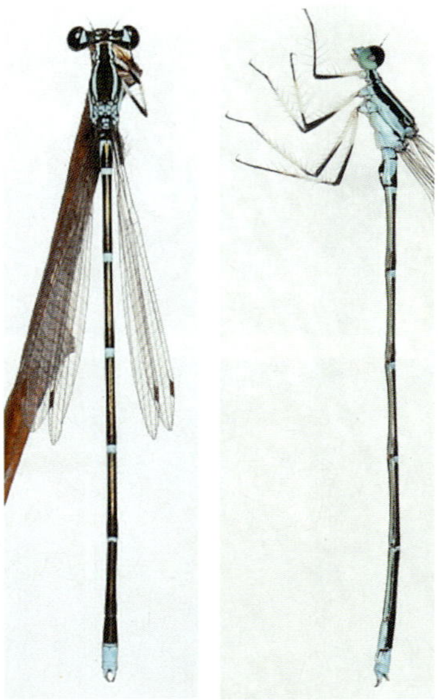

②

• Identification: 백옥색의 체색이 고급스러운 느낌을 주는 실잠자리이다.

Size(mm)

	whole body	head & thorax	abdomen	forewing & hindwing
♂	44	8	36	24
♀	42~45	8	34~37	26

• Population density & Flight season: locally common, mid Jun.~Aug.

• Ecology & Behavior: 1년 1세대이고 유충으로 월동한다. 수풀이 있고 느린 유속의 하천에 서식하고, 평지 연못에도 발견된다. 현재까지 주서식지는 전남지방이고 여기서는 흔하지만 다른 지방에서는 보기 힘들다. 암수연결 되어 산란한다.

① ♂. 2012. 7. 7. 전남 화순, ② ♀. 2012. 7. 7. 전남 화순, ③ ♂. 2014. 6. 13~14. 전남 영암,
④ ♂♀. ⑤ ♂. 2014. 6. 13~14. 전남 영암

④

(Summary *w.r.t.* ecology & behavior)

• living in slow streams and sometimes in small ponds; • 1 generation in a year & passing the winter as larvae; • patrolling over aquatic weeds; • hunting small insects; • ovipositing, in tandem, on plant stems

9. 큰자실잠자리

Copera tokyoensis Asahina, 1948

①

②

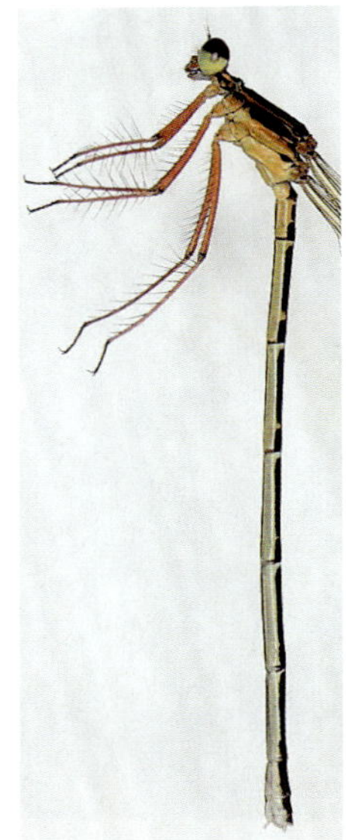

• **Identification**:

Size(mm)

	whole body	head & thorax	abdomen	forewing & hindwing
♂	44	9	35	23
♀	44	9	35	25

• **Population density & Flight season**: uncommon, late May~Jul.

• **Ecology & Behavior**: 1년 1세대이고 유충으로 월동한다. 평지의 연못과 웅덩이에 서식하며 서식지는 드물다. 암수연결 되어 산란한다.

① ♂. 2012. 5. 28. 경기 파주, ② ♀. 2012. 5. 28. 경기 파주, ③ ♂♀.
④ ⑤ ♂. 2012. 5. 28. 경기 파주, ⑥ ♀. 2012. 5. 25. 경기 파주

③

④

⑤

⑥

(Summary *w.r.t.* ecology & behavior)

• living in small ponds; • 1 generation in a year & passing the winter as larvae; • patrolling over aquatic weeds; • hunting small insects; • ovipositing, in tandem, on plant stems

실잠자리과

Family Coenagrionidae Kirby, 1890

실잠자리과에는 전세계적으로 120속 1,352종의 잠자리가 있으며, 한국에는 6속 15종이 서식한다. 일반적인 실잠자리의 형태로, 좌우 겹눈은 많이 떨어져 있고 몸은 매우 가늘다.

소 개

10. 작은실잠자리 *Aciagrion migratum* (Selys, 1876)
11. 노란실잠자리 *Ceriagrion melanurum* Selys, 1876
12. 연분홍실잠자리 *Ceriagrion nipponicum* Asahina, 1967
13. 새노란실잠자리 *Ceriagrion auranticum* Fraser, 1922
14. 참실잠자리 *Coenagrion johanssoni* (Wallengren, 1894)
15. 북방실잠자리 *Coenagrion lanceolatum* (Selys, 1872)
16. 아시아실잠자리 *Ischnura asiatica* (Brauer, 1865)
17. 북방아시아실잠자리 *Ischnura elegans* (Vander Linden, 1820)
18. 푸른아시아실잠자리 *Ischnura senegalensis* (Rambur, 1842)
19. 황등색실잠자리 *Mortonagrion selenion* (Ris, 1916)
20. 등검은실잠자리 *Paracercion calamorum* (Ris, 1916)
21. 등줄실잠자리 *Paracercion hieroglyphicum* (Brauer, 1865)
22. ~~왕실잠자리~~ *Paracercion hieroglyphicum* (Brauer, 1865)
    ~~*Paracercion v-nigrum* (Needham, 1930)~~
23. 작은등줄실잠자리 *Paracercion melanotum* (Selys, 1876)
24. 큰등줄실잠자리 *Paracercion plagiosum* (Needham, 1930)
25. 왕등줄실잠자리 *Paracercion v-nigrum* (Needham, 1930)
    ~~*Paracercion sieboldii* (Selys, 1876)~~

10. 작은실잠자리

Aciagrion migratum (Selys, 1876)

①

②

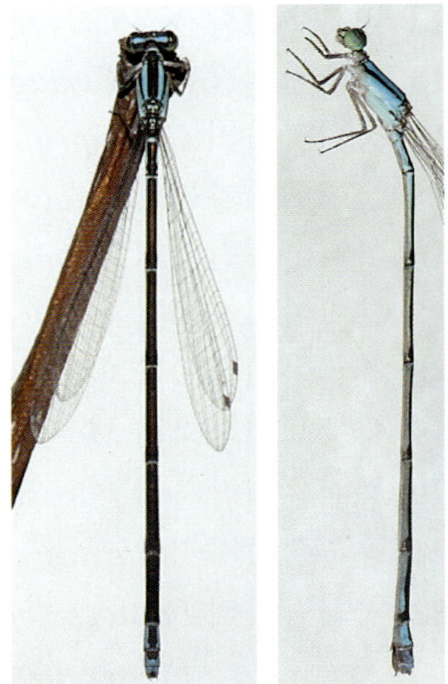

• Identification: 머리와 가슴은 작고 배가 유난히 가늘고 긴 체형을 가지고 있다.

Size(mm)

	whole body	head & thorax	abdomen	forewing & hindwing
♂	36	7	29	20
♀	37	7	30	22

• Population density & Flight season: local and extremely rare, Jul.~Oct.

• Ecology & Behavior: 1년 1~2세대이고 성충으로 월동한다. 평지의 연못과 웅덩이에 서식하는데, 제주에서만 서식이 확인되고 있다. 덩치가 작아 경계심이 많고 접근하기 쉽지 않은 실잠자리이다. 성충월동 후 이른 봄에 산란하여 유충은 4~9월에 발견된다. 초여름에 우화하고 여름에 산란하는 여름형과 가을에 우화하여 성충 그대로 월동하고 이듬해 봄에 산란하는 월동형이 있다. 암수 연결된 상태로 식물줄기에 산란한다. 겨울에는 햇살이 잘 드는 풀숲에 있다가 온도가 오르는 날에는 먹이활동도 한다.

① ♂. 2012. 7. 10. 제주 북제주, ② ♀. 2012. 7. 10. 제주 북제주, ③ ♂♀.
④ ♂. 2012. 7. 10. 제주 북제주

③

④

(Summary *w.r.t.* ecology & behavior)

• living in ponds and marsh; • 1~2 generations in a year & passing the winter as adult damselflies; • one group emerging in early summer and ovipositing in summer, while the other group emerging in fall, passing the winter, and ovipositing in next spring; • patrolling over aquatic weeds; • hunting small insects; • ovipositing, in tandem, on plant stems

11. 노란실잠자리

Ceriagrion melanurum Selys, 1876

①

②

• **Identification**:

Size(mm)

	whole body	head & thorax	abdomen	forewing & hindwing
♂	39~42	8.5~9	30.5~33	21~22
♀	42~44	9~10	33~34	23~24

• **Population density & Flight season**: local and common, late Jun.~Aug.

• **Ecology & Behavior**: 1년 1세대이고 유충으로 월동한다. 평지의 연못과 웅덩이에 서식한다. 덩치가 크고 매우 사나와 자기보다 작은 실잠자리를 많이 잡아먹는 특성이 있다. 암수연결 된 상태로 식물줄기에 산란한다.

① ♂. 2012. 7. 9. 제주 북제주, ② ♀. 2012. 7. 9. 제주 북제주, ③ ♂♀.
④ ♂. 2012. 7. 9. 제주 북제주, ⑤♀. 2014. 7. 11. 전남 영암, ⑥ ♂♀. 산란. 2014. 7. 10. 경남 산청

(Summary *w.r.t.* ecology & behavior)

• living in small ponds and marsh; • 1 generation in a year & passing the winter as larvae; • patrolling over aquatic weeds; • hunting small insects and commonly eating smaller damselflies; • ovipositing, in tandem, on plant stems

12. 연분홍실잠자리

Ceriagrion nipponicum Asahina, 1967

①

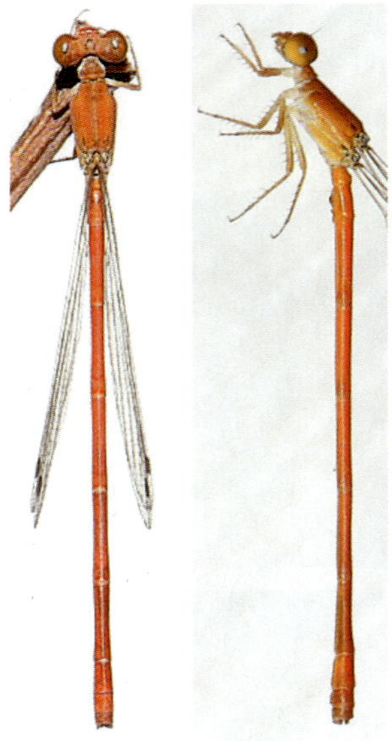

②

• **Identification**: 수놈은 성숙하면 몸 전체가 연주황색으로 변한다. 이름은 연분홍실이 아니라 연주황실이 되었으면 더 적절했을 듯싶다.

Size(mm)

	whole body	head & thorax	abdomen	forewing & hindwing
♂	36~39	8	28~31	19~20
♀	38	8	30	21

• **Population density & Flight season**: local and common, late Jun.~Aug.

• **Ecology & Behavior**: 1년 1세대이고 유충으로 월동한다. 평지의 연못과 웅덩이에 서식한다. 암수연결 산란한다.

• **노란실잠자리속 3종의 구분**: 3종은 우선 크기에 차이가 있다. 노란실잠자리, 새노란실잠자리, 연분홍실잠자리 순으로 크기가 줄어든다. (Fig. 7)에서 lateral view를 보면 수놈의 구분은 용이하다. 노란실잠자리는 녹색 머리와 가슴, 노란색 배이고, 새노란실잠자리는 배만 주황색이고, 연분홍실잠자리는 몸 전체가 주홍색

이다. 암놈의 구분은, 노란실잠자리는 몸 전체가 녹색이고, 새노란실잠자리와 연분홍실잠자리는 비슷한 체색인데 연분홍실잠자리의 배가 더 진하고, 새노란실잠자리 암놈은 제8~10배마디 윗면에 검은 무늬가 있어 구분할 수 있다.

① ♂. 2012. 8. 11. 충북 청주, ② ♀. 2013. 7. 1. 충북 청주, ③ ♂♀. ④ ♂. 2012. 8. 11. 충북 청주,
⑤ ♀. 2012. 8. 11. 충북 청주, ⑥ ♂♀. 교미. 2014. 7. 11. 전남 영암,
⑦ (a: *C. melanurum* ♂♀) vs. (b: *C. auranticum* ♂♀) vs. (c: *C. nipponicum* ♂♀)

(Summary *w.r.t.* ecology & behavior)

• living in small ponds and marsh; • 1 generation in a year & passing the winter as larvae;
• patrolling over aquatic weeds; • hunting small insects; • ovipositing, in tandem, on plant stems

13. 새노란실잠자리

Ceriagrion auranticum Fraser, 1922

①

②

• **Identification**:

Size(mm)

	whole body	head & thorax	abdomen	forewing & hindwing
♂	41	8	33	21
♀	41	8	33	23

• **Population density & Flight season**: local and uncommon, late Jun.~Aug.

• **Ecology & Behavior**: 1년 1세대이고 유충으로 월동한다. 평지의 연못과 웅덩이에 서식한다. 암수연결 되어 식물줄기에 산란한다.

① ♂. 2012. 6. 26. 제주 북제주, ② ♀. 2012. 6. 26. 제주 북제주, ③ ♂♀.
④ ⑤ ♂. 2012. 6. 25. 제주 북제주

③

④

⑤

(Summary *w.r.t.* ecology & behavior)

• living in small ponds and marsh; • 1 generation in a year & passing the winter as larvae; • patrolling over aquatic weeds; • hunting small insects; • ovipositing, in tandem, on plant stems

14. 참실잠자리

Coenagrion johanssoni (Wallengren, 1894)

①

②
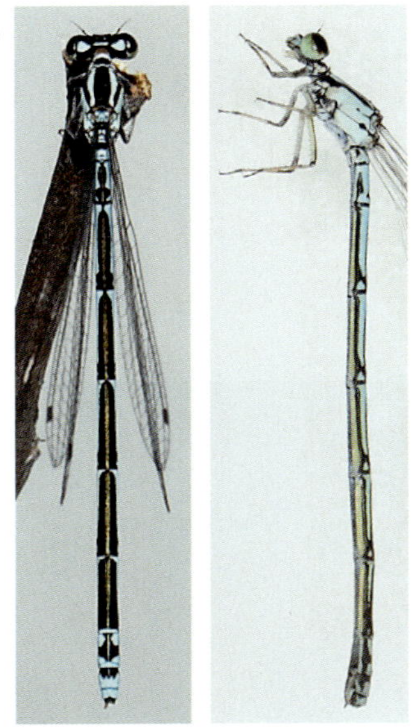

• Identification:

Size(mm)

	whole body	head & thorax	abdomen	forewing & hindwing
♂	32	6.5	25.5	19
♀	32	6.5	25.5	21

• Population density & Flight season: common, May~Jul.

• Ecology & Behavior: 1년 1세대이고 유충으로 월동한다. 평지의 연못과 웅덩이에 전국에 걸쳐 서식한다. 봄에 물가를 점유하는 대표적인 실잠자리이다. 암수 연결된 상태로 식물줄기에 산란한다.

① ♂. 2012. 5. 6. 서울 마포, ② ♀. 2012. 5. 6. 서울 마포, ③ ♂♀.
④ ♂. 2016. 6. 14. 경기 포천, ⑤ ♀. 2012. 6. 2. 서울 마포, ⑥ ♂♀. 산란. 2016. 6. 14. 경기 포천

③

④

⑤

⑥

(Summary *w.r.t.* ecology & behavior)

• living in lentic areas; • 1 generation in a year & passing the winter as larvae; • patrolling over aquatic weeds; • hunting small insects; • ovipositing, in tandem, on plant stems

15. 북방실잠자리
Coenagrion lanceolatum (Selys, 1872)

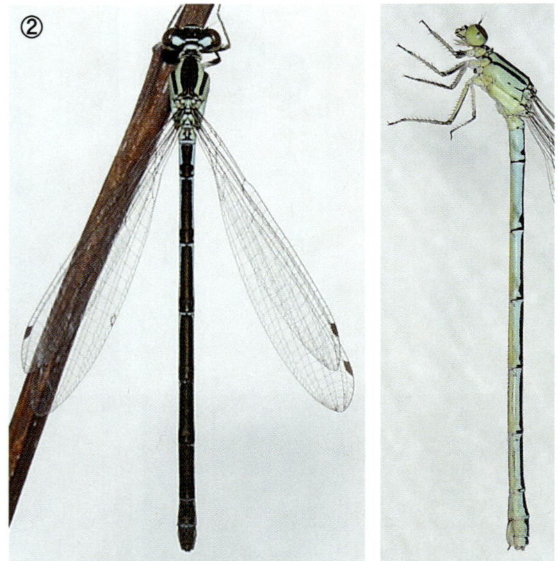

• **Identification**:

Size(mm)

	whole body	head & thorax	abdomen	forewing & hindwing
♂	40	8	32	23
♀	40	8.5	31.5	26

• **Population density & Flight season**: local, Jun.~Jul.

• **Ecology & Behavior**: 1년 1세대이고 유충으로 월동한다. 수풀이 무성한 연못과 웅덩이에 서식하는데, 서식지는 흔하지 않은 편이다. 서식지의 작은 실잠자리들보다 세력이 강하다. 암수 연결된 상태로 혹은 암놈 단독으로 식물줄기에 산란한다.

① ♂. 2012. 6. 2. 서울 마포, ② ♀. 2012. 6. 2. 서울 마포, ③ ♂♀.
④ ♂. 2012. 6. 2. 서울 마포, ⑤ ♀. 2012. 6. 2. 서울 마포

③

④

⑤

(Summary *w.r.t.* ecology & behavior)

• living in lentic areas; • 1 generation in a year & passing the winter as larvae; • patrolling over aquatic weeds; • hunting small insects; • ovipositing, in tandem or by female alone, on plant stems

16. 아시아실잠자리

Ischnura asiatica (Brauer, 1865)

①

②

• **Identification**:

Size(mm)

	whole body	head & thorax	abdomen	forewing & hindwing
♂	31	6.5	25	15
♀	30	6.5	24	18

• **Population density & Flight season**: prevalent, May~Jul.

• **Ecology & Behavior**: 1년 1~2세대이고 유충으로 월동한다. 평지의 연못과 웅덩이에 서식하는데, 개천에서도 종종 발견된다. 암수 연결된 상태로 식물줄기에 산란한다.

① ♂. 2012. 5. 3. 서울 마포, ② ♀. 2012. 5. 3. 서울 마포, ③ ♂♀. ④ ♂. 2012. 5. 12. 서울 마포, ⑤ ♀. 미성숙. 2013. 5. 2. 서울 마포, ⑥ ♂♀. 교미. 2012. 7. 17. 서울 마포

③

④

⑤

⑥

(Summary *w.r.t.* ecology & behavior)

• living in lentic and lotic areas; • 1~2 generations in a year & passing the winter as larvae; • patrolling over aquatic weeds; • hunting small insects; • ovipositing, in tandem, on plant stems

17. 북방아시아실잠자리

Ischnura elegans (Vander Linden, 1820)

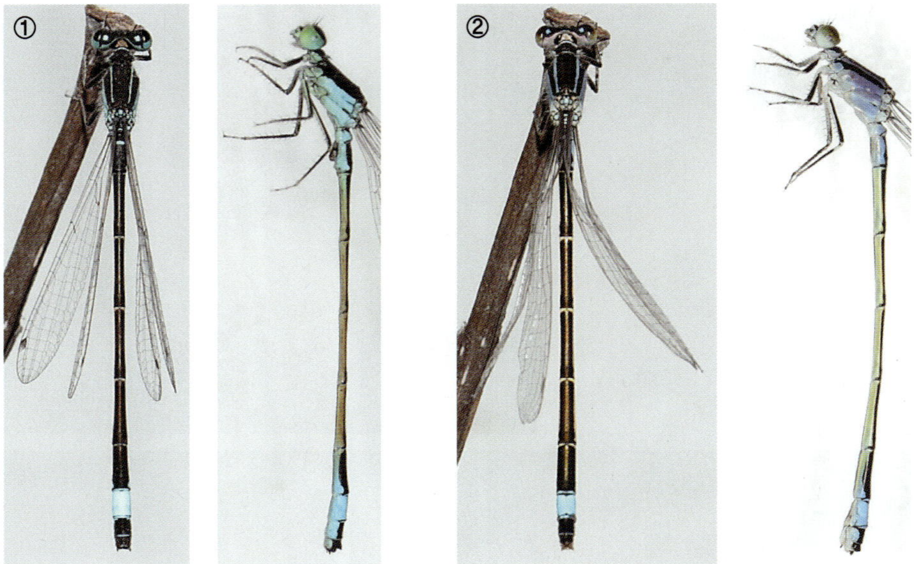

• **Identification**: 아시아실잠자리보다 크고 제7~10배마디의 무늬가 다르다.

Size(mm)

	whole body	head & thorax	abdomen	forewing & hindwing
♂	36	7	29	19
♀	34~36	7	27~29	20~21

• **Population density & Flight season**: common, May~Jul.

• **Ecology & Behavior**: 1년 1세대이고 유충으로 월동한다. 평지의 연못과 웅덩이에 서식한다. 암수 연결된 상태로 식물줄기에 산란한다.

① ♂. 2012. 5. 12. 경기 구리, ② ♀. 보라색형. 2012. 5. 12. 경기 구리, ③ ♂♀♀.
④ ♂. 2012. 5. 12. 경기 구리

(Summary *w.r.t.* ecology & behavior)

• living in ponds; • 1 generation in a year & passing the winter as larvae; • patrolling over aquatic weeds; • hunting small insects; • ovipositing, in tandem, on plant stems

18. 푸른아시아실잠자리

Ischnura senegalensis (Rambur, 1842)

①

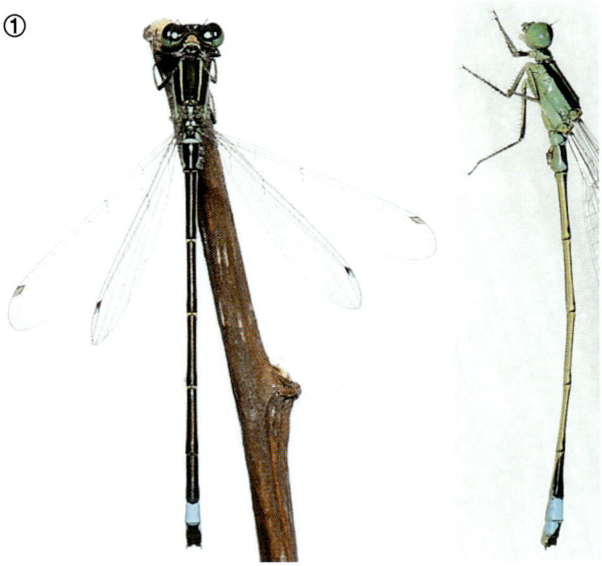

②

- **Identification**:

Size(mm)

	whole body	head & thorax	abdomen	forewing & hindwing
♂	30	6.5	23.5	15
♀	29	6.5	22.5	16

- **Population density & Flight season**: local and uncommon, late Jun.~Aug.

- **Ecology & Behavior**: 1년 1세대이고 유충으로 월동한다. 평지의 연못과 웅덩이에 서식한다. 암수 연결된 상태로 식물줄기에 산란한다.

- **아시아실잠자리속 3종의 구분**: (Fig. 6)에서 보면, 수놈은 lateral view에서 배마디의 하늘색 부분으로 3종을 구분할 수 있다. 아시아실잠자리는 제8~10배마디에 하늘색이 있고, 북방아시아실잠자리는 제7~10배마디에 하늘색이 있고, 푸른

아시아실잠자리는 제8~9배마디에 하늘색이 있다. 옆가슴의 검은 줄무늬를 보면, 아시아실잠자리는 굵은 한 줄, 북방아시아실잠자리는 매우 굵은 한 줄, 푸른아시아실잠자리는 가는 줄과 굵은 줄이 보인다.

(Fig. 7)에서 보면, 암놈은 lateral view에서 배 옆면 하늘색 부분은 북방아시아실잠자리 암놈에게만 나타나고 나머지 두 종에게는 없다. Anterior view에서 등가슴에 의한 구분이 더 명확한데, 북방아시아실잠자리는 보라색 혹은 누런색 한 쌍의 줄이 선명하고, 아시아실잠자리는 등 중앙에 검은 부분이 넓고, 푸른아시아실잠자리는 등 중앙에 검은 부분이 있고 그 안에 다시 밝은 부분이 있다.

① ♂. 2012. 6. 26. 제주 북제주, ② ♀. 2012. 6. 26. 제주 북제주, ③ ♂♀.
④ ♂. 2012. 6. 25. 제주 북제주, ⑤ ♂♀. 교미. 2014. 8. 6. 전남 영암,
⑥ (a: *I. asiatica* ♂) vs. (b: *I. elegans* ♂) vs. (c: *I. senegalensis* ♂),
⑦ (a: *I. asiatica* ♀) vs. (b: *I. elegans* ♀) vs. (c: *I. senegalensis* ♀)

③

④

⑤

⑥

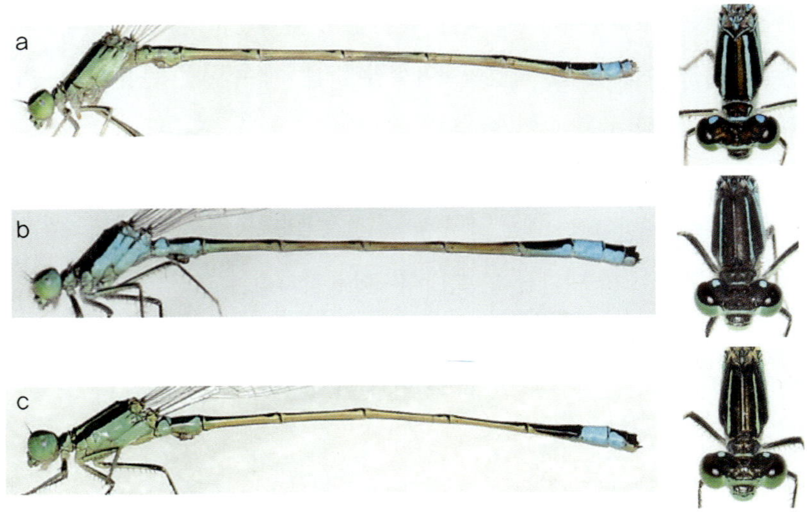

⑦

(Summary *w.r.t.* ecology & behavior)

• living in ponds and marsh; • 1 generation in a year & passing the winter as larvae; • patrolling over aquatic weeds; • hunting small insects; • ovipositing, in tandem, on plant stems

19. 황등색실잠자리

Mortonagrion selenion (Ris, 1916)

①

②

- **Identification**:

Size(mm)

	whole body	head & thorax	abdomen	forewing & hindwing
♂	26	5	21	13
♀	27	5.5	21.5	15

- **Population density & Flight season**: uncommon, June

- **Ecology & Behavior**: 1년 1세대이고 유충으로 월동한다. 평지의 습지 연못에 서식한다. 성숙한 성충의 출현시기가 매우 짧은 특징이 있다. 덩치가 작고 조심성이 많은 실잠자리이다. 암놈 혼자 식물줄기에 단독 산란한다.

① ♂. 2012. 6. 2. 서울 마포, ② ♀. 2013. 6. 17. 서울 마포, ③ ♂♀. ④ ⑤ ♂. 2012. 6. 2. 서울 마포

③

④

⑤

(Summary *w.r.t.* ecology & behavior)

• living in marsh; • 1 generation in a year & passing the winter as larvae; • patrolling over aquatic weeds; • hunting small insects; • ovipositing, by female alone, on plant stems

20. 등검은실잠자리

Paracercion calamorum (Ris, 1916)

①

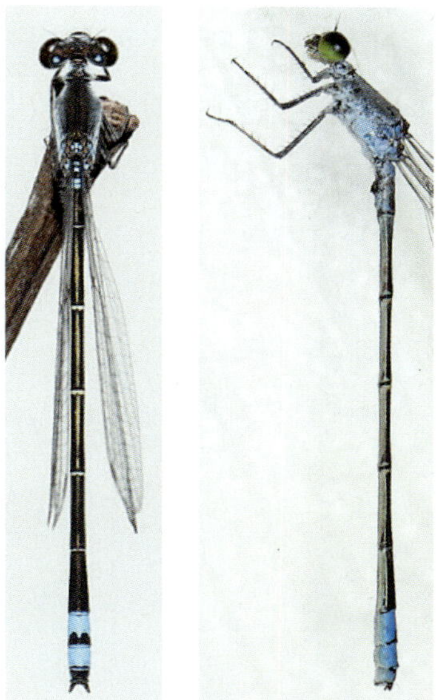

②

• **Identification**: 실잠자리 암놈은 색과 무늬 변이가 커서 동정하기 힘든 경우가 많은데, 등검은실잠자리도 그러하다. 물 주위 수놈이나 짝짓기중일 때를 포착하면 암놈의 종을 확인할 수 있다.

Size(mm)

	whole body	head & thorax	abdomen	forewing & hindwing
♂	31	7	24	18
♀	33	7	26	21

• **Population density & Flight season**: prevalent, mid May~Aug.

• **Ecology & Behavior**: 1년 1세대이고 유충으로 월동한다. 봄과 여름에 걸쳐 연못과 냇가 등 물이 있은 곳엔 전국으로 서식한다. 암수 연결된 상태로 식물줄기에 산란한다.

• **등줄실속잠자리의 구분 포인트**: 등줄실잠자리를 제외한 나머지 4종에 대한 구분 포인트이다. 등검은실잠자리는 가장 흔하며 수놈 등가슴에 줄무늬가 없고 탁한 색이다. 왕등줄실잠자리는 34~35mm 크기로 크며, 수놈의 제8배마디 윗면에 굵은 M자 무늬가 있고, 개체수도 상당히 많다. 큰등줄실잠자리는 크기가 44~45mm로 월등히 크고, 수놈의 파스텔 톤 연한 파란색, 등가슴의 선명한 여러 줄무늬 등으로 구분이 쉽고, 현재까지 알려진 서식지는 극히 드물다. 작은등줄실잠자리는 32~33mm 크기이며, 수놈의 하늘색 몸과 파란 눈이 특징이다.

① ♂. 2012. 5. 19. 서울 마포, ② ♀. 2016. 6. 6. 서울 마포, ③ ♂♀.
④ ♂. 2012. 5. 19. 서울 마포, ⑤ ♂♀. 교미. 2012. 6. 3. 서울 마포

③

④

⑤

(Summary *w.r.t.* ecology & behavior)

• living in lentic as well as lotic areas; • 1 generation in a year & passing the winter as larvae; • patrolling over aquatic weeds; • hunting small insects; • ovipositing, in tandem, on plant stems

21. 등줄실잠자리

Paracercion hieroglyphicum (Brauer, 1865)

• **Identification**:

Size(mm)

	whole body	head & thorax	abdomen	forewing & hindwing
♂	29	6~6.5	22.5~23	15~16
♀	28~32	6~7.5	22~24.5	16~19

• **Population density & Flight season**: common, Jun.~Aug.

• **Ecology & Behavior**: 1년 1세대이고 유충으로 월동한다. 평지의 연못과 웅덩이에 서식한다. 암수 연결된 상태로 식물줄기에 산란한다.

① ♂. 2016. 6. 21. 경기 파주, ② ♀. 2012. 8. 13. 경기 파주, ③ ♂♀.

(Summary *w.r.t.* ecology & behavior)

• living in lentic areas; • 1 generation in a year & passing the winter as larvae; • patrolling over aquatic weeds; • hunting small insects; • ovipositing, in tandem, on plant stems

22. ~~왕실잠자리~~

Paracercion hieroglyphicum (Brauer, 1865)

~~*Paracercion v-nigrum* (Needham, 1930)~~

• Identification: : 정광수(2007, 2012)의 국명 기준에 의한 왕실잠자리는 등줄실잠자리와 동일종이며 학명은 *P. hieroglyphicum*으로 수정되어야 한다. 조복성(1958)의 국명 기준에 의한 왕실잠자리는 수놈 부속기 모식도가, 너무 오래전에 쓰여진 책이기에 모식도의 정확도가 현재의 기준에는 미흡한 수준이지만 그래도, Dumont(2004)의 모식도와 일치하여 *P. v-nigrum*을 정확히 동정하고 있다. 이승모(2001) 도감에 대륙등줄실잠자리(큰실잠자리) *Cercion v-nigrum*으로 소개된 종의 암수 부속기 모식도는 Dumont(2004)와 일치하여 *P. v-nigrum*을 정확히 동정하고 있다.

본 도감은 정광수의 국명 기준으로 정리하였기에 왕실잠자리를 한반도 잠자리 목록에서 삭제하고 왕등줄실잠자리의 학명을 *P. v-nigrum*으로 수정하여야 한다고 하였다. 만약 조복성의 국명 기준을 따르면 왕실잠자리의 실체를 왕등줄실잠자리로 대체시키고, 왕등줄실잠자리를 한반도 잠자리 목록에서 삭제하여야 한다. *P. sieboldii*는 일본에 서식하는 종이며 일본 이외에는 대만에서의 2000년 기록이 유일한데 일본에서는 불명확한 기록으로 보고 있다.

• **왕실잠자리의 학명 수정과 국명 삭제에 관하여**: Dumont(2004)의 논문에는 *P. hieroglyphicum*, *P. v-nigrum*, *P. sieboldii*를 포함하여 Genus *Paracercion*(등줄실잠자리속) 여러 종들에 대하여 수놈 terminal appendages의 dorsal view, lateral view, posterior view가 실려 있고, 암놈이 교미할 때 수놈 부속기가 부착되는 부분인 hind ridge of pronotum(전흉배판 뒤쪽 융기 부분)에 관한 상세 모식도가 실려 있다. drawing 기능이 있는 stereoscopic microscope(입체현미경)로 그려진 모식도이다.

(Fig. 1)은 dorsal view에서 upper appendix(상부속기)에 대한 비교이다. *P. hieroglyphicum*은 바깥쪽으로 향해 있고 길며, *P. v-nigrum*은 안쪽으로 향해 있고 짧은 편이다.

①

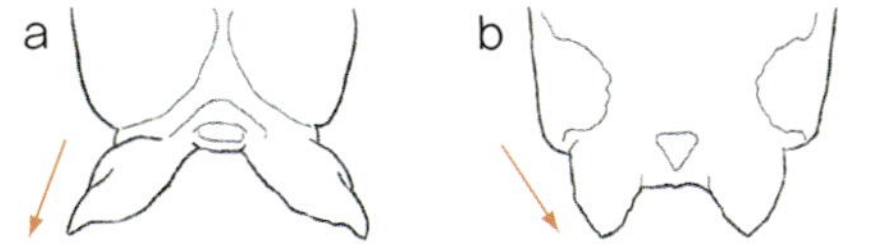

②

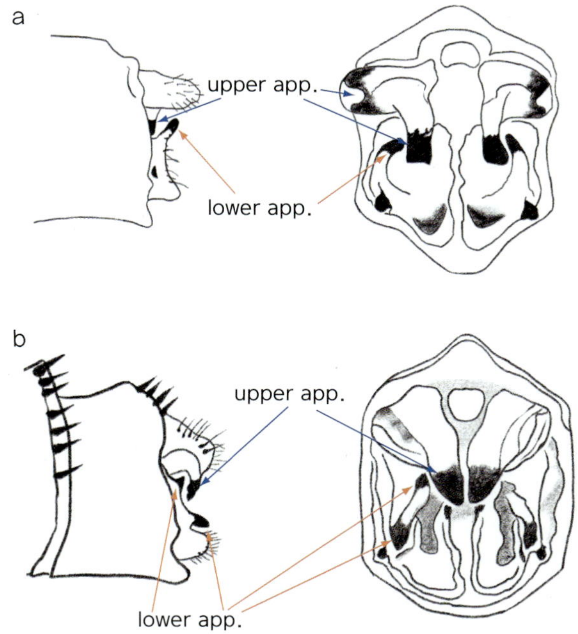

(Fig. 2)는 lateral view와 posterior view에서 *P. hieroglyphicum*은 상부속기에 2개의 hook이 있고(파란색 화살표), 하부속기는 lateral view에서 볼 때 수직으로 솟아있다(오렌지색 화살표). 반면, *P. v-nigrum*은 하부속기가 상대적으로 큰 편이며 2개의 hook이 있다(오렌지색 화살표).

(Fig. 3)은 dorsal view에서 등가슴 무늬에 대한 비교이다. Oleg Kosterin에게 받은 자료에는, 1995년 러시아 극동지방의 Genus *Paracercion*에 대하여 박사학위논문을 썼던 Elena Malikova가 제시한 비교 포인트들이 있다. 사진은 등가슴의 middorsal suture of synthorax(흉부결합체의 중앙봉합선 부근)로서 *P. hieroglyphicum* 수놈은 2개의 가는 선(two pale streaks)이 있는 타입과 없는 타입 2가지 타입이 있고, 암놈은 모두 2개의 가는 선이 있다. 반면, *P. v-nigrum*은 암수 모두 이 선이 없다. 또한, *P. hieroglyphicum* 수놈은 occipital spots(후두부의 점)이 아주 작고 선이 없는 반면, *P. v-nigrum* 수놈은 후두부 점이 크고 선으로 이어져 있다. *P. hieroglyphicum* 수놈의 제8배마디 윗면에는 'M' 자 무늬가 있거나, 2개의 작은 점만 있거나, 아무 무늬도 없는 등 변이가 심하

③

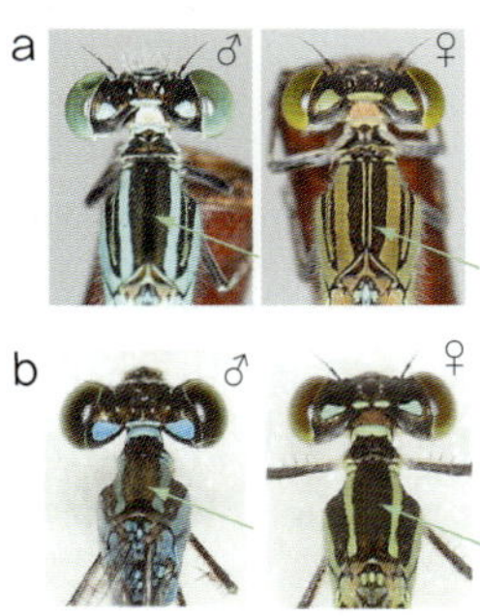

④

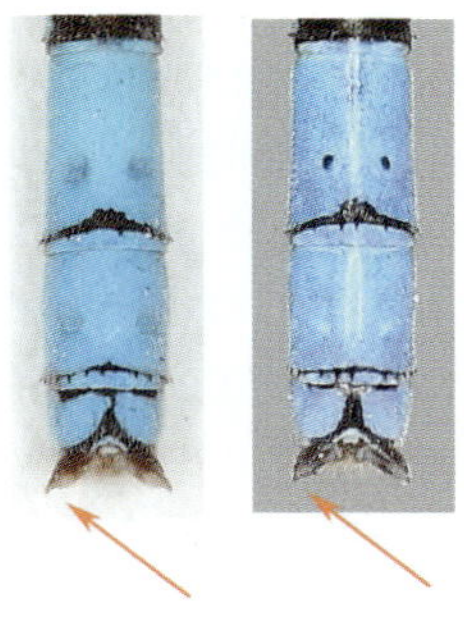

⑤

다. 이 외에도 여러 가지 coloration의 차이가 있는데, Genus *Paracercion* 자체가 워낙 색과 무늬의 변이가 심한 종이라고 소개되어있다.

(Fig. 4)는 dorsal view에서 *P. hieroglyphicum*의 상부속기 모습이다. 인간의 눈에 확인되는 상부속기 모습은 암놈을 고정시키는 단단한 조직을 덮고 있는 표피의 모양이 보이는 것이며, 표피를 제외시킨 실질적인 상부속기는 입체현미경으로 확인한 (Fig. 2)의 상부속기 모양이다. 따라서 표피모양은 암놈을 붙잡아본 횟수나 촬영 시점에 얼마나 오므리고 있느냐에 따라 미세한 차이를 보이는 것이며, 상부속기에 구조적 차이가 있어 다른 종이나 아종으로 구분할 근거는 되지 못한다. (Fig. 5)에서 *P. hieroglyphicum* 암놈의 안후문 크기나 가슴 시작부위의 무늬 차이도 단지 variation in coloration일 뿐이다.

* Acknowledgement: I express my thanks to Oleg Kosterin for his expert discernment and judgement about the distinction between *P. hieroglyphicum* and *P. v-nigrum*.

① (a: *P. hieroglyphicum* ♂) vs. (b: *P. v-nigrum* ♂). dorsal view, ② (a: *P. hieroglyphicum* ♂) vs. (b: *P. v-nigrum* ♂). lateral view & posterior view. Redrawn mimetic diagram based on Dumont (2004), ③ (a: *P. hieroglyphicum*) vs. (b: *P. v-nigrum*). middorsal suture of synthorax, ④ *P. hieroglyphicum* ♂. cerci, ⑤ *P. hieroglyphicum* ♀. variation in coloration

(Summary *w.r.t.* identity)

This species is *P. hieroglyphicum*. Thus, the Korean name in the Korean Odonata list should be eliminated.

- (Fig. 1): In the dorsal view, *P. hieroglyphicum's* cerci are headed outside, whereas *P. v-nigrum's* are toward inside.
- (Fig. 2): In the lateral view and posterior view. *P. hieroglyphicum* has two hooks in the cerci (blue arcs) and the paraprocts are upright (orange arc), whereas *P. v-nigrum* has two hooks in the paraprocts (orange arcs).
- (Fig. 3~5): *P. hieroglyphicum* has a big variation in the middorsal suture of synthorax (*P. hieroglyphicum* males have or do not have two pale streaks and all *P. hieroglyphicum* females have, whereas all *P. v-nigrum* do not have), in the tip of cerci, and in coloration.

23. 작은등줄실잠자리

Paracercion melanotum (Selys, 1876)

①

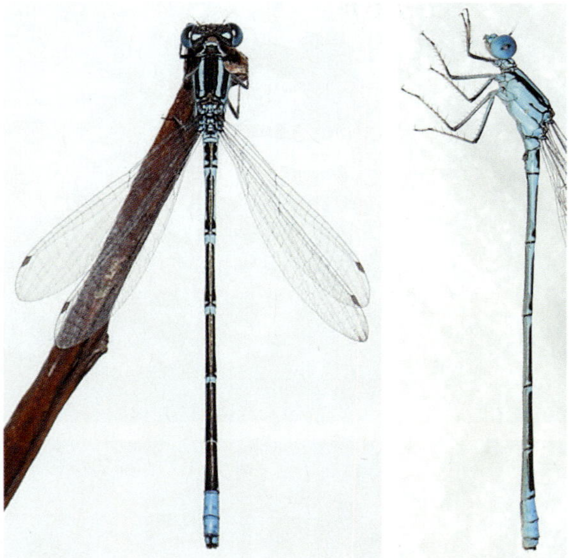

②

• Identification:

Size(mm)

	whole body	head & thorax	abdomen	forewing & hindwing
♂	32	7	25	16
♀	33	7	26	18

• Population density & Flight season: local, Jul.~Aug.

• Ecology & Behavior: 1년 1세대이고 유충으로 월동한다. 평지의 연못과 웅덩이에 서식한다. 암수 연결된 상태로 식물줄기에 산란한다.

① ♂. 2012. 8. 22. 경기 시흥, ② ♀. 2012. 8. 22. 경기 시흥, ③ ♂♀.
④ ♂♀. 산란. 2013. 8. 27. 경기 시흥, ⑤ ⑥ ♂. 2012. 8. 22. 경기 시흥

③

④

⑤

⑥

(Summary *w.r.t.* ecology & behavior)

• living in small ponds and marsh; • 1 generation in a year & passing the winter as larvae; • patrolling over aquatic weeds; • hunting small insects; • ovipositing, in tandem, on plant stems

24. 큰등줄실잠자리

Paracercion plagiosum (Needham, 1930)

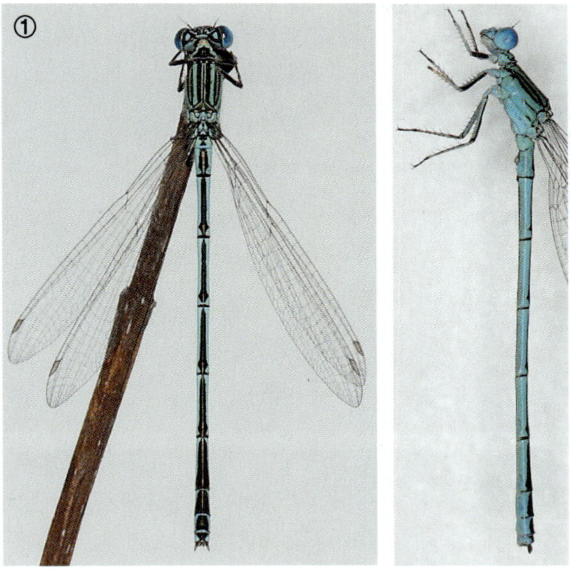

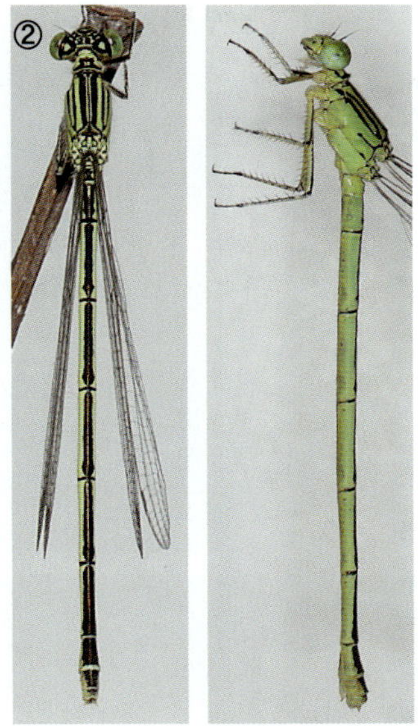

• Identification: 등줄실잠자리속에서 가장 크고, 수놈의 체색은 옥빛이 도는 하늘색으로 매우 신비로운 느낌을 준다.

Size(mm)

	whole body	head & thorax	abdomen	forewing & hindwing
♂	44	10	34	26
♀	45	10	35	26

• Population density & Flight season: rare, late May~Jul.

• Ecology & Behavior: 1년 1세대이고 유충으로 월동한다. 평지의 연못과 웅덩이에 서식하는데, 서식지는 희귀하다. 덩치에 어울리게 포식성이 강하고, 자기보다 작은 실잠자리들을 대량 포식한다. 암수 연결된 상태로 식물줄기에 산란한다.

① ♂. 2012. 5. 26. 인천 서구, ② ♀. 2012. 5. 26. 인천 서구, ③ ♂♀.

④ ♂♀. 산란. 2016. 6. 6. 인천 서구, ⑤ ♂. 2012. 6. 8. 인천 서구, ⑥ ♀. 2012. 6. 8. 인천 서구

③

④

⑤

⑥

(Summary *w.r.t.* ecology & behavior)

• living in large ponds; • 1 generation in a year & passing the winter as larvae; • patrolling over aquatic weeds; • hunting small insects and usually eating small damselflies; • ovipositing, in tandem, on plant stems

25. 왕등줄실잠자리

Paracercion v-nigrum (Needham, 1930)

~~*Paracercion sieboldii* (Selys, 1876)~~

①

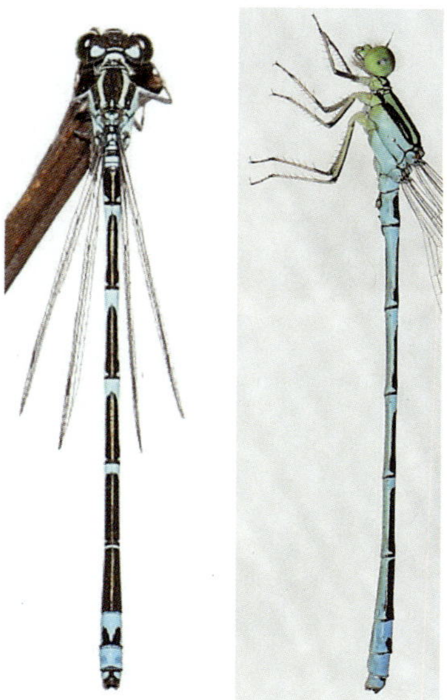

②

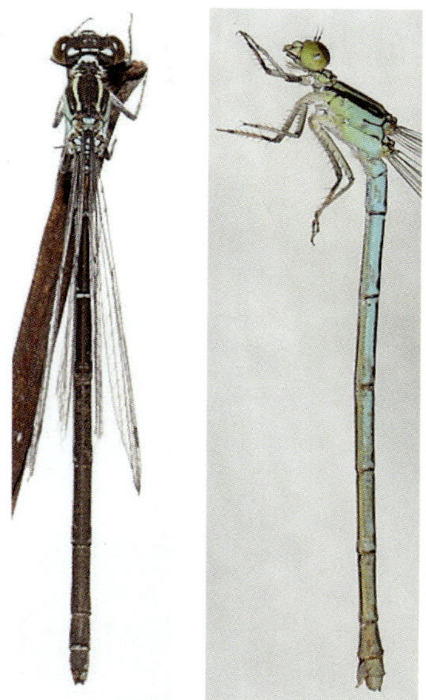

- **Identification**:

Size(mm)

	whole body	head & thorax	abdomen	forewing & hindwing
♂	35	8	27	21
♀	34	7.5	26.5	21

- **Population density & Flight season**: common, late May~Aug.

- **Ecology & Behavior**: 1년 1세대이고 유충으로 월동한다. 평지의 연못과 웅덩이에 서식한다. 암수 연결된 상태로 식물줄기에 산란한다.

- **왕등줄실잠자리의 학명 수정에 관하여**

: 왕등줄실잠자리의 학명은 *P. v-nigrum*으로 수정되어야 한다. (Fig. 6)은

③

Dumont(2004)의 논문에 있는 dorsal view와 lateral view에서 *P. v-nigrum*과 *P. sieboldii*를 비교한 모식도이다. *P. sieboldii*의 upper appendix(상부속기)는 짧고, lower appendix(하부속기)는 크고 길며 아래 부분이 길게 뻗어 나와 lateral view에서 볼 때 상부속기보다 현저히 길게 돌출되어 있다. 반면 *P. v-nigrum*은 lateral view에서 하부속기가 상부속기와 비슷한 지점까지 나와 있다. *P. v-nigrum*은 러시아, 중국, 베트남 등 아시아 대륙에 광범위하게 서식하고 일본에는 서식하지 않으며, *P. sieboldii*는 일본에 서식하고 있다. 현재까지 한국에서 왕등줄실잠자리라고 부르던 종은 *P. v-nigrum*이며, *P. sieboldii*가 한국에도 서식하고 있는지는 현재까지 확인된 바 없다.

* Acknowledgement: I express my thanks to Oleg Kosterin for kindly providing the related paper with his expert discernment and explanation about *P. v-nigrum* and *P. sieboldii*.

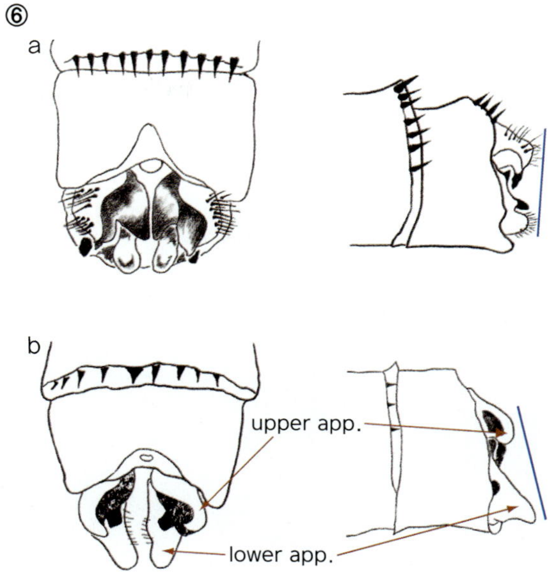

① ♂. 2012. 6. 11. 경기 파주, ② ♀. 2012. 6. 11. 경기 파주, ③ ♂♀. ④ ♂. 2011. 6. 4. 경기 남양주, ⑤ ♂♀. 산란. 2012. 5. 27. 경기 파주, ⑥ (a: *P. v-nigrum* ♂) vs. (b: *P. sieboldii* ♂). Redrawn diagram based on Dumont (2004)

(Summary *w.r.t.* identity, ecology, & behavior)

This species is *P. v-nigrum*. Thus, the scientific name, *P. sieboldii* in the Korean Odonata list should be eliminated. *P. sieboldii* has not been found yet in Korea.

• (Fig. 6): In the dorsal view and lateral view, *P. sieboldii*'s paraprocts are massive and the ventral portion is strongly drawn out, longer than the cerci.

• living in lentic areas; • 1 generation in a year & passing the winter as larvae; • patrolling over aquatic weeds; • hunting small insects; • ovipositing, in tandem, on plant stems

왕잠자리과

Family Aeshnidae Rambur, 1842

왕잠자리과에는 전세계적으로 54속 481종의 잠자리가 있으며, 한국에는 8속 14종이 발견되는데, 이 중 남방왕잠자리는 남쪽에서의 비래종(飛來種)으로서 정착한 것이 아니고 여름 한철에만 관찰된다고 볼 수 있다. 가을에는 북쪽에서 애별박이왕잠자리도 비래하는데 정착한 개체와 혼재한다. 좌우겹눈은 넓게 마주한 형태를 취하고 있으며, 머리는 구에 가깝다. 모든 잠자리 중에서 비행능력이 가장 탁월한 과(Family)라고 할 수 있으며 이동성도 강하다. 한낮에도 비행하는 왕, 먹줄왕잠자리 등을 포함하여, 모든 왕잠자리과의 잠자리는 황혼성이 강하여 한 여름 오후 7~8시까지의 어두워지는 시간대에 가장 활발한 섭식비행을 한다. 비행능력은 가장 좋은 반면 턱은 작은데, 이는 작은 먹이를 자유자재로 오래 동안 날아다니며 많이 잡아먹는 특성으로 연결된다. 개미허리왕잠자리, 한국개미허리왕잠자리, 한라별왕잠자리 3종은 유수성(流水性) 환경에 서식하고, 나머지 왕잠자리는 모두 정수성(停水性) 환경에 서식한다.

소 개

26. 큰무늬왕잠자리 *Aeschnophlebia anisoptera* Selys, 1883
27. 긴무늬왕잠자리 *Aeschnophlebia longistigma* Selys, 1883
28. 참별박이왕잠자리 *Aeshna crenata* Hagen, 1856
29. 별박이왕잠자리 *Aeshna juncea* (Linnaeus, 1758)
30. 애별박이왕잠자리 *Aeshna mixta* Latreille, 1805
31. 도깨비왕잠자리 *Anaciaeschna martini* (Selys, 1897)
32. 남방왕잠자리 *Anax guttatus* (Burmeister, 1839)
33. 먹줄왕잠자리 *Anax nigrofasciatus* Oguma, 1915
34. 왕잠자리 *Anax parthenope julius* (Brauer, 1865)
35. 한국개미허리왕잠자리 *Boyeria karubei* Yokoi, 2002
    Boyeria jamjari Jung, 2011 → (synonym)
36. 개미허리왕잠자리 *Boyeria maclachlani* Selys, 1883
37. 잘록허리왕잠자리 *Gynacantha japonica* Bartenev, 1910
38. 황줄왕잠자리 *Polycanthagyna melanictera* (Selys, 1883)
39. 한라별왕잠자리 *Sarasaeschna pryeri* (Martin, 1909)

26. 큰무늬왕잠자리
Aeschnophlebia anisoptera Selys, 1883

①

②

• Identification: 제2~3배마디는 잘록한 부분 없이 통자 배이다. 암놈이 수놈에 비하여 덩치가 큰 편이고, 한국의 왕잠자리과에서 제1위로 압도적으로 크고 단단한 턱을 가졌다.

Size(mm)

	whole body	head & thorax	abdomen	forewing / hindwing
♂	74~77	20	54~57	46~49 / 45~48
♀	73~81	20~22	53~59	48~50 / 47~49

• Population density & Flight season: local and rare, late Jun.~late Jul.

• Ecology & Behavior: 1년 1세대이고 유충으로 월동한다. 부들이 있는 습지에

서식한다. 우리나라에서의 주서식지는 제주이다. 경남 산청에서도 한 개체 목격한 바 있으나, 개체수가 극히 적고 험한 산간이기에 제대로 관찰하기는 힘들다. 개체수가 적을 때는 꽤 높은 상공, 4~6m 정도의 상공을 천천히 크게 원을 그리며 선회하는 특징을 보이고 사람이 가까이 다가갈 수 없게 자리를 피해 다니는 특성이 있어, 개체수가 많은 곳에 가야 제대로 접근이 가능한 까다로운 종이다.

왕잠자리과에서 제일 크고 강한 턱을 가졌으며, 꽤 큰 거미까지도 사냥하는 이례적인 특징을 가졌다. 제주에서 관찰하여 보면, 큰 거미가 있는 거미줄 앞에 날아와 3~4초간 제자리 비행하며 알짱거리다가 한순간에 달라 들어 거미를 확 물고 후진 비행하여 거미줄에서 멀어지고 휙 하늘로 올라 사라진다. 와~ 소리가 절로 나왔다. 저렇게 큰 거미를 사냥하려면 거미의 역공격에 대비하여야 할 텐데, 큰무늬왕잠자리의 왕잠자리과 최대 크기, 날카로움, 단단함을 지닌 턱으로 거미를 잡자마자 머리를 와작와작 부수어 몸으로 이어지는 신경을 단숨에 끊어내는 것으로 보인다. 새벽과 저녁의 황혼 먹이사냥이 활발하며, 암놈은 저녁에 죽은 나무기둥에 단독산란 한다.

① ♂. 2012. 6. 26. 제주 북제주, ② ♀. 2009. 6. 25. 제주 북제주,
③ ♂♀. 2008. 7. 26. 제주 북제주, ④ ♂. 2009. 6. 24. 제주 북제주,
⑤ ♂. 2012. 6. 25. 제주 북제주, ⑥ ♀. 2008. 7. 25. 제주 북제주

③

④

(Summary *w.r.t.* ecology & behavior)

• living in marsh; • 1 generation in a year & passing the winter as larvae; • males flying in a big circle at above 5m; • males thoroughly searching trees for females; • hanging from twigs; • having the biggest and strongest jaws among Family Aeshnidae in Korea; • fairly ferocious, routinely hunting medium-sized spiders; • ovipositing, by female alone, in wet dead wood

27. 긴무늬왕잠자리

Aeschnophlebia longistigma Selys, 1883

• **Identification**: 제2~3배마디에 잘록한 부분 없이 통자 배를 가진 왕잠자리이다. 왕잠자리과에서 큰무늬왕잠자리 다음으로 크고 강한 턱을 가졌다.

Size(mm)

	whole body	head & thorax	abdomen	forewing / hindwing
♂	66~68	18~19	48~49	41 / 40
♀	70	19	51	42 / 41

• **Population density & Flight season**: common, Jun.(main)~Jul.

• **Ecology & Behavior**: 1년 1세대이고 유충으로 월동한다. 부들이나 갈대가 빼곡히 들어찬 연못과 저수지에서 볼 수 있다. 정수성 환경에 사는 잠자리이지만, 갈

대가 가득하고 물 흐름이 완만한 냇가에 서식하는 경우도 많다. 왕잠자리과는 대부분 턱이 조그맣고 날카롭지 않은 편인데, 이는 비행선수인 이들이 작은 벌레들을 엄청나게 많이 잡아먹는 것으로 연결된다. 유독 왕잠자리과에서 턱이 상당히 발달한 잠자리로서 긴무늬왕잠자리와 큰무늬왕잠자리, 두 종을 들 수 있는데, 긴무늬왕잠자리는 갈대숲 사이를 돌아다니며 거미 사냥하는 것을 흔하게 관찰할 수 있다. 황혼먹이사냥을 하며, 암놈은 물풀줄기에 단독산란 한다.

③

• **긴무늬왕잠자리의 포식성과 흉폭성**: 긴무늬왕잠자리 유충은 행동이 매우 굼뜨고, 긴무늬왕잠자리속과 개미허리왕잠자리속 유충의 특성인 의사(疑死: 죽은 척 하는) 행동을 보인다. 하지만 성충은 유충과는 너무도 달라져 매우 흉폭 해진다. (Fig. 6)을 찍던 날 한 시점에 시야를

④

⑤

⑥

⑦

넓게 하여 찾아보니, 나비잠자리를 입에 물고 비행하며 먹고 있던 긴무늬왕 3마리, 고추잠자리 수놈을 잡아 부들에 앉아 먹고 있던 긴무늬왕 1마리, 밀잠자리는 좀 크니 물고 나무로 날아와 먹던 긴무늬왕 1마리가 있었다. 가히 어리장수잠자리를 능가하는 잠자리사냥꾼이었다.

영역비행 시에 왕잠자리와 먹줄왕잠자리는 머리로 긴무늬왕잠자리를 들이받는데, 이 때 긴무늬왕잠자리를 자세히 보면 큰 턱을 활짝 벌리고 물어뜯으려고 하며 대항한다. 왕잠자리에게 전혀 주눅 들지 않고 할 짓 다하고 다니면서 영역비행 한다. *Anax* 속의 왕잠자리, 남방왕잠자리의 조그만 턱은 크고 날카롭고 단단한 긴무늬왕잠자리의 턱에는 상대도 되지 못한다. 이것을 잘 알고 있는 긴무늬왕잠자리는 이 턱을 크게 벌려 위협하며 영역에서 치열하게 싸우며 자리를 지킨다.

김종문씨의 다음카페 잠찾사에는 긴무늬왕잠자리가 주위에서 얼쩡대던 고추잠자리 수놈을 확 잡아 등가슴 날개부위를 물어뜯어 떨어뜨리고 날아가 버리는 사진이 오른바 있다. 포식을 위한 공격이 아니라 내 앞에서 걸리적거리는 상대를 제거해버리는 흉폭성을 보이는 행동이라 할 수 있다. 일본의 아래 사이트에는 긴무늬왕잠자리의 흉폭성을 나타내는 사진이 여러 해 올라왔었다. 수놈이 수놈을 물어뜯는, 수놈이 교미중인 수놈의 머리를 물어뜯는, 성숙 암놈이 미성숙 수놈을 잡아먹는, 성숙 암놈이 성숙 암놈의 등가슴 날개가 붙는 부위를 물어뜯어 날개를 땅에 떨어뜨리고 날아가 버리는 사진 등등이 실려 있었다.

• 사이트: https://blog.goo.ne.jp/yanma2007

① ♂. 2012. 6. 8. 경기 양평, ② ♀. 2012. 6. 8. 경기 양평, ③ ♂♀. 2012. 6. 8. 경기 양평,
④ ♂. 2012. 6. 16. 경기 양평, ⑤ ⑥ ♀. 6: 밀잠자리 포식. 2017. 6. 30. 경기 안산,
⑦ ♂♀. 교미. 2017. 6. 30. 경기 안산

(Summary *w.r.t.* ecology & behavior)

• living in lentic environment with cattails, as well as slow moving streams with cattails; • 1 generation in a year & passing the winter as larvae; • territory flight all day; • hanging from cattails & twigs; • having the 2nd biggest and strongest jaws among Family Aeshnidae in Korea; • extremely ferocious, routinely hunting spiders and other dragonflies; • laying eggs, by female alone, on cattails

28. 참별박이왕잠자리

Aeshna crenata Hagen, 1856

• Identification: 북방계의 대형 왕잠자리이다. 색체 변이가 흔한 종이다. 수놈은 청록색 겹눈이 가장 흔하고, 추운 고지대에서는 청색 겹눈의 비율이 증가하며, 경기도에서는 한 때 연한 녹색의 겹눈도 관찰되었었다. 연한 녹색 겹눈의 경우, 날개길이가 약간 짧고(forewing: 51mm) 배 무늬는 작았다(Fig. 5). 암놈은 거의 다 황록색 겹눈과 녹색 배 무늬를 띠고 있는데, 위도(latitude)가 높은 지역에서는 청록색 겹눈과 파란 배 무늬를 가진 동색형 암놈이 드물게 관찰된다(Fig. 8).

Size(mm)

	whole body	head & thorax	abdomen	forewing / hindwing
♂	86~90	23	64~67	56 / 55
♀	82~90	22~23	60~67	53~56 / 52~55

• Population density & Flight season: locally common, Aug.~Sep.

• Ecology & Behavior: 1년 1세대이고 유충으로 월동한다. 산지와 평지의 연못과 웅덩이에 서식한다. 강원도가 주서식지이며, 경기도와 충청도의 일부 지역에도 서식하고 있다. 별박이속의 잠자리 중 가장 크고, 강원도의 연못에서는 비교적 쉽게 관찰할 수 있다. 왕잠자리와 영역을 공유하는 일부 연못에서는 8월초에는 왕잠자리에게 영역비행에서 밀리고 8월말에 접어들면 왕잠자리를 밀어내고 영역을 점유한다. 오전 9시부터 오후 5~6시까지 영역비행을 하며, 산란은 암놈이 물의 풀줄기에 단독산란 한다. 저녁에는 먹이활동이 활발하다.

① ♂. 2006. 8. 24. 경기 남양주, ② ♀. 2008. 8. 15. 경기 남양주,
③ ♂♀. 2011. 8. 16. 강원 인제 ④ ♂. 청색 겹눈형. 2013. 8. 27. 강원 인제,
⑤ ♂. 녹색 겹눈형. 2006. 8. 24. 경기 남양주, ⑥ ♂. 2009. 9. 1. 강원 인제,
⑦ ♀. 산란. 2009. 9. 13. 강원 인제, ⑧ ♀. 동색형. 산란. 2009. 9. 13. 강원 인제

③

④

⑤

(Summary *w.r.t.* ecology & behavior)

• living in ponds around mountain areas in the middle region of Korea; • variation in coloration; • 1 generation in a year & passing the winter as larvae; • hanging from twigs; • hunting small insects; • territory flight all day; • laying eggs, by female alone, on submerged plant stems

29. 별박이왕잠자리

Aeshna juncea (Linnaeus, 1758)

• **Identification**: 북방계 왕잠자리의 대표로서, 배 무늬 색으로 구분할 때 수놈은 황색형(Fig. 1)과 하늘색형(Fig. 4)이 있고, 암놈은 황색형(Fig. 2)과 청록색형(Fig. 5) 또는 파란색형이 있다.

Size(mm)

	whole body	head & thorax	abdomen	forewing / hindwing
♂	73~83	20~21	53~62	49~53 / 48~52
♀	76~79	20~21	56~58	49~52 / 48~51

• **Population density & Flight season**: local, mid Aug.~late Sep.

• **Ecology & Behavior**: 1년 1세대이고 유충으로 월동한다. 강원 고산지의 연못과 웅덩이가 주서식지이다. 참별박이왕잠자리가 평지와 산지에 골고루 서식하는 반

면, 별박이왕잠자리는 고산지에만 서식한다. 고산지 연못에서는 대체로 참별박이왕잠자리와 별박이왕잠자리가 서식지와 비행 시기를 공유하는데, 참별박이왕잠자리가 약간 먼저 출현하였다가 먼저 사라진다. 영역비행에서는 덩치가 큰 참별박이왕잠자리가 우위를 점하고 별박이왕잠자리는 틈틈이 나타났다 사라졌다 반복한다. 별박이왕잠자리는, 참별박이왕잠자리와 달리, 정지비행(hovering) 시간이 길다. 오전 9시부터 오후 5~6시까지 영역비행을 하며, 황혼 먹이사냥을 한다. 암놈은 물가 흙이나 물풀줄기에 단독 산란한다.

• **참별박이왕잠자리와 별박이왕잠자리의 구분**: (Fig. 9)를 보면, 제2배마디 윗면에 참별박이왕잠자리는 세로줄이 없고, 별박이왕잠자리는 있다. 제4~7배마디 윗면에 참별박이왕잠자리는 가로줄이 있고, 별박이왕잠자리는 없다.

③

(Fig. 10)을 보면, 옆가슴 시작부와 제1배마디 옆면에 참별박이왕잠자리는 노란 무늬가 없고, 별박이왕잠자리는 있다. 하지만 별박이왕잠자리는 이 노란 무늬가 퇴색된 경우도 꽤 많다. 일부 지역에서는 드물지만 참별박이왕잠자리와 별박이왕잠자리의 교잡종으로 추정되는 녀석도 보이는데, 예를 들어 무늬는 별박이왕잠자리이지만 크기와 체형이 참별박이왕잠자리인 녀석이 관찰되지만, 이들이 후세를 이어가는 것으로는 보이지 않는다. 세대를 거듭하면 한 종으로 가까워져 이러한 교잡종이 유지되지는 않는 것으로 판단된다.

④

⑤

⑥

⑦

⑧

⑨

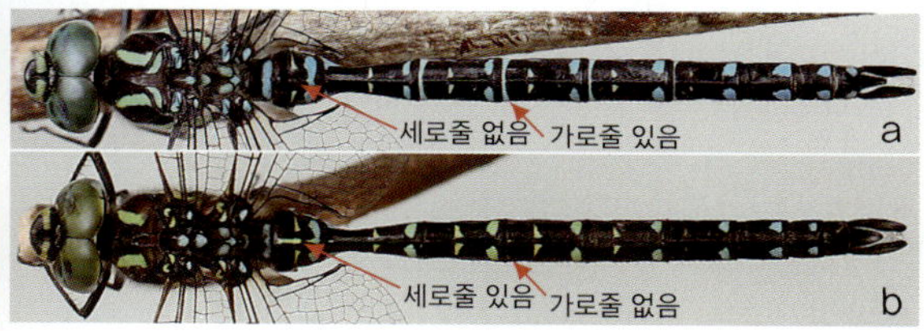

⑩

① ♂. 황색형. 2013. 8. 22. 강원 정선, ② ♀. 황색형. 2013. 8. 22. 강원 정선, ③ ♂♀. 황색형. 2013. 8. 22. 강원 정선, ④ ♂. 하늘색형. 2013. 8. 19. 강원 정선, ⑤ ♀. 청록색형. 2013. 8. 19. 강원 정선, ⑥ ♂. 하늘색형. 2013. 8. 26. 강원 인제, ⑦ ♂. 황색형. 2013. 8. 19. 강원 정선, ⑧ ♀. 황색형. 산란. 2014. 8. 13. 강원 인제, ⑨ (a: *A. crenata* ♂) vs. (b: *A. juncea* ♂), ⑩ (a: *A. crenata* ♀) vs. (b: *A. juncea* ♀)

(Summary *w.r.t.* ecology & behavior)

• living in ponds in high mountains, Kangwon-do; • 1 generation in a year & passing the winter as larvae; • frequently hovering for a while; • hanging from twigs; • hunting small insects; • territory flight all day; • laying eggs, by female alone, on the grounds nearby & floating plants

30. 애별박이왕잠자리

Aeshna mixta Latreille, 1805

• **Identification**: 별박이왕잠자리속에서 가장 작고 하늘색의 배 무늬가 커서 매우 예쁜 왕잠자리이다. 암놈은 황색 겹눈과 배 무늬를 가졌는데(Fig. 2), 드물게 동색형이 있어 수놈처럼 파란색 겹눈과 배 무늬를 보이기도 한다(Fig. 4). 2009년에는 청록색 겹눈과 배 무늬를 가진 암놈이 채집된 바 있다(Fig. 5).

Size(mm)

	whole body	head & thorax	abdomen	forewing / hindwing
♂	64~67	18	46~49	40~42 / 39~41
♀	64~67	18	46~49	41~43 / 40~42

• **Population density & Flight season**: local, late Aug.~mid Oct.

• **Ecology & Behavior**: 1년 1세대이고 알로 월동한다. 부들이 무성한 연못과 습

지에서 볼 수 있다. 서해안 자락과 그에서 멀지 않은 경기와 서울 일부지역에서만 관찰된다. 러시아와 북유럽 등 북쪽지방이 주서식지이며, 가을에 북쪽에서 날아오는 개체와 한국에 정착한 개체가 혼재한다. 2013년 이후에는 서해안 자락에서의 관찰이 점점 더 어려워지고 있다. 한국의 여름과 가을이 지속적으로 무더워지며 북방계인 이들의 이동이 현저히 줄어든 것으로 보인다. 한국에 정착한 개체수도 뚝 떨어져 보인다. 왕잠자리, 먹줄왕잠자리와 산란 포인트가 거의 같기 때문에 아무리 알로 월동한 후 이듬해 봄에 부화해 성장한다 해도 생존율은 극히 낮을 수밖에 없다. 가을 아침, 기온이 오르는 8~9시에 먹이사냥을 시작하고 이후 영역비행을 하며, 저녁의 황혼 먹이사냥이 가장 활발하다. 암놈은 물의 풀줄기에 오전과 늦은 오후에 단독산란 한다.

• Memory: 애별박이왕잠자리를 처음 본 것은 2005년 영종도에서이다. 20평 남짓한 연못에 9월초였는데 하늘색의 작은 왕잠자리 한 마리가 날고 있었다. 내가 연못주위를 돌아 다가가면 반대편으로 계속 피해 다녀, 결국 큰 아쉬움만 남긴 체 포기해야했다. 이들은 이듬해 2006년 같은 장소에서 다수 만날 수 있었다. 지금은 사라져버린 20여개에 이르던 부들습지들마다 모두 영역비행을 하고 있었다. 하지만 또 한 해가 지난 2007년에는 아주 가

③
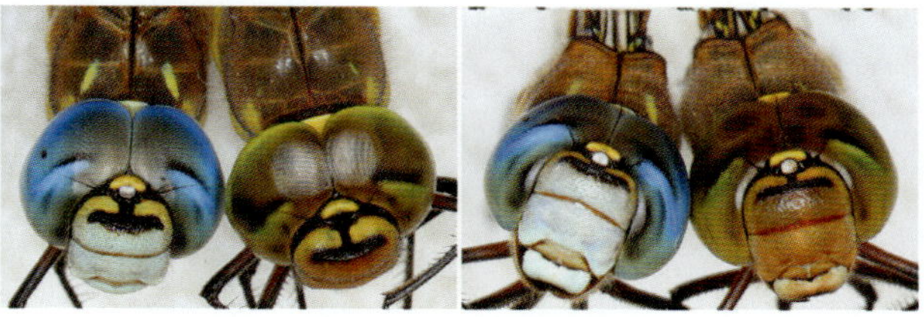

④

⑤

끔 하늘을 지나가는 녀석들만 보일뿐 영역비행 하는 녀석들은 전혀 없었다. 추정컨대 이 지역에는 북쪽에서 비래한 녀석들이 어느 특정 해에만 많이 몰려 있었던 것 같다. 그 특정 해에 산란도 많이 했을 텐데, 이듬해는 거의 없다. 이 연못들은 왕잠자리, 먹줄왕잠자리, 산잠자리가 우글대는 곳이라 알로 월동하고 이듬해 봄에 부화한 작은 유충들은 거의 다 희생되는 것으로밖에 다음 해에 같은 장소에서 볼 수 없는 이유를 설명할 수밖에 없을 것 같다.

① ♂. 2009. 9. 9. 경기 시흥, ② ♀. 2009. 9. 8. 경기 시흥, ③ ♂♀. 2009. 9. 9. 경기 시흥,
④ ♀. 파란색형. 2012. 10. 13. 경기 시흥, ⑤ ♀. 청록색형. 2009. 9. 9. 경기 시흥,
⑥ ♂. 2009. 9. 16. 경기 시흥, ⑦ ♂. 2017. 10. 3. 인천 중구, ⑧ ♀. 2012. 10. 5. 경기 시흥,
⑨ ♀. 파란색형. 2012. 10. 13. 경기 시흥, ⑩ ♂♀. 교미. 2012. 10. 4. 경기 시흥

⑦

⑧

⑨

⑩

(Summary *w.r.t.* ecology & behavior)

• mixed with settled individuals and come-flying ones; • living in marsh & ponds with cattails in the western region, Kyungki-do; • 1 generation in a year & passing the winter as eggs; • hanging from twigs as well as perching on plants; • hunting small insects; • territory flight all day except noon; • laying eggs, by female alone, on the grass blades and plant stems in marsh

31. 도깨비왕잠자리

Anaciaeschna martini (Selys, 1897)

• Identification: 대표적인 황혼성 잠자리이다. 암놈은 날개 안쪽이 짙은 밤색으로 물들어 있고 날개도 마티니(양주 칵테일 martini) 빛깔로 물들어 있다. 도깨비왕잠자리의 날개 빛은, 여타의 왕잠자리 암놈이 완성숙에 이르며 날개가 탁한 누런색으로 변하는 것과는 달리, 갓 성숙에 이르렀을 때부터 주홍 위스키 빛을 띤 맑은 황토색이다. 수놈도 완성숙되면 날개가 짙어지는데 성숙 암놈처럼 주홍빛 띤 맑은 황토색이 된다(Fig. 1: 측면 아래 개체). 수놈의 cobalt blue 겹눈은 매우

unique하고 인상적이며, 반투명한 겹눈의 특성 상 청파랑 겹눈은 깊은 바다 속을 보는 것 같은 입체적인 색체이다. 사진으로 실물을 100% 표현 못하는 것이 안타깝다. 한국의 모든 잠자리 중 가장 압도적으로 아름다운 겹눈을 가진 잠자리이다. 겹눈 색과 같은 옆가슴의 파란 줄무늬, 얼굴도 매우 특이하다. 잠자리아과의 옆가슴 줄무늬는 노란색, 황록색, 연녹색, 하늘색 등 다양한데, 선명한 청파랑 줄무늬는 도깨비왕잠자리 수놈이 유일하다고 할 수 있다. 옆가슴 파란 줄무늬와 배 옆 파란 무늬는 완성숙 할수록 더 짙어진다(Fig. 1: 측면 아래 개체). 일본에서도 최고로 아름다운 겹눈 색을 지닌 잠자리로 평가되며, 서식지인 아시아에서 유일하게 수놈의 자연생태 사진촬영과 채집이 가능한 곳이 서너 곳 발견되어 그들의 자부심으로 여겨지고 있다.

Size(mm)

	whole body	head & thorax	abdomen	forewing / hindwing
♂	71~73	20	51~53	44 / 43
♀	74~76	19~20	55~56	44~45 / 43~44

• **Population density & Flight season**: rare, Jul.~Aug.

• **Ecology & Behavior**: 1년 1세대이고 유충으로 월동한다. 부들과 수풀이 무성한 습지에서 볼 수 있다. 제주에서 충청 일부지역까지가 서식한계선이며, 푹푹 찌고 습한 7~8월에만 보이는 전형적인 여름 왕잠자리이다. 새벽과 저녁에 고공을 고속으로 날아다니기도 하고 한가로이 노닐 때도 있다. 비행 시간대도 짧고 매일 같은 곳

③

④

에 보이는 것도 아니며 빠르고 높게 넓은 영역을 돌아다니기 때문에 관찰이 어렵다.

기존 잠자리도감에는 공히 수놈이 고공 직선 왕복 비행한다는 표현이 있는데, 10년 동안 7,8월 잠자리 탐사의 가장 많은 시간을 도깨비왕잠자리 추적에 투자한 필자의 경험에 의하면, 직선 왕복 비행은 드물며 일상적인 비행 패턴이라고 할 수는 없다. 인간에게 관찰되는 주 시간대는 새벽과 저녁이지만, 개체수가 어느 정도 이상인 서식지에서는 오후 4시 정도가 되면 20m 이상의 상공에서 수놈들이 넓게 돌아다니는 것이 관찰된다. 여러 해 여름을 김대호씨와 도깨비왕잠자리 수놈을 잡아보려고 숱한 나날을 투자하는 과정에서 안 사실인데, 오후 1~2시에도 수놈들은 비행을 하고 있는데 그 높이가 무려 50~100m의 상공이다. 정말 시력 좋고 잠자리를 오래 찾아다닌 사람이 아니면 찾아낼 수 없을 높이에서 아주 작은 점으로 날고 있다. 이것은 그것을 찾아내 관찰해본 사람이 아니면 모르는 사실이다.

⑤

수놈은 우리나라 뿐 아니라 도깨비왕잠자리가 서식하는 아시아권(중국, 대만, 베트남 등)에서 공히 관찰하기 가장 어려운 잠자리이며 채집은 거의 불가능하다. 수놈은 영역비행을 하지 않고, 물가에서는 산란하러 오는 암놈만을 관찰할 수 있을 뿐이다. 산란 습지에서 암놈은 저녁 먹이사냥 시간대가 되면 2~5m 높이를 오르내리며 열심히 섭식하지만, 수놈은 이따금씩 20m 이상의 높이에서 천천히 지나간다. 먹이사냥을 다른 곳에서 끝내고 자러가기 전 소화시키며 슬슬 돌아다니는 모습이다. 수놈은 산기슭의 나무 위에서 단독 혹은 가끔은 서너 마리가 모여 먹이사냥하며 사람이 접근하기 불가능한 지형과 높이이다. 수놈끼리 사이좋게 어울려 비행하는 것이 자주 목격되는데 경쟁 관계인 수놈끼리 이러한 행태를 보이는 것은 매우 이례적이며 모든 잠자리 중에서 유일한 종이 아닌가 한다.

2000년대 일본에서 도깨비왕잠자리 수놈의 사진을 담을 수 있는 명소로 꼽히던

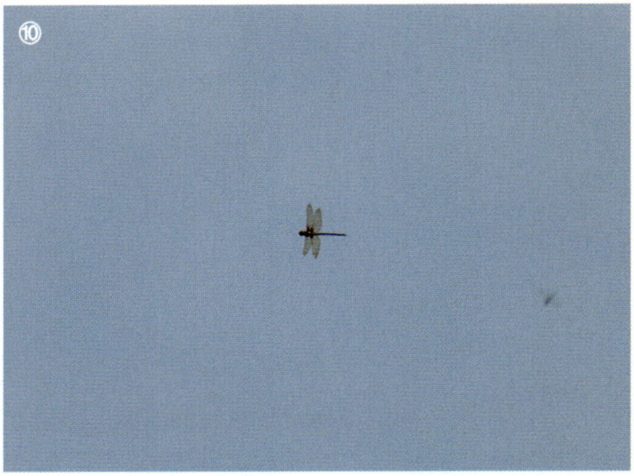

石神井公園(사쿠지고엔)에서는 한 여름 35도를 넘는 무더운 날 오전 11시에서 오후 3시 사이에 아주 가끔 숲속 나무에 가슴 높이로 내려와 앉아 있는 모습이 발견되곤 했었다. 오후 4~6시에는 호수 30~40m 위에서 날아다니는 것이 보이고, 저녁 시간에는 도깨비왕잠자리 암놈, 황줄왕잠자리 암수는 나무로 둘러싸인 작은 습지로 내려와 먹이사냥 하지만 도깨비왕잠자리 수놈만은 20m 나무 위를 넓게 돌아다니며 먹이사냥하고 절대 아래로 내려오지 않았다.

• Memory: 도깨비왕잠자리의 기억은 오래된다. 1975~1977년까지 외할아버지는 충북 옥천군 안내면의 안내중학교에 계셨었다. 이곳의 사택은 내 기억속의 여러 사택 중 유독 컸다. 마당에 딸기밭, 토마토밭, 각종 채소밭이 있었고, 능수버들이 가운데 있는 물풀이 가득 찬 연못도 있었다. 오후 3~4시쯤 되었을 때인데 어느 날 도깨비왕잠자리 암놈을 보게 되었다. 작은 왕잠자리인데 몸은 시커멓고 날개는 오후 햇살을 받아 황금색으로 빛났다. 요리조리 피해 다녀 초등학교 4~6학년생인 나는 잠자리채 한 번 휘둘러보지 못했고, 이 녀석은 연못을 몇 바퀴 돌다가 하늘 높이 뜨더니, 시선을 놓치지 않고 추적해보니, 그 높은 앞산을 따라 올라가 꼴딱 넘어갔었다. 도깨비왕잠자리의 비행실력은 가히 왕잠자리과에서도 최고라 할 수 있다. 시선을 놓치지 않고 쫓아보면, 이산에서 저산까지 왔다갔다 날아다니기도 하고 단번에 높은 산을 후딱 넘어 날아가는데, 지인들도 많이 목격한 사실이다.

나는 그때 이 왕잠자리의 이름을 알 길이 없었다. 인터넷과 컴퓨터는 당연히 없던 시절이었고, 변변치 않았던 국내 곤충도감에도 나와 있지 않았다. 나는 황금빛 날개와 날개 안쪽의 검은 실루엣을 특징으로 하는 이 잠자리에게 내 나름대로 금토왕잠자리란 이름을 지워줬었다. 금빛 날개와 흙토 빛을 따서. 겨울방학 때 연못에서 잉어를 잡느라 잠자리채로 물풀을 열심히 헤집다가 새까만 작은 왕잠자리유충이 엄청 나왔었다. 이곳은 왕잠자리와 먹줄왕잠자리가 없어서 이 녀석들 잡아보는 것이 소원이었던 소년은, 중년이 돼서야 그 유충들이 도깨비왕잠자리 유충이었음을 알게 되었다. 안타깝게도 대청댐이 생기며 안내중학교와 마을이 있던 지역은 1980년 수몰되고 현재의 안내중학교 자리로 이전을 하게 된다. 가보고 싶지만 오래전에 갈 수 없는 곳이 되어버렸다.

도깨비왕잠자리 수놈은 충북 옥천군 동이면의 동이중학교에서 1978~79년, 중학교 1~2학년의 여름 방학 때 보게 된다. 연도를 정확히 기억하는 이유는 내가 중3때 외할아버지께서 이곳에서 정년퇴임식을 했기 때문이다. 어느 날 저녁이었다. 어둑어둑해져 잘 보이지 않는 시간이었다. 펌프로 물을 끌어올려 살던 시대라, 낮에 큰 붉은 다라이통에 물을 받아 하루 종일 햇볕을 쬐어 미지근해지게 했다. 펌프질해서 바로 올린 물은 얼음장 수준으로 차갑기 때문에 하루의 마감은 이 받아놓은 물로 6시쯤 샤워하고 저녁밥을 먹으면 끝이 났었다. 이 어린 시절 외가댁에서 보낸 방학의 추억은 내 평생의 아름답고 소중한 추억이다.

어느 날 저녁 마당에 물을 뿌리고 있는데 도깨비왕잠자리 수놈이 나타나 불규칙 바운드로 엄청 날쌔게 돌아다니며 먹이사냥을 시작하였다. 나의 잠자리 사랑에 대한 이해과 관심이 컸던, 시력 2.0을 자랑하던 큰이모도 이 광경을 보고 난리가 났었다. '어머머머, 재환아(집에서 부르던 또 다른 내 이름이다), 이거 뭐냐, 세상에, 까만 게 머리통만 새파랗다. 빨리 뛰어가서 잠자리채 가져와' 왕잠자리보다 덩치는 훨씬 작고 새까만 몸에 겹눈만이 진파랑으로 빛났다. 잠자리채를 들고 뛰어와 먹이사냥 하던 그 녀석에게 한참을 기회만 노리다가 채질 한 번 못하고, 그 녀석은 결국 산을 타고 넘어가 버렸다. 그런 어두운 시간대에 그렇게 불규칙하게 빠른 속도로 나는 잠자리를 한 번도 경험해보지 못한 중학생은 그렇게 도깨비왕잠자리 수놈을 채질 한 번 못하고 보내고 말았다.

왜 이 녀석의 이름이 도깨비왕이 되었을까? 아마도 어린 시절 내가 본 그 광경을 도깨비왕이란 이름을 지었던 이도 보았던 것은 아닐까? 어두운 저녁 무률 높이에서 맹렬히 사냥하던, 새까만 몸에 큰 겹눈만이 진파랑색으로 빛나던, 그것은 정말로 도깨비불처럼 보였었다. 가장 인상 깊은 비쥬얼과 잡지 못해서 더욱 아쉬웠던 잠자리의 추억이다. 이 곳 사택은 학교 귀퉁이의 산자락에 자리 잡은 작은 사택이었다. 인터넷을 찾아보니 동이중학교는 1998년 폐교되었다고 한다. 시골 젊은이들은 모두 도시로 떠나가 버려, 내가 어린 시절 여름방학을 보냈던 그 자연과 건물들은 기억에 남아 있는데, 이런 곳들이 수몰되고 폐교되는 것은 마음을 씁쓸하게 한다. 그 후 오랜 기간 궁금증으로 남아있었는데 40대가 되어 잠자리를 시작하며, 어린 시절 따로따로 보았던 그 녀석들이 암놈과 수놈 한 짝이었으며, 일본 사이트를 통해 수놈의 모습을 정확히 확증하게 되었다.

① ♂. 측면 위: 성숙, 아래: 완성숙. 2018. 7. 17~19. 일본 간토지방, ② ♀. 2012. 8. 1. 제주 북제주, ③ ♂♀. ④ ⑤ ⑥ ♂. 2018. 7. 17~19. 일본 간토지방, ⑦ ♀. 2010. 7. 9. 충북 진천, ⑧ ♀. 산란. 2014. 7. 27. 경남 산청, ⑨ ♀. 2015. 7. 15. 경남 산청, ⑩ ♀. 200여m 상공에서의 고공비행. 2016. 8. 4. 전남 영암

(Summary *w.r.t.* ecology & behavior)

• males having strikingly beautiful cobalt blue compound eyes; • males flying extremely high, thus almost impossible to catch; • no territory flight and males' flying area varying day by day; • 1 generation in a year & passing the winter as larvae; • hanging from twigs; • hunting very small insects; • laying eggs, by female alone, on the plant stems in marsh

32. 남방왕잠자리

Anax guttatus (Burmeister, 1839)

• **Identification**: 외관은 보통 왕잠자리와 매우 흡사하며, 덩치가 더 크다. 뒷날개의 결절 부근 전까지 누런색의 실루엣 부분이 존재한다.

Size(mm)

	whole body	head & thorax	abdomen	forewing / hindwing
♂	84~87	23	61~64	50~53 / 49~52
♀	80	23	57	52 / 51

• **Population density & Flight season**: rare, late Jun.~Aug.

• **Ecology & Behavior**: 아열대 지역으로부터의 비래종(飛來種)으로서 늦가을이

되면 유충은 죽고 이듬해 다시 비래한다. 초여름에 중국 남부와 대만 등의 아열대 지역에서 날아오는 왕잠자리이다. 태풍이 중국남부내륙, 대만, 오키나와 등 육지를 거쳐 우리나라에 상륙하는 해에 많이 관찰되었으며, 바다만을 휩쓸어 오는 해에는 소수만 발견되는 등 해마다 편차가 커왔다. 제주와 남부지방에서 주로 관찰되며, 부들이나 수풀이 있는 연못과 저수지에 서식한다. 2010년까지는 제주의 크고 작은 모든 연못에서 관찰될 정도로 수가 많았고 9월초에는 우화한 2세대 개체도 흔했으나, 2010년 즈음부터 개체수가 급격히 줄어들어 제주에서도 한 저수지에서만 6월말~7월초에 수놈만이 관찰되고 8월말 9월초의 2세대 유충과 우화개체는 발견되지 않는다. 이러한 현상은 이웃 일본에서도 공통된다. 한국과 일본 등지로 비래하던 개체들이 살던 지역의 환경이 파괴되어 개체수가 급감했거나 이들이 이동하는 바람의 경로에 변화가 있거나 하는 등의 이유로 쉽게 보기 어려운 종이 되었다.

남방왕잠자리를 처음 만났던 곳은 놀랍게도 영종도에서이다. 물론 공항과 을왕리해수욕장 사이의 습초지를 다 갈아엎기 전인 2000년대 중반이다. 날개가 낡고 떨어져 거의 50% 정도밖에 남지 않았지만 거의 완벽하게 비행하고 있었다. 남방왕은 주로 왕잠자리 틈바구니에 섞여 날아다니는데, 차이점은 덩치가 크고 배가 길며, 왕잠자리가 부들 사이를 헤집고 다니는데 비해서, 남방왕은 직선 고속비행을 하는 차이가 있다. 직사광선이 있냐 없냐에 매우 민감하다. 해가 하늘에 명확히 드러나 직사광선이 비쳐야 비행을 하며, 해를 엷은 구름이 가린 상태, 즉 아직도 제대로 광명한 대낮임에도, 왕잠자리와 산잠자리는 계속 비행을 하고 있는데도, 남방왕잠자리의 비행은 없어진다.

• **남방왕잠자리의 체색 변화**: 왕잠자리과의 몇몇 종들은 해가 쨍쨍한 낮 시간과 깜깜해진 밤 시간에 체색의 변화가 크다. 남방왕잠자리, 황줄왕잠자리, 큰무늬왕잠자리가 대표적이고, 참별박이왕잠자리 암놈, 도깨비왕잠자리 암놈도 그러하여 낮에 채집해 돌아다니다가 저녁에 숙소에 돌아와 촬영하려고 하면 겹눈이 특히 검게 변해있어 황당한 경우가 많았다. (Fig. 7)에서 보면, 2016년 7월 5일 저녁 10시 20분에 촬영할 때는 배의 브라운색 무늬가 검게 변해 있고, 다음날 7월 6일 오후 2시가 넘어 제일 밝은 시간대가 되었을 때는 전날 낮에 잡았을 때처럼 배 무늬는 다시

밝아져 있다. 겹눈색도 밤에는 짙어진다. 외국 논문들에 의하면 낮에는 밝은 체색이 되어 햇빛을 반사하여 체온을 덜 올리게 하고, 저녁으로 갈수록 짙은 체색이 되어 열 흡수를 높여 체온을 유지하기 위한 것이라고 한다.

• **남방왕잠자리와 왕잠자리의 구분**: (Fig. 8)에서 a는 남방왕잠자리, b는 왕잠자리의 모습이다. 이마 위쪽에 남방왕잠자리는 검은 테가 없고 왕잠자리는 있다. 제 4~7배마디에 남방왕잠자리는 브라운색 무늬가 3개의 둥근 점으로 나타나고 왕잠자리는 긴 직사각형으로 나타난다. 또한 남방왕잠자리 수놈의 epiproct는 왕잠자리보다 길다.

③

① ♂. 2016. 7. 6. 제주 북제주, ② ♀. 2015. 5. 25. Own work. Wikimedia Commons. https://commons.wikimedia.org. ©Shiv's fotografia, ③ ♂. 2016. 7. 6. 제주 북제주,
④ ⑤ ♂. 2016. 7. 7. 제주 북제주, ⑥ ♀. 2014. 9. 12. India. India Biodiversity Portal. Wikimedia Commons. https://commons.wikimedia.org. ©Nagabhushan Jyothi.,
⑦ change in coloration during nighttime (a) and daytime (b). 2016. 7. 5~6. 제주 북제주,
⑧ *A. guttatus* ♂ (a) vs. *A. parthenope julius* ♂ (b)

⑦

⑧

(Summary *w.r.t.* ecology & behavior)

• come flying every summer from southern subtropical regions (not settled down); • inhabiting in ponds & lakes; • 1~2 generations in a year & larvae dying in late Fall; • hanging from twigs; • hunting small insects; • territory flight under direct sunlight only; • laying eggs, in tandem or by female alone, on submerged plant stems

33. 먹줄왕잠자리

Anax nigrofasciatus Oguma, 1915

• Identification: 대표적인 봄철의 왕잠자리로서, 5월초에 갓 성숙한 상태로 가장 많이 보인다. 옆가슴에 굵은 검은 두 줄무늬가 있어 '먹줄'이란 이름이 붙은 듯하다.

Size(mm)

	whole body	head & thorax	abdomen	forewing / hindwing
♂	76~81	22	54~58	47~50 / 46~49
♀	74~77	22	52~55	49~50 / 48~49

• Population density & Flight season: common, May(main)~Jul.

• Ecology & Behavior: 부들이나 수풀이 있는 산지와 산에 인접한 연못과 웅덩이에서 볼 수 있다. 1년 1~2세대이고 유충으로 월동한다. 유충시절에는 왕잠자리와 함께 가장 공격적인데, 봄에 산란하고 유충으로 성장한다. 서식지는 평지에서는

왕잠자리, 강원과 경기 북부의 산간 웅덩이에서는 참별박이왕잠자리, 남부지방에서는 도깨비왕잠자리와 겹치는데, 이른 봄과 늦은 가을에 왕잠자리와 먹줄왕잠자리 종령 유충이 참별박이왕잠자리와 도깨비왕잠자리 유충을 다수 포식하여 개체수가 증가하지 못하게 하는 주요 원인으로 작용한다. 턱이 작아 작은 날벌레를 먹이로 한다. 아침에는 기온이 오른 후인 9시 이후에 비행과 먹이사냥을 시작하며, 저녁 먹이활동이 활발하다. 암놈 혼자 물의 풀줄기에 단독산란 한다.

① ♂. 2008. 5. 8. 경기 남양주, ② ♀. 2008. 5. 7. 경기 남양주,
③ ♂♀. 2008. 5. 8. 경기 남양주, ④ ♂. 2009. 5. 31. 경기 남양주,
⑤ ♀. 산란. 2013. 7. 3. 충북 청주, ⑥ ♂♀. 교미. 2011. 7. 20. 충북 청주

③

(Summary *w.r.t.* ecology & behavior)

• living in small ponds around mountain areas; • 1~2 generations in a year & passing the winter as larvae; • hanging from twigs; • hunting small insects; • territory flight all day; • laying eggs, by female alone, on submerged plant stems

34. 왕잠자리

Anax parthenope julius (Brauer, 1865)

①

②

③

④

• **Identification**: 우리나라의 대표적 왕잠자리이다. 수놈은 제2~3배마디 윗면이 하늘색이고 암놈은 녹색으로 구분이 쉽다. 드물게 제2~3배마디가 하늘색인 동색형 암놈도 있다(Fig. 4).

Size(mm)

	whole body	head & thorax	abdomen	forewing / hindwing
♂	73~78	22	51~56	49~51 / 48~50
♀	73	22	51	51 / 50

• **Population density & Flight season**: prevalent, Jun.~Sep.

• **Ecology & Behavior**: 1년 1~2세대이고 유충으로 월동한다. 부들이나 수풀이 있는 연못과 저수지낚시터 등 어느 곳에서나 관찰이 가능하다. 단, 물속에 물풀이나 부들이 전혀 없으면 산잠자리만 날아다니고 왕잠자리는 보기 어렵다. 수풀이 있는 큰 저수지에서는 왕잠자리, 산잠자리, 부채장수잠자리, 이렇게 대형 3종 세트가 날아다니는데, 부채장수잠자리가 있는 곳은 드물고, 왕잠자리와 산잠자리는 하루종일 영역비행을 하는 동안 서로 들이받으며 경쟁을 한다.

우리나라 잠자리 중에 가장 적극적이고 활발한 잠자리일 것이다. 유충시절에는 물 속에서 올챙이와 송사리까지 잡아먹으며 강한 포식성을 보인다. 크기가 작은 동종도 쉽게 잡아먹는다. 잠자리 관련 다큐멘터리에서도 가장 대표적으로 소개되는 무시무시한 유충이다. 밀잠자리 유충 6마리와 왕잠자리 유충 1마리를 통에 넣어 집으로 오는 도중, 차안에서 이미 밀잠자리 유충 1마리를 잡아먹었으며, 집에 와서 다음날 아침 일어나니 나머지 밀잠자리 유충을 모두 잡아먹고 왕잠자리 유충 한 녀석만 남아있었다. 어항에 넣자마자 물속을 붕붕 날아다니며 송사리 3마리를 straight로 잡아먹은 후, 주위를 살피더니 작은 유충은 무시하고 유충 중 덩치가 가장 큰 황줄왕잠자리 유충을 쫓아다니며 아래턱으로 공격해대서 황줄왕잠자리 유충은 기겁을 하고 도망 다녔다. 왕초가 되려는 기질이 강해 보인다.

성충이 된 후에도 적극성은 강하다. 대학시절 큰 물고기망에 여러 잠자리를 넣어서 집으로 오던 중, 그 망 안에서 조차도 된장잠자리를 잡아먹고 있었다. 다른 모든 잠자리는 이렇게 좁은 공간에 갇혀 있으면 모든 활동을 중지하는데 말이다. 왕잠자리는 이렇게 적극적이며 우두머리 기질이 세고 개체수가 너무 많아, 이들이 점령한 지역에서는 기타 왕잠자리를 보기 힘들다. 다른 왕잠자리들은 이들을 피해 서식지를 공유하지 않으려는 경향이 있다.

왕잠자리는 이동성이 강하고 대표적인 날기 선수이다. National Geographic의 다큐멘터리 중, 미국 Kansas University에서 북미대륙의 제왕나비(Monarch butterfly)의 이동성을 추적한 편이 있는데, 프로그램 중 왕잠자리에게도 radio tag를 붙이고 위성추적 한 결과 하루 이동거리가 161km나 되었다. 우리나라에서 유충으로 겨울을 보내고 우화하는데, 봄과 여름에 걸쳐 남쪽 나라에서 날아오는 개체도 있다. 종의 생존과 번영을 위하여 남쪽에서 우화하고 북쪽으로 이동하며 서식지를 넓혀가는 듯하다.

덩치에 비해 턱이 작아 먹이는 주로 작은 곤충이다. 아침에는 기온이 많이 올라

가고 햇볕이 제대로 난 후인 8~9시 이후에 비행을 시작하며 먹이사냥도 하고, 저녁에는 황혼성이 강해 7~8시 어둑어둑할 때 가장 활발한 먹이사냥을 한다. 물에 있는 풀줄기에 암수가 연결된 체로 산란을 하는데 워낙 개체수도 많아 암놈을 빼앗기지 않으려고 하는 행동으로 보이며, 종종 암놈 혼자 단독산란을 하기도 한다.

• Memory: 1980년대 중후반 대학 때였는데, 강화군의 내가저수지였을 것이다. 오후 6~7시가 넘어 황혼녘이 되자 왕잠자리떼가 먹이사냥을 시작하였다. 수백 마리가. 2000년대 중반 영종도가 지금처럼 온 습초지를 갈아엎어버리기 전이었는데, 그 습초지에 오후 7시 반이 넘어 어둑어둑해지자 왕잠자리떼가 나타나 먹이사냥을 시작하였다. 수백 마리가. 개체수가 징글징글하게 많다. 우리나라 여타 왕잠자리들의 다양성을 저해하는 대표적 요인이다. 그 대신 모기와 같은 해충을 엄청나게 컨트롤하고 있는 대표적 익충이기도 하다.

① ♂. 2006. 9. 4. 인천 중구, ② ♀. 2008. 6. 24. 경기 남양주, ③ ♂♀. 2006. 9. 3. 인천 중구,
④ ♀. 동색형. 2013. 6. 15. 충북 진천, ⑤ ♂. 2007. 8. 26. 경기 남양주,
⑥ ♂. 2016. 7. 25. 경남 산청, ⑦ ♀. 2012. 9. 10. 경기 시흥,
⑧ ♂♀. 동색형. 산란. 2013. 8. 30. 경기 시흥

(Summary *w.r.t.* ecology & behavior)

• most active and having a strong tendency of dominating water area; • living in lentic environment; • 1~2 generations in a year & passing the winter as larvae; • hanging from twigs; • hunting, mostly, small insects; • territory flight all day; • laying eggs, mostly in tandem, on submerged plant stems

35. 한국개미허리왕잠자리

Boyeria karubei Yokoi, 2002

Boyeria jamjari Jung, 2011 → (synonym)

③

• **Identification**: '개미허리'가 이름에 들어 있지만, 개미허리왕잠자리 수놈처럼 수놈의 제2~3배마디가 가늘지는 않다. 암수 모두 같은 체색과 겹눈색을 가지고 있는 특이한 왕잠자리이며, 겹눈은 하늘색과 녹색 투톤으로 신비로운 느낌을 준다.

Size(mm)

	whole body	head & thorax	abdomen	forewing / hindwing
♂	84	21	63	52 / 51
♀	79~83	21	58~62	52~56 / 51~55

• **Population density & Flight season**: local and rare, late Jul.~early Sep.

• **Ecology & Behavior**: 2년 1세대이고 유충으로 월동한다. 물가에 나무가 복잡

⑤

⑥

⑦

⑧

⑨

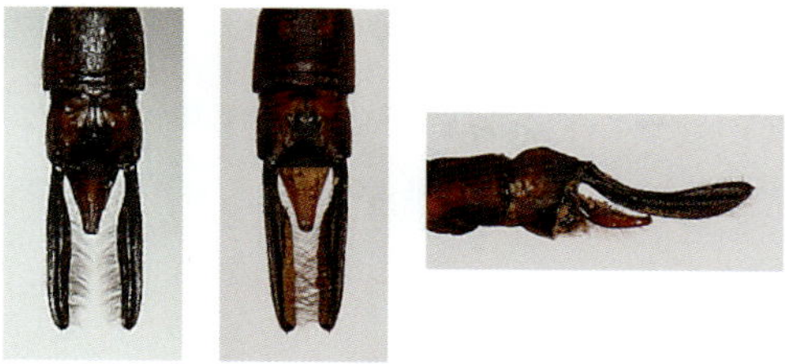

⑩

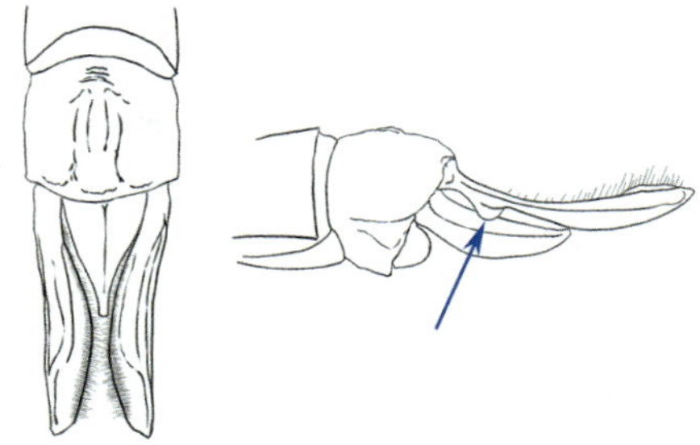

하게 늘어져 있는 하천 중상류에 서식한다. 현재까지는 경기와 강원의 일부 지역에서만 서식이 확인되고 있다. 오랜 기간 탐사하였지만 하천에서 수놈이 제대로 영역비행 하는 모습은 관찰되지 않았다. 아마도 산위에서 교미가 이루어질 것으로 예상된다. 오후 4시 이후에는 암놈의 산란이 시작된다. 먹이활동은 오후 7시 반이 넘어 상당히 어두워져야 시작되며 완전히 깜깜해진 8시 이후에도 십여 분간 지속된다. 수놈은 수면 바로 위에서 초고속비행하며 먹이사냥하고, 암놈은 수면 위 5~10cm 정도에서 고속비행하며 사냥한다. 물가에 늘어져 있는 나무뿌리와 바위의 이끼에 암놈은 단독산란 한다.

• **학명에 관하여: *Boyeria karubei* Yokoi, 2002**: 한국개미허리왕잠자리는 중국과 베트남 등지에 서식하는 *B. karubei*와 일치한다. 중국의 *B. karubei* 성충과 유충에 대한 모식도가 Yokoi(2002), Zhang and Tong(2011)의 논문에 실려 있으며, Tom Kompier의 odonatavietnam 사이트에도 여러 장의 사진이 실려 있다. 이 모든 자료와 필자가 보낸 *B. jamjari* 자료를 근거로 Oleg Kosterin은 *B. jamjari*와 *B. karubei*가 동일종이라고 결론지었다. 자연 상태에서 암수의 교미에 의하여 생식가능한 후손이 생성되려면 잠자리 수놈의 cerci와 epiproct의 apex 모양과 너비가 결정적 역할을 한다. (Fig. 8)은 *B. jamjari* 유충, (Fig. 9)는 *B. jamjari* 유충 수놈의 cerci와 epiproct 모습이며, *B. karubei*의 그것과 일치한다.

Asahina(1978)의 논문에는 중국남부에서 기록된 *Boyeria sinensis* Asahina, 1978의 모식도가 실려 있는데, epiproct도 크지만 특히 cercus에 basoventral tubercle이 크고 명확하게 있어 *B. jamjari*와는 명확히 구분되는 별개의 종이라고 판단하였다(Fig. 10). 추가적으로 Wilson(2005)의 논문에는 1998년에 중국 GuangXi성에서 *B. sinensis* 수놈 2개체, 암놈 1개체가 채집된 것으로 실려 있다.

2018년 12월 1일 현재까지 *B. jamjari*는 International Code of Zoological Nomenclature(國際動物命名規約)에서 요구되는 holotype specimen(正基準標本)을 지정하지 않은 상태이기 때문에 nomen nudum(무자격명) 상태이다.

* Acknowledgement: I express my thanks to Oleg Kosterin for his expert discernment and judgement about *B. jamjari*, *B. karubei*, and *B. sinensis*.

- **외국 사이트의 *B. karubei* 사진:**
- China:

http://www.insect-fans.com/bbs/forum.php?mod=viewthread&tid=84910

- Vietnam:

http://odonatavietnam.blogspot.kr/search/label/Boyeria

http://vietodonata.blogspot.sg/search/label/Boyeria

① ♂. 2012. 8. 3. 경기 양평, ② ♀. 2012. 8. 4. 경기 양평, ③ ♂♀. 2012. 8. 4. 경기 양평,
④ ♂. 2015. 8. 27. 경기 양평, ⑤ ♀. 2011. 8. 22. 경기 양평, ⑥ ⑦ ♀. 산란. 2015. 8. 26. 경기 양평,
⑧ *B. jamjari* larvae, ⑨ *B. jamjari*. cerci & epiproct,
⑩ *B. sinensis*. cerci & epiproct. Redrawn diagram based on Asahina (1978).

(Summary *w.r.t.* identity, ecology, & behavior)

This species, *B. jamjari* should be a synonym of *B. karubei*. The adult dragonfly and larvae of *B. jamjari* are identical to those of *B. karubei*. Besides, as of Dec. 1st, 2018, since the holotype specimen required by the International Code of Zoological Nomenclature has not been designated, *B. jamjari* is a nomen nudum.

• living in sand-bottomed streams edged with tree roots and boughs; • 1 generation in 2 years & passing the winter as larvae; • hanging from twigs; • feeding very small insects from dusk till, for a while, even after complete darkness; • when evening feeding time, males hunting right above the water level at a superhigh speed and females doing 5~10cm above water at a high speed; • no territory flight; • ovipositing, by female alone, on wet tree roots and the grounds a little above the waterline

36. 개미허리왕잠자리

Boyeria maclachlani Selys, 1883

①

②

③

④

• **Identification**: 수놈의 제2~3배마디가 유난히 가늘어서 '개미허리'란 이름이 붙여진 듯하다. 수놈의 등가슴 무늬는 연녹색이고 나머지 무늬는 노란색이다. 암놈은 수놈보다 덩치가 상당히 크다. 여타 왕잠자리에 비해 길고 늘씬한 몸매와 큰 날개, 가는 허리, 쿨 해 보이는 검정 체색 등, 수놈은 특이한 외관을 지녀 왠지 European style 느낌의 왕잠자리이다.

Size(mm)

	whole body	head & thorax	abdomen	forewing / hindwing
♂	80~83	20~21	60~62	50~54 / 49~53
♀	84~86	21~22	63~64	55~57 / 54~56

• **Population density & Flight season**: local and rare, Aug.~early Sep.

• **Ecology & Behavior**: 2년 1세대이고 유충으로 월동한다. 개발되지 않은 산간의 상류 계곡에서 볼 수 있는데, 서식지는 희귀한 편이다. 산간 계곡은 7월에는 어리장수잠자리가 점령하고 있는데, 이때에도 개미허리왕잠자리는 미성숙 혹은 갓 성숙 상태에 있으나 거의 나타나지 않는다. 8월에 들어서 어리장수잠자리가 노화하고 개체수가 급감하기 시작하면, 개미허리왕잠자리의 영역비행과 산란이 시작된다. 수놈은 하루 종일 계곡을 따라 오르내리며 영역비행을 하고, 암놈도 하루 중 어느 때라도 산란하는데, 이끼 낀 바위나 노출된 나무뿌리, 물이 젖은 나뭇가지에 단독산란 한다. 먹이사냥은 황혼성이 매우 강하다.

⑤

⑥

① ♂. 2009. 8. 8. 충북 괴산,

② ♀. 2009. 8. 4. 충북 괴산,

③ ♂♀. 2009. 8. 9. 충북 괴산,

④ ♂. 2010. 8. 9. 충북 괴산,

⑤ ♂. 2009. 8. 19. 충북 괴산,

⑥ ♀. 산란. 2009. 8. 19. 충북 괴산,

⑦ ♂. 2010. 8. 9. 충북 괴산,

⑧ ♀. 산란. 2009. 8. 19. 충북 괴산

(Summary *w.r.t.* ecology & behavior)

• living in upper streams and valley; • 1 generation in 2 years & passing the winter as larvae; • territory flights almost all day; • hunting more aggressively at evenings; • hanging from twigs; • ovipositing, by female alone, in wet wood and mossy rock

37. 잘록허리왕잠자리

Gynacantha japonica Bartenev, 1910

• Identification: 수놈의 제2~3배마디가 상당히 가늘어 '잘록허리'란 이름이 붙여진 듯하다. 수놈의 겹눈은 하늘색과 녹색의 투톤이 어우러져 신비한 느낌을 준다.

Size(mm)

	whole body	head & thorax	abdomen	forewing / hindwing
♂	69	16	53	43 / 42
♀	70	16	54	45 / 44

• Population density & Flight season: uncommon, Sep.~mid Oct.

• Ecology & Behavior: 1년 1세대이고 알로 월동한다. 평지와 낮은 산지의 웅덩이와 습지, 추수가 끝난 후의 논에서 볼 수 있다. 오전에 수놈들이 나무를 이 잡듯이 뒤지며 암놈을 찾아다니며, 교미와 산란은 주로 오후에 관찰할 수 있다. 암놈은

긴 미모를 가지고 있는데(Fig. 4), 갓성숙 시기까지는 이 미모를 가지고 있지만, 흙과 풀밭 등 거친 곳에 산란을 시작하며 미모는 곧 떨어진다. 잘록허리왕잠자리는 지역적으로 색체 농도의 편차가 심한데, 황혼성이 강한 제주 녀석들은 매우 짙은 녹색이며 유충 색까지도 진하다. 반면, 서울 강동의 웅덩이는 늦봄에서 여름까지만 물이 고여 왕잠자리와 먹줄왕잠자리가 살 수 없는 곳이라 잘록허리왕잠자리가 한낮에도 활동을 하는데 체색이 무척 밝다. 가을이 깊어가며 웅덩이에 물이 빠지면 산란을 시작한다. 황혼 먹이사냥을 하며, 암놈은 물 주변의 흙에 단독산란 한다.

• **유충의 부화에서 우화까지**: 가을에 산란하던 곳에 7월초에 가서 보니 몇 웅덩이는 완전히 말라 있고 몇 웅덩이는 아주 조금만 물이 고여 있었는데, 이 해에는 서울에서 장마가 아직 시작되기 전 이었다. 물론 잘록허리왕 유충은 전혀 발견되지 않았다. 곧 장마가 시작되었고, 7월 24일 방문하니 모든 웅덩이에 물이 고여 있었고, 웅덩이마다 아종령과 종령 유충이 우글우글 하게 많았다. 일주일 후 다시 방문하니 유충은 거의 없었다. 물이 완전히 마르지 않는 곳에서도 장마가 제대로 시작하기 전까진 알에서 부화하지 않고 기다리고 있다가 특정 조건이 맞는 시기가 되면 와르르 부화하고 한 달이 되기 전 대부분 우화를 하여 빠져 나간다. 정말 믿기지 않았다. 아종령 전 7령이 될 때까지 6번 탈피하고 아종령, 종령을 거치니 거의 1~2일에 한 번씩 탈피하며 성장하는 셈이다. 왕잠자리나 먹줄왕잠자리 유충이 없거나 시기가 겹치지 않는 아주 작은 웅덩이와 일 년 중 장마시기를 제외한 대부분의 기간 동안 말라 있는 곳에서 한 달 이내에 부화에서 우화까지를 마치니, 잠자리 중에

③

④

서 최고로 효율적인 유충 생존 전략을 가지고 있는 것으로 보인다.

① ♂. 2012. 9. 15. 서울 강동, ② ♀. 2008. 10. 4. 경기 연천, ③ ♂♀. 2008. 9. 27. 제주 북제주, ④ ♀. 미성숙. 2012. 9. 8. 제주 북제주, ⑤ ♂. 2012. 10. 3. 서울 마포, ⑥ ♂. 2012. 10. 7. 서울 강동, ⑦ ⑧ ♀. 산란. 2012. 10. 14. 서울 강동, ⑨ ♂♀. 교미. 2012. 10. 7. 서울 강동.

(Summary *w.r.t.* ecology & behavior)

• living in temporary swamp where dried during the rest of a year; • 1 generation in a year & passing the winter as eggs; • time span from eggs hatching to adult dragonfly emerging taking less than a month; • territory flight at late afternoon; • hanging from twigs; • hunting small insects and mosquitos; • laying eggs, by female alone, on dried swamp and rice fields

38. 황줄왕잠자리

Polycanthagyna melanictera (Selys, 1883)

• **Identification**: 수놈은 하늘색 겹눈, 암놈은 녹색 겹눈이 주고 드물게 청록색 겹눈을 가진 녀석도 있다. 배가 길고 늘씬한 멋있는 남방계 왕잠자리이다.

Size(mm)

	whole body	head & thorax	abdomen	forewing / hindwing
♂	84	21	63	50 / 49
♀	78~82	21~22	57~60	52~54 / 51~53

• **Population density & Flight season**: local, Jul.~Aug.

• **Ecology & Behavior**: 1년 1세대이고 유충으로 월동한다. 산지의 어두운 연못과 웅덩이에서 볼 수 있다. 대표적인 여름 왕잠자리로서 푹푹 찌는 7~8월이 활동 시기이다. 일본은 평지와 산지에서 모두 볼 수 있는데, 한국은 평지에서는 왕잠자리

와 먹줄왕잠자리 유충과 성충의 기세에 밀려 산지에 적응한 것으로 보인다. 내륙에서는 산지 웅덩이에서 드물게 관찰할 수는 있지만 먹이활동이나 한가로이 날아다니는 모습은 좀 체로 볼 수 없다. 제주에서는 우점종이라 할 만큼 어떤 해에는 많은

③

④

⑤

⑥

⑦

⑧

개체가 관찰되기도 하고, 다른 해에는 개체수가 현저히 줄어있기도 하다. 제주에서는 오전시간에 주로 수놈들이 넓은 지역을 1~6m 높이로 오르락내리락 하며 한동안 천천히 날아다니고, 1시 전후로 사라졌다가, 오후 3시 이후에 다시 돌아다니기 시작한다. 암놈들은 간간이 수놈의 시선을 피해 좁은 영역에서 난다. 수놈은 늦은 오전 물가에 암놈을 찾아 잠시 나타난다. 하지만, 연못주위에서 영역비행을 하지는 않는다. 오전과 저녁의 먹이활동이 활발하다. 암놈은 물 주변의 흙에 단독산란한다.

• **황줄왕잠자리의 겹눈색 변화**: 황줄왕잠자리는 햇볕이 강한 한낮, 오후, 저녁에 겹눈색의 변화가 가장 심한 잠자리라고 할 수 있다. 수놈의 경우, 햇빛이 가장 강한 낮 1~2시에는 거의 백옥색의 겹눈이 되고, 오전과 오후의 매우 밝은 시간대에는 하늘색이 되며, 저녁에는 진파랑으로, 밤에는 검정색에 가까운 군청색으로 변한다. 암놈은 한낮의 밝은 녹색에서 어두운 저녁시간에는 검정색에 가까운 진녹색으로 변한다. 이는 겹눈의 색소가 빛에 반응하여, 어두워지면 빛을 좀 더 잘 흡수하고 먹이사냥에도 유리하게 하는 역할 때문이라고 한다. 저녁에는 밝은 형광등 아래에 오래 두어도 겹눈색은 낮처럼 밝아지지 않는데 국소광원 정도에는 반응하지 않는 것으로 보인다. (Fig. 9)는 암수 한 쌍을 2015년 7월 9일에 오후 3시, 9시, 11시를 거치며 겹눈색의 변화를 촬영한 것이다. 이렇게 밤이 되면 겹눈색이 짙어지는 특징은 왕잠자리과의 일부 종에서 일어나는데, 황줄왕잠자리 암수, 큰무늬왕잠자리 암수, 참별박이왕잠자리 암놈, 별박이왕잠자리 암놈, 도깨비왕잠자리 암놈에게서 볼 수 있다.

⑨

• **Memory**: 황줄왕잠자리의 존재가 알려진 이후 경남지역을 두세 번 탐사 실패한 후, 제주에서 무작정 찾아 헤매게 되었다. 그러다가 서귀포의 한 인공연못에서 다

수의 암놈들이 포진하고 있는 것을 발견하였다. 20여 마리의 암놈들은 산란도 하고 연못을 둘러싼 나무에 앉기도 하고 거의 하루 종일 머물며 수놈이 오기를 기다렸다. 잠자리의 일반적 현상인, 수놈이 물가에서 하루 종일 암놈이 나타나기를 기다리는 것과는 정반대의 행동양식이었다. 수놈은 늦은 오전에 잠깐 나타나 연못 상공에서 두세 번 선회하다가 아래쪽의 암놈을 채어 사라지는 게 전부였다. 그렇게 두세 해 황줄왕잠자리를 관찰하며, 화창한 날 오전 시간에 수놈들이 넓은 영역을 돌아다닌다는 것을 알게 되었다. 구름이나 안개가 끼거나 이슬비가 오는 날에는 보이지 않는데, 이러한 날이 훨씬 더 많은 한라산자락에서는 날씨가 관건이다.

황줄왕잠자리는 본디 정수성 환경에 사는데, 현무암으로 이루어진 제주에는 자연 연못이나 습지가 거의 존재하지 않는다. 이 많은 수의 황줄왕잠자리가 도대체 어디에서 우화하는지 의아해 했었는데, 그 비밀은 건천인 계곡에 있었다. 계곡은 일 년 중 폭우가 오는 날을 제외하고는 물이 흐르지 않는데, 드물게 군데군데 물이 고인 바위웅덩이가 있는데, 여기에 놀랍게도 황줄왕잠자리, 먹줄왕잠자리, 잘록허리왕잠자리, 백두산북방잠자리, 밑노란잠자리 유충들이 살고 있다. 이 황량한 물웅덩이에는 먹이가 될 벌레들이 당연히 부족하여 잠자리 유충끼리의 무시무시한 포식이 일반적이고, 이 모진 환경에서 끝까지 버틴 녀석들만이 성충으로 우화한다. 무섭도록 비정한 자연의 법칙이 지배하고 있는 곳이다.

① ♂. 2010. 8. 4. 제주 남제주, ② ♀. 2008. 7. 25. 제주 남제주, ③ ♂♀. 2011. 8. 10. 경기 용인,
④ ♂. 2009. 7. 13. 제주 남제주, ⑤ ♂. 2015. 7. 22. 경기 용인, ⑥ ♂. 2018. 7. 29. 경기 용인,
⑦ ♀. 2012. 8. 3. 제주 남제주, ⑧ ♀. 산란. 2010. 7. 25. 경기 용인,
⑨ ♂♀. color change in compound eyes. 2015. 7. 9: 3p.m., 9p.m., 11p.m.

(Summary *w.r.t.* ecology & behavior)

• living in shady small ponds around low mountain areas; • 1 generation in a year & passing the winter as larvae; • no territory flight; • hanging from twigs; • hunting small insects and honey bees; • laying eggs, by female alone, on nearby ground around water; • color of compound eyes changing according to timeslot

39. 한라별왕잠자리

Sarasaeschna pryeri (Martin, 1909)

• **Identification**: 한국의 왕잠자리과에서 제일 작은 왕잠자리이다.

Size(mm)

	whole body	head & thorax	abdomen	forewing / hindwing
♂	61~62	17	44~45	37~38 / 36~37
♀	58	16	42	38 / 37

• **Population density & Flight season**: extremely rare, late Jun.~Jul.

• **Ecology & Behavior**: 유충으로 월동하고, 제주의 계곡 상황을 고려하면 2~3년 1세대 정도일 것으로 추정된다. 한라별왕잠자리는 수년 전 제주에서 채집되어

일본 이외에 한국에도 서식하고 있는 것이 처음으로 밝혀졌는데, 개체 수는 극히 희박하다. 중고지 계곡에 서식하며 이런 물이 흐르지 않고 접근이 극도로 위험한 곳에 소수 서식하기에 2010년대에 들어서야 그 존재가 알려졌다.

암놈은 고지 계곡의 웅덩이로부터 100m는 떨어진 곳에서 바위 이끼나 바닥의 작은 돌과 흙에 계속 옮겨 다니며 산란하고 있었다. 수많은 계곡 웅덩이를 찾아도 유충이 나오지 않는 이유는, 물에서 먼 곳에 산란된 알들이 비가 오면 쓸려 내려가 바위 아래 틈과 같은 낙엽도 있고 최소한의 습기가 유지되는 곳에서 주로 성장하고 있는 것이 아닐까 추측된다. 한라산 주위는 일 년 중 안개 낀 날이 매우 많다. 북제주 공항에서 출발하면 성판악부터 한라산 남쪽으로 수망, 돈내코 등지까지 광범위한 영역에 걸쳐 안개가 끼는데, 한 번 안개가 끼면 일주일 넘게 지속되는 경우도 많다. 그것도 성숙한 성충의 시즌과 겹치기에 한라별왕잠자리는 더욱 보기 힘들다. 수년 간 한라별왕잠자리를 보지 못하고 허탕치고 돌아왔고, 2014년에 관찰한 이후에도 기상청에도 나오지 않는 한라산 지역의 장마철 날씨는 해가 쨍쨍한 날이 극도로 드물기 때문에 보지도 못하고 돌아온 해가 많다.

그래도 이런 지역이 서석지가 될 수밖에 없는 이유는, 물이 다 빠져버리는 토양에서 습기를 유지할 수 있는 곳은 안개가 일 년 내내 끼다시피 하고 나뭇잎으로 뒤덮인 산간 숲속 밖에 없기 때문일 것으로 추정해본다. 또 다른 이유는, 제주에서 잠자리가 살만한 공간은 무시무시한 왕잠자리, 먹줄왕잠자리, 황줄왕잠자리, 그리고 잘록허리왕잠자리까지 유충과 성충이 드글드글 하기에, 조그맣고 덜 사나운 한라별왕잠자리 유충과 성충은 설 자리가 거의 없기 때문인 것으로 보인다. 일본 기록에 의하면 한라별왕잠자리 유충은 먹이가 없는 곳에서도 동족포식은 거의 일어나지 않는다고 하며 위의 왕잠자리 유충만큼 사납지 않은 것으로 알려져 있다. 일본에서는 *S. pryeri*가 본토와 오키나와에 서식하고 있는데, 평지의 물이 아주 적은 습지나 물기만 있는 낙엽 진흙층에서 유충이 발견된다. 대만에 서식하는 5종의 *Sarasaeschna* 중 4종은 2000년 이후에 발견되었는데 이들은 고지 계곡에 서식하고 있다(Chen & Yeh, 2014).

직사광선이 나와야 비행을 관찰할 수 있고, 해가 구름으로 들어가거나 흐린 날에는 보이지 않는다. 수놈은 이따금 계곡에 나타나 비행을 하는데 약 5분 남짓 날

③

④

⑤

⑥

⑦

⑧

다가 앉을 때는 어김없이 나무위로 휙 올라가며 시야에서 사라진다. (Fig. 6)의 개체는 카메라 플래쉬를 즐기다가 그냥 바위위에 털썩 내려앉았다. 마치 밀잠자리처럼. 일본 사이트를 보면 나뭇가지 등에 낮게 매달려 사진 찍기도 좋던데, 한국에서는 좀 체로 그런 일은 벌어지지 않는 것 같다.

장마가 잦아드는 시기가 되면 그나마 계곡에 잠깐씩 나타나는 것도 보기 힘들다. 이후에는 도로의 일정 구간을 배회하는데, 발견하여 차를 멈추고 내려 가까이 가려 하면 나무를 휙 넘어 시야에서 사라져 버린다. 제대로 된 수놈의 영역 비행이 없는 종이다. 타이완 북부에 서식하는 *S. chiangchinlii*는 수놈 부속기 특성 상 *S. pryeri* 그룹으로 분류하는데 이 종도 수놈의 영역비행이 없어 오히려 산란하러 오는 암놈의 관찰이 용이하고 수놈은 관찰이 어렵다고 한다(Chen & Yeh, 2014). 암놈은 이끼 낀 바위 혹은 그냥 바위, 그리고 흙에 단독산란 한다.

① ♂. 2016. 6. 30. 제주 남제주, ② ♀. 2014. 6. 29. 제주 남제주,
③ ♂♀. 2014. 6. 29. 제주 남제주, ④ ⑤ ♂. 2014. 6. 29. 제주 남제주,
⑥ ♂. 2018. 6. 21. 제주 남제주, ⑦ ♀. 2014. 6. 29. 제주 남제주,
⑧ ♂♀. 교미. 2014. 6. 29. 제주 남제주

(Summary *w.r.t.* ecology & behavior)

• living in high mountain valley where dried except rainy days; • known habitat, so far, limited to Hallasan, Jeju Island; • 1 generation in 2~3 years & passing the winter as larvae; • hanging from twigs; • no territory flight; • ovipositing, by female alone, on mossy rocks and the ground

측범잠자리과

Family Gomphidae Rambur, 1842

측범잠자리과에는 전세계적으로 102속 1,013종의 잠자리가 있으며, 한국에는 13속 15종이 서식하고 있다. 기존의 16종에서 1종은 멸종 선언하며 15종으로 수정한다. 좌우겹눈의 상단이 떨어져 있는 형태를 취하고 있으며, 머리는 정면에서 볼 때 역삼각형에 가깝다. 부채장수잠자리, 어리부채장수잠자리, 가시측범잠자리, 검정측범잠자리 4종은 정수성 환경에 서식하고, 나머지 측범잠자리과 잠자리는 모두 유수성 환경에 서식한다. 제주에는 저수지에서 부채장수잠자리만이 서식하고 있으며, 건천 환경인 제주에 다른 측범잠자리과 잠자리는 서식이 확인된 바 없다. 측범잠자리는 강원도에서만 관찰되며, 고려측범잠자리와 어리측범잠자리는 경기와 강원에서만 관찰되며, 다른 측범잠자리과 잠자리들은 한반도의 내륙 전체에 분포한다. 측범잠자리과는 모두 암놈 단독산란 한다.

왕잠자리과와 대비되는 면이 많다. 왕잠자리과가 이동성 잠자리, 철새(migratory

bird)라고 하면, 측범잠자리과는 텃새(permanent resident)에 비유할 수 있는데 태어난 곳을 떠나지 않고 살다가 죽는다. 왕잠자리과는 비행능력이 좋고 턱이 작아 작은 먹이를 다수 잡아먹는 스타일이라면, 측범잠자리과는 몸에 비하여 날개는 작아 비행능력이 약한 반면 턱이 크게 잘 발달해있어 큰 먹이를 소수 잡아먹는다고 할 수 있다. 왕잠자리과가 황혼성이 강하다면, 측범잠자리과는 오후 5~6시가 넘어가면 비행영역에서 자취를 감추며, 덩치가 적은 자루측범잠자리와 호리측범잠자리는 개체수가 많은 서식지에서는 오후 7시 넘어서까지 비행하는 곳이 존재하기도 한다. 왕잠자리과는 밤과 새벽에 우화하는 반면, 측범잠자리과는 아침과 낮 등 환한 환경에서 우화한다.

소 개

40. 마아키측범잠자리 *Anisogomphus maacki* (Selys, 1872)
41. 노란배측범잠자리 *Asiagomphus coreanus* (Doi et Okumura, 1937)
42. 산측범잠자리 *Asiagomphus melanopsoides* (Doi, 1943)
43. 자루측범잠자리 *Burmagomphus collaris* (Needham, 1930)
44. 쇠측범잠자리 *Davidius lunatus* (Bartenev, 1914)
45. 어리부채장수잠자리 *Gomphidia confluens* Selys, 1878
46. 노란측범잠자리 *Lamelligomphus ringens* (Needham, 1930) 47.
47. (1) 고려측범잠자리 *Nihonogomphus ruptus* (Selys, 1858)
    (2) 꼬마측범잠자리 *Nihonogomphus minor* Doi, 1943 → (extinct)
48. 측범잠자리 *Ophiogomphus obscurus* Bartenev, 1909
49. 어리측범잠자리 *Shaogomphus postocularis* (Selys, 1869)
    Shaogomphus postocularis epophthalmus (Selys, 1872)
50. 어리장수잠자리 *Sieboldius albardae* Selys, 1886
51. 부채장수잠자리 *Sinictinogomphus clavatus* (Fabricius, 1775)
52. 호리측범잠자리 *Stylurus annulatus* (Djakonov, 1926)
    Stylurus kreyenbergi Ris, 1928 → (synonym)
    Stylurus flavicornis (Needham, 1931) → (junior synonym)
53. 가시측범잠자리 *Trigomphus citimus* (Needham, 1931)
54. 검정측범잠자리 *Trigomphus nigripes* (Selys, 1887)

40. 마아키측범잠자리

Anisogomphus maacki (Selys, 1872)

• **Identification**: 수놈은 가슴무늬가 연녹색 톤을 띤 누런색이라고 할 수 있는데, 완성숙 되어 늙기 전까지는 상큼하고 깨끗한 느낌을 준다. .

Size(mm)

	whole body	head & thorax	abdomen	forewing / hindwing
♂	53~54	16	38~39	31~34 / 30~33
♀	55	16	39	35 / 34

• **Population density & Flight season**: uncommon, late Jun.~late Jul.

• **Ecology & Behavior**: 2년 1세대이고 유충으로 월동한다. 평지와 낮은 산지의

하천중상류에 서식한다. 수놈은 거의 하루 종일 하천에서 볼 수 있으며, 이따금씩 암놈은 산란을 위하여 물가에 나타나 풀숲으로 가려진 좁은 곳에서 단독 산란한다.

① ♂. 2012. 6. 28. 경기 연천, ② ♀. 2012. 7. 2. 경기 연천, ③ ♂♀. 2012. 7. 2. 경기 연천,
④ ⑤ ♂. 2012. 6. 29. 경기 연천, ⑥ ♀. 2009. 7. 22. 경기 남양주

③

④

⑤

⑥

(Summary *w.r.t.* ecology & behavior)

• living in small and mid-size streams • 1 generation in 2 years & passing the winter as larvae; • perching on the ground and twigs; • hunting small insects; • territory flight all day; • ovipositing, by female alone, on the water surface covered by small bush

41. 노란배측범잠자리

Asiagomphus coreanus (Doi et Okumura, 1937)

• **Identification**: 제7,9배마디 윗면에 노란줄무늬가 있다. 제9배마디에만 노란줄무늬가 있는 산측범잠자리와 구분되며, 산측범잠자리보다 배가 약간 길다.

Size(mm)

	whole body	head & thorax	abdomen	forewing / hindwing
♂	59~60	17	42~43	37 / 36
♀	59~64	17~18	42~46	39~41 / 38~40

• **Population density & Flight season**: rare, mid Jun.~early Jul.

• **Ecology & Behavior**: 2년 1세대이고 유충으로 월동한다. 하천 중하류에 서식

③

④

⑤

한다. 이들이 보이는 하천은 5월에는 고려측범잠자리와 어리측범잠자리가 물가를 차지하고 있고, 6월중하순에 들어서면 다수의 호리측범잠자리, 자루측범잠자리, 노란측범잠자리가 하루 종일 수면위에서 날고 있다. 반면에 노란배측범잠자리는 개체수가 적어, 다른 측범잠자리들의 맹렬한 기세에 밀려 제대로 수면을 차지하지 못하고, 고려측범과 어리측범이 사라져가고 호리측범, 자루측범, 노란측범이 나타나기 시작하는 사이에 짧게 관찰된다. 암놈은 홀연히 물가에 나타나 돌 위나 나뭇가지에 잠시 앉아 알을 뭉치고 유속이 느린 물에 제자리비행하며 타수산란 하는데,

3~4회 정도 반복한 후 사라진다. 방해꾼이 없는 후미진 곳에서는 산란시간이 상대적으로 길다.

① ♂. 2015. 6. 16. 경기 연천, ② ♀. 2016. 6. 19. 경기 연천, ③ ♂♀. 2016. 6. 19. 경기 연천,
④ ♂. 2015. 6. 18. 경기 연천, ⑤ ♂. 2017. 6. 17. 경기 연천, ⑥ ♀. 알 뭉치기. 2015. 6. 16. 경기 연천,
⑦ ⑧ ♀. 알 뭉치기와 산란. 2018. 6. 23~24. 경기 양평, ⑨ ♀. 교미. 2018. 6. 24. 경기 양평

(Summary *w.r.t.* ecology & behavior)

• living in mid streams and rivers; • 1 generation in 2 years & passing the winter as larvae; • perching on twigs and rocks; • hunting small insects; • territory flight in the morning and late afternoon; • ovipositing, by female alone, on the water at evening

42. 산측범잠자리

Asiagomphus melanopsoides (Doi, 1943)

• **Identification**: 산측범잠자리속(Genus *Asiagomphus*) 잠자리는 제9배마디 윗면에 노란 줄무늬가 있는 것이 특징이며, 산측범잠자리도 그러하다. 암놈은 긴 산란판을 가지고 있다.

Size(mm)

	whole body	head & thorax	abdomen	forewing / hindwing
♂	57	17	40	38 / 37
♀	56	17	39	40 / 39

• **Population density & Flight season**: very rare, mid Jun.~mid Jul.

• **Ecology & Behavior**: 2년 1세대이고 유충으로 월동한다. 주서식지는 산지의 최상류 계곡이다. 산측범잠자리속 잠자리는 아시아 국가에 여러 종이 서식하는

데 대부분 오염되지 않은 계곡 최상류에 서식하는 것으로 알려져 있다. 한국은 강수가 여름에 집중되어 겨울에 최상류계곡은 물이 마르거나 얼어버리는 단점이 있다. 계곡에 전혀 인간의 손이 닫지 않는 것이 생태보호인데, 한국은 농사와 펜션 개발, 주택 짓기 허용 등으로 산측범잠자리속이 살아갈 환경이 거의 존재하지 않아 멸종위기에 있다고 할 수 있다. 수놈은 계곡의 물가에 내려와 영역을 지키기도 하고 나무위로 올라가 피신하거나 쉬기도 한다. 암놈은 물이 축축하게 젖어있는 진흙이나 모래에 60~80도 각도로 산란판을 찔러 넣으며 반복 산란 한다 (Fig. 6).

③

① ♂. 2012. 7. 12. 충북 청주,
② ♀. 2012. 7. 3. 충북 청주,
③ ♂♀. 2012. 7. 3. 충북 청주,
④ ⑤ ♂. 2012. 6. 18. 충북 청주,
⑥ ♀. 산란. 2013. 7. 16. 충북 청주

(Summary *w.r.t.* ecology & behavior)

• living in upper valley; • 1 generation in 2 years & passing the winter as larvae; • perching on twigs and rocks; • hunting small insects; • territory flight all day; • female ovipositing on shallow watered sand/mud by repetitively poking with its spike-like vulvar lamina (Fig. 6)

43. 자루측범잠자리

Burmagomphus collaris (Needham, 1930)

- **Identification**:

Size(mm)

	whole body	head & thorax	abdomen	forewing / hindwing
♂	48	13	35	28~30 / 27~29
♀	51	15	36	33 / 32

- **Population density & Flight season**: common, late Jun.~early Aug.

- **Ecology & Behavior**: 2년 1세대이고 유충으로 월동한다. 평지의 하천중류에 서식한다. 수놈은 거의 하루 종일 하천에서 볼 수 있는데, 수면위에서 제자리비행도 많이 하며 바위에 자주 앉는 편이다. 이따금씩 암놈은 산란을 위하여 물가에 나타난다.

① ♂. 2014. 7. 7. 경기 연천, ② ♀. 2011. 7. 25. 경기 구리,
③ ♂♀. 2011. 7. 25. 경기 구리, ④ ♂. 2012. 7. 2. 경기 연천,
⑤ ♂. 2015. 7. 2. 경기 연천, ⑥ ♀. 2010. 7. 15. 충북 청주,
⑦ ♀. 산란. 2016. 6. 20. 경기 연천

③

④

⑤

⑥

⑦

(Summary *w.r.t.* ecology & behavior)

• living in mid size streams • 1 generation in 2 years & passing the winter as larvae; • perching on rocks and twigs; • hunting small insects; • territory flight all day; • ovipositing, by female alone, on the water surface

44. 쇠측범잠자리

Davidius lunatus (Bartenev, 1914)

- Identification: 한국의 측범잠자리과에서 가장 덩치가 작다.

Size(mm)

	whole body	head & thorax	abdomen	forewing / hindwing
♂	36	10.5	25.5	24 / 23
♀	34	10.5	23.5	24 / 23

- Population density & Flight season: common, late May~late Jun.

- Ecology & Behavior: 2년 1세대이고 유충으로 월동한다. 평지와 산지의 하천 상류와 최상류에 서식한다. 덩치가 작아서인지 겁이 많아 물가에 있다가 사람이 다가가면 즉시 나무위로 도망가곤 한다. 암수 모두 물가에 가까운 곳에 머무른다.

① ♂. 2012. 5. 31. 서울 서초, ② ♀. 2012. 6. 4. 서울 서초, ③ ♂♀. 2011. 6. 6. 서울 서초,
④ ⑤ ♂. 2012. 6. 1. 서울 서초, ⑥ ♀. 2012. 6. 18. 충북 청주

③

(Summary *w.r.t.* ecology & behavior)

• living in valleys and upper streams; • 1 generation in 2 years & passing the winter as larvae; • perching on twigs and rocks; • hunting small insects; • territory flight all day; • ovipositing, by female alone, on the water

45. 어리부채장수잠자리

Gomphidia confluens Selys, 1878

• **Identification**: 이름에 '부채장수'란 단어가 들어가지만, 부채장수처럼 배에 부채모양의 돌기는 없으며, 속도 부채장수잠자리속과는 전혀 다른 Genus *Gomphidia*이다.

Size(mm)

	whole body	head & thorax	abdomen	forewing / hindwing
♂	75~76	21~22	54~55	46~49 / 45~48
♀	75~79	22~23	53~56	49~51 / 48~50

• **Population density & Flight season**: locally common, mid Jun.~mid Jul.

• **Ecology & Behavior**: 2년 1세대이고 유충으로 월동한다. 주로 규모가 큰 저수지나 호수, 연못에서 볼 수 있으며, 흐름이 느리고 물가에 수초가 있는 하천에 서식

하는 경우도 많다. 제주를 제외한 전국에 분포하지만 모든 저수지에서 보일만큼은 아니다. 부채장수잠자리와 달리, 어리부채장수잠자리는 일단 보이는 곳에서는 개체수가 꽤 많은 편이다.

어리부채장수잠자리는 우리나라 잠자리 중에서 가장 강한 턱을 가지고 있는 것으로 생각된다. 장수잠자리 암놈보다 턱을 벌린 크기는 약간 작아도 턱의 단단함과 날카로움은 어리부채장수잠자리가 더 강하다. 다리의 femur(대퇴골) 부분이 일반 잠자리들과 같이 검은색이 아니고 체색인 브라운색을 띠고 있으며 매우 단단한 키틴질로 되어 있듯이, 턱 또한 우리나라의 잠자리 중에서 가장 단단한 키틴질로 이루어져 있다. 꿀벌이 주식이라고 할 정도 각종 벌을 쉽게 많이 잡아먹는 것이 관찰된다.

암놈의 머리와 가슴은 수놈보다 큰 편이다. (Fig. 1,2)를 보면, 등가슴과 제6배마디 이후가 유난히 날카롭다. 손을 스치면 베일 정도로 단단하고 날카로운데, 이것은 특히 암놈에게 자신감을 주는데 한 몫 하는 듯싶다. 보통의 잠자리와는 다르게 어리부채장수잠자리 암놈은 사람이 코앞에까지 다가가도 배만 치켜세우며 기세를 펼칠 뿐 손으로 건드리기 전까지는 도망가지 않는 경우가 많다. 온몸은 단단하고 날카로우며 턱은 잠자리계 최강임을 스스로 알기에 겁이 없고 대담한 듯하다. 부채장수잠자리의 작은 날개와 달리, 어리부채장수잠자리의 날개는 작지 않고 거의 왕잠자리와 산잠자리 날개 길이와 비슷하고 두께도 상당해, 비행능력은 나쁘지 않은 편이다. 물가의 그 많은 밀잠자리도 부채장수잠자리는 무시하여 시비도 곧잘 걸지만, 어리부채장수잠자리에게는 감히 시비 걸지 못한다.

③

⑤

⑥

⑦

교미는 여러 번 관찰하였는데 시간이 매우 짧아 사진 찍기가 쉽지 않다. 암수분리 후 암놈은 물가를 돌아다니며 단독산란하며, 부채장수잠자리와는 유사성이 없어 배에서 실이 나오는 형태는 아니다. (Fig. 8)은 먹줄왕잠자리에 대한 크기 비교이다. 옆가슴 면적은 왕잠자리나 먹줄왕잠자리보다 넓으며, 심지어 장수잠자리 수놈보다도 넓다.

① ♂. 2012. 6. 16. 경기 연천, ② ♀. 2012. 6. 16. 경기 연천, ③ ♂♀. 2011. 6. 21. 경기 연천,
④ ♂. 2008. 6. 26. 경기 양평, ⑤ ♀. 2008. 6. 26. 경기 양평, ⑥ ♂. 2008. 6. 26. 경기 양평,
⑦ ♀. 2009. 6. 21. 경기 양평, ⑧ 어리부채장수 ♀ vs. 먹줄왕 ♂. 2006. 6. 22. 경기 양평

(Summary *w.r.t.* ecology & behavior)

• living in lakes as well as in slow rivers; • 1 generation in 2 years & passing the winter as larvae; • perching on twigs; • feeding small & medium-sized insects and various bees; • strongest jaws among all Korean dragonflies; • territory flight all day; • very short duration of mating; • ovipositing, by female alone, on the water surface

46. 노란측범잠자리

Lamelligomphus ringens (Needham, 1930)

• **Identification**: 수놈의 부속기가 갈고리 모양이며 매우 큰 편이어서 갈고리측범잠자리라 불리기도 하였었다. 측범잠자리과에서 유일하게 수놈은 옥색 또는 야외에서 자연광을 받을 땐 하늘색인 겹눈을 가지고 있는데, 일본, 중국, 동남아의 갈고리 부속기를 가지고 있는 크기와 형태면에서 거의 동일한 측범잠자리와 구분되는 큰 특징이라고 할 수 있다.

Size(mm)

	whole body	head & thorax	abdomen	forewing / hindwing
♂	58~66	17~18	41~48	35~37 / 34~36
♀	58~66	17~18	41~47	37~41 / 36~40

• **Population density & Flight season**: common, Jul.~Aug.

• **Ecology & Behavior**: 2년 1세대이고 유충으로 월동한다. 평지의 하천 중상류

에 고루 분포하고 있다. 수놈은 하천과 하천에서 멀리 떨어진 수풀 등에까지 널리 퍼져 있고, 암놈은 수풀이 있는 곳에서 주로 보인다.

③

•Memory: 노란측범잠자리는 측범잠자리과 중 유일하게 어린 시절 친했던 잠자리이다. 1975~1977년의 안내중학교 시절, 사택의 큰 마당 빨래줄에는 항상 노란측범잠자리 수놈 1~2마리가 앉아 있었고, 잡으면 어디선가 또 날아와 앉아 있곤 했으며, 학교의 잔디풀밭을 돌아다니면 암놈들이 있었다. 이때에도 나는 수놈의 하늘색 겹눈을 좋아했었다. 초중고의 여름방학은 7월말에서 8월말까지였고, 이곳에서 보냈던 여름방학 기간에 가장 흔했던 녀석들은 노란측범잠자리, 큰밀잠자리, 밀잠자리, 된장잠자리였던 기억이 있다.

① ♂. 2006. 7. 23. 경기 남양주, ② ♀. 2006. 7. 20. 경기 남양주, ③ ♂♀. 2011. 8. 2. 경남 거제, ④ ♂. 2009. 7. 19. 경기 남양주, ⑤ ⑥ ♀. 산란. 2016. 8. 2. 경기 양주

④

⑤

⑥

(Summary *w.r.t.* ecology & behavior)

• living in small and medium-size streams; • 1 generation in 2 years & passing the winter as larvae; • perching on rocks and twigs with the abdomen raised about 20 degrees; • feeding small insects; • territory flight all day; • dropping eggs, by female alone, on the water

47. (1) 고려측범잠자리 *Nihonogomphus ruptus* (Selys, 1858)
(2) 꼬마측범잠자리 *Nihonogomphus minor* Doi, 1943

→ (extinct)

③

• **Identification**: 몸에 비하여 날개가 유난히 작은 측범잠자리이다.

조복성(1958) 도감에 있는 꼬마측범잠자리(*N. minor*)와 고려측범잠자리(*N. bifurcatus*: 현재 존재하지 않는 학명임)의 부속기 모식도는 모두 *N. ruptus*에 해당하고, 정광수(2007) 도감에 있는 꼬마측범잠자리(*N. minor*)와 고려측범잠자리(*N. ruptus*)의 부속기 모식도 또한 모두 *N. ruptus*에 해당한다.

Size(mm)

	whole body	head & thorax	abdomen	forewing / hindwing
♂	53~55	16	37~39	29 / 27
♀	48	15.5	32.5	29 / 27

• **Population density & Flight season**: local and rare, May~early Jun.

• **Ecology & Behavior**: 2년 1세대이고 유충으로 월동한다. 중부지방의 평지 하천중류에 서식하나, 서식지는 매우 제한적이며 개체수도 많지 않다. 자갈이 깔리고 물살이 빠른 곳에서 영역비행하며 산란도 이곳에서 이루어진다. 같은 지역에는 잔산잠자리와 기타 측범잠자리가 있는데, 자기보다 덩치가 큰 잔산잠자리가 지나갈 때면 덩치 큰 어리측범잠자리는 가만히 있어도 덩치 작은 고려측범잠자리는 꼭 따라붙어 시비를 거는 사납고 급한 성질을 가지고 있다. 산란은 대부분 빠르게 날며 물 표면에 배를 스치며 산란하는데, 물이 약간 불어난 상황에서는 제자리 비행하며 알을 떨어뜨리기도 한다(Fig. 6).

• **꼬마측범잠자리(*Nihonogomphus minor*)의 존재 여부에 관하여**: 꼬마측범잠자리(*N. minor*)는 Doi(1943)에 의하여 경기 소요산에서 발견되었다고 신종으로 등록하였으나, 이후 Asahina(1989)는 한반도의 잠자리아목에 대한 논문에서 Doi의 *N. minor* 기록은 불완전하며 중국 Sichuan성의 *N. brevipennis* (Needham, 1930)를 연상시키며 추후 재조사될 필요가 있다고 하였다. 이승모(2001) 도감에는 강원 홍천 팔봉산에서 1996년 수놈 한 개체를 채집하였다고 기록되었으며 부속기 모식도가 올라있다. 하부속기 아래의 부분(a terminalia below epiproct)이 고려측범잠자리보다 크게 발달하여 dorsal view와 lateral view에서 두드러져 보이는 특징이 있다(Fig. 10). 반면, 고려측범잠자리(*N. ruptus*)는 러시아, 중국 북부, 한반도에 걸쳐 분포하고 있으며 아래의 사이트에서 모습을 확인할 수 있다.
http://www.allodonata.com/?q=Nihonogomphus ruptus&Continent=1&OB=-2

위 사이트에 사진을 올리기도 한 Oleg Kosterin에게 필자가 촬영한 모든 사진과 한국의 잠자리와 곤충 사이트에 현재까지 실린 사진을 보내 확인 부탁 한

⑧

⑨

⑩

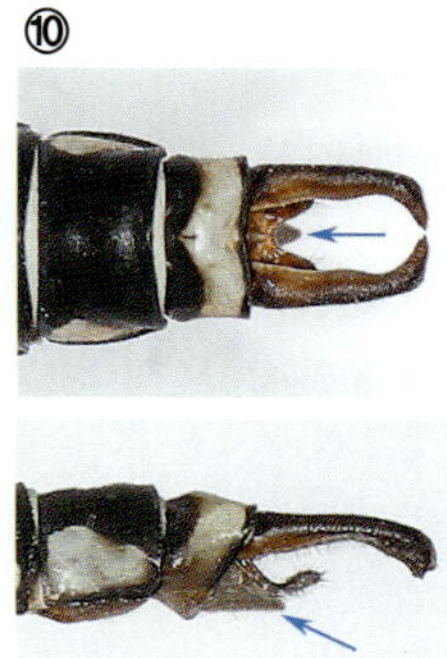

바 모두 *N. ruptus*라는 대답을 받았다. (Fig. 8, 9)는 2015년 5월 28일 하루 동안 포획하여 촬영한 수놈 16개체, 암놈 6개체를 제10배마디의 노란 무늬 크기순으로 배열하고 비교한 사진이다. Oleg의 의견에 따르면, 종의 분류는 구조적 차이(structural difference)가 가장 중요하고, 두 번째가 크기이며, 무늬 패턴의 차이(variation in coloration)는 판단 근거가 될 수 없다고 한다. 1996년 수놈 한 개체 채집 이후, 그 채집 지역과 경기와 강원의 다른 여러 지역을 잠자리인들이 20년 이상 집중탐사 하였어도 발견되지 않았다면 *N. minor*는 멸종했고 *N. ruptus*는 살아남았다고 결론 내려야 한다는 것이 Oleg Kosterin의 견해이다.

* Acknowledgement: I express my thanks to Oleg Kosterin for his identification on *N. ruptus* in Korea and his expert opinion regarding the survival of *N. ruptus* and the extinction of *N. minor*.

① ♂. 2012. 5. 25. 경기 연천, ② ♀. 2013. 6. 10. 경기 연천, ③ ♂♀. 2013. 6. 10. 경기 연천,
④ ♂. 2010. 6. 2. 경기 연천, ⑤ ♀. 2014. 5. 27. 경기 연천, ⑥ ♀. 산란. 2015. 5. 18. 경기 연천,
⑦ ♂♀. 교미. 2017. 5. 7. 경기 연천, ⑧ *N. ruptus*. ♂ appendages. 2015. 5. 28. 경기 연천,
⑨ *N. ruptus*. ♀ appendages. 2015. 5. 28. 경기 연천,
⑩ *N. minor*. ♂ appendages. Redrawn photo based on Lee (2001)

(Summary *w.r.t.* identity, ecology, & behavior)

As of year 2018, I announce that *N. minor* has been extinct while *N. ruptus* survived. Doi (1943) named *N. minor* first, but later Asahina (1989) doubted Doi's incomplete record of *N. minor* by mentioning that it reminded him of *N. brevipennis* in China. The only existing reliable record of *N. minor* is a male individual caught in 1996 by Lee (2001). *N. minor* male has a large terminalia below epiproct (Fig. 10). Since then, in spite of heavy investigation by many dragonfly colleagues over several habitats of Genus *Nihonogomphus* for about 20 years, no *N. minor* has been found.

• living in high velocity areas of wide streams and rivers with pebble-bottom; • 1 generation in 2 years & passing the winter as larvae; • perching on the ground and twigs; • hunting small insects; • territory flight all day; • ovipositing, by female alone, mainly by flying forward & touching the water surface, and occasionally by dropping eggs into water

48. 측범잠자리

Ophiogomphus obscurus Bartenev, 1909

• Identification: 측범잠자리과에서 유일하게 녹색 바탕을 한 매우 이색적인 느낌을 주는 잠자리이다.

Size(mm)

	whole body	head & thorax	abdomen	forewing / hindwing
♂	62	18	44	37 / 36
♀	62	17.5	44.5	40 / 39

• Population density & Flight season: extremely rare, Jul.~mid Aug.

• Ecology & Behavior: 2년 1세대이고 유충으로 월동한다. 고산지의 수량이 풍부한 계곡에 서식한다. 강원 고산지는 연중 기온이 낮고 겨울이면 눈이 엄청나게

③

④

⑤

⑥

⑦

⑧

오는 곳이라 어리장수잠자리, 마아키측범잠자리, 쇠측범잠자리만이 극소수 관찰되는데 이러한 곳에서 측범잠자리가 발견된다. 대부분의 습성은 일반 측범잠자리과와 같은데, 특이한 점은 측범잠자리과에서는 유일하게 오후 1~2시경이 되면 수놈들이 계곡 상공 4~6m 위에서 바람을 타고 제자리비행을 오래하는 모습이 보인다(Fig. 6). 이러한 특성은 왕잠자리과에서나 보이는 특성인데, 몸에 비하여 날개가 작은 측범잠자리과에서는 매우 이례적인 모습이다.

① ♂. 2012. 7. 10. 강원 인제, ② ♀. 2012. 7. 10. 강원 인제, ③ ♂♀. 2012. 7. 10. 강원 인제,
④ ⑤ ♂. 2016. 7. 11. 강원 인제, ⑥ ♂. 2011. 7. 21. 강원 인제, ⑦ ♀. 2011. 7. 18. 강원 인제,
⑧ ♀. 산란 전 알 모으기. 2016. 7. 11. 강원 인제

(Summary *w.r.t.* ecology & behavior)

• living in valleys in high mountains, Kangwon-do; • 1 generation in 2 years & passing the winter as larvae; • perching on rocks and twigs; • males gliding standstill by riding the wind at 4~6m above valley at 1~2 p.m. (Fig. 6); • feeding small insects; • territory flight all day; • dropping eggs, by female alone, on the water

49. 어리측범잠자리

Shaogomphus postocularis (Selys, 1869)

Shaogomphus postocularis epophthalmus (Selys, 1872)

①

②

③

④

• **Identification**: 몸길이에 비하여 가슴이 상당히 크고 배는 짧은 체형을 하고 있다.

Size(mm)

	whole body	head & thorax	abdomen	forewing / hindwing
♂	53	18	35	32 / 30
♀	53	18	35	36 / 34

• **Population density & Flight season**: local and uncommon, mid May~mid Jun.

• **Ecology & Behavior**: 2년 1세대이고 유충으로 월동한다. 평지의 하천중류에 서식한다. 수놈은 하천에서 오랫동안 비행하며 제자리비행도 많이 하는 편이다. 암놈은 나뭇가지에 앉아 배 끝에 알을 한껏 뭉친 후(Fig. 7~8) 한 번에 물에 풍덩 빠

뜨리고 사라져서 산란관찰이 쉽지 않다.

• **어리측범잠자리의 학명에 관하여**: 한국의 어리측범잠자리에 비해 일본의 *S. postocularis*는 미세한 무늬 차이를 보이고 크기도 다소 작다. 반면, 러시아의 *S. postocularis epophthalmus*는 한국의 어리측범잠자리와 완벽히 일치하는 모습을 보인다. Allodonata 사이트에 *S. postocularis epophthalmus* 사진도 여러 장 올린 Oleg Kosterin에게 문의한 결과, Oleg의 종(species)에 대한 답변을 요약하면 다음과 같다.

아종 구분은 새와 나비에게서 색 변이를 이유로 종종 하는 편인데, 다른 종에 대하여는 좀 체로 적용되지 않는다. 잠자리의 경우, 북미대륙과 같은 a solid continent에서는 거의 일어나지 않으며, 반도와 섬이 많은 동남아시아에서 유독 아종 구분이 많다. 몸에 구조적 차이(structural difference)가 일어나지 않는 한 서로 다른 두 종으로 구분 지을 수 없으며 한 종에 속한 아종으로 취급해야 한다. 아종을 구분하냐 안하냐 하는 것은 중요한 일이 아니며, 그러한 이유에서 많은 논문과 도감에서는 아종명을 아예 사용안하고 있다.

분류학에 쓰이는 종(species)을 제외한 종의 상위 분류와 하위 분류는 자연에 존재하는 것이 아니며 인간이 인위적으로 분류의 편의를 위해 도입한 개념이다. 예를 들어, 자연에는 속(Genus)이란 것도 존재하지는 않는다. 종만이 자연에 존재하며 적어도 잠재적으로 유전자 변이를 일으킬 가능성이 있을 만큼의 최대 유전자 풀(maximum gene pool)로서 말이다. 아종은 지리적 변이를 나타내는 등급일 뿐이다. 만약 smooth cline(연속 변이)인 경우라면 즉, 서로 인접한 것들끼리는 거의 비슷하지만 맨 처음 것과 맨 마지막 것은 크게 다른 항목들의 연속체라면, 아종은 존재하지 않는다. 다시 말하여, 인접한 것들은 아종으로 구분 할 만큼 색과 무늬 변이가 크지 않고, 인접하지 않은 처음 것과 마지막 것은 크게 달라져 이때는 구분된 2개의 종이 된다는 의미이다.

한 종이 아종으로 구분되지 않는다면 monotypical species(단일정형의 종)라고 하는데, 동시에 nominotypical subspecies를 포함하고 있다. 일본에서 처음 명명된 *S. postocularis*는 monotypical species이며, 동시에 *S.*

*postocularis postocularis*라는 nominotypical subspecies를 포함하게 되는 것이다. 둘 이상의 아종이 발견되면 그때는 polytypical species(다형의 종)가 된다. *S. postocularis epophthalmus*라는 아종이 발견된 순간, 기존의 *S. postocularis*는 monotypical species인 동시에 *S. postocularis postocularis* 라는 nominotypical subspecies(실제로는 한 종인데 명목상 구분을 위해 부여된 아종명)가 되는 것이다. 일본은 대륙과 격리된 섬인 반면 한국은 대륙에 연결된 반도이기 때문에 *S. postocularis*도 대륙에 있는 러시아의 그것과 더 흡사한 것이며, 종명만을 써도 되나 굳이 아종명으로 부른다면 아종명은 *S. postocularis epophthalmus*가 되어야 한다고 잠자리학자들은 의견 일치를 보이고 있다.

* Acknowledgement: I express my thanks to Oleg Kosterin for his expert explanation and philosophy as an odonatologist regarding the scientific name of *S. postocularis*.

- Russia의 *S. postocularis epophthalmus* 사진
  http://www.allodonata.com/search/?q=s:2078
- Japan의 *S. postocularis* 사진
  http://www.odonata.jp/03imago/Gomphidae/Shaogomphus/postocularis/index.html

① ♂. 2012. 5. 25. 경기 연천, ② ♀. 2011. 6. 3. 경기 연천, ③ ♂♀. 2011. 6. 3. 경기 연천, ④ ♂. 포식. 2012. 5. 28. 경기 연천, ⑤ ♂. 2014. 6. 5. 경기 연천, ⑥ ♂♀. 미성숙 시절. 2016. 5. 9. 강원 철원, ⑦ ⑧ ♀. 산란을 위한 알 뭉치기. 2015. 5. 23. 경기 연천

(Summary *w.r.t.* identity, ecology, & behavior)

The scientific name of this species is *S. postocularis* as well as *S. postocularis epophthalmus* (in case of specifying the subspecies).
• living in mid-size streams; • 1 generation in 2 years & passing the winter as larvae; • perching on twigs and rocks; • hunting small insects; • territory flight all day; • males often hovering on water; • dropping a mass of eggs all at once, by female alone, on water (Fig. 7,8)

50. 어리장수잠자리

Sieboldius albardae Selys, 1886

①

②

③

④

• **Identification**: 꽤 특이한 체형을 하고 있는데, 덩치에 비하여 머리는 아주 작고 뒷다리가 엄청나게 긴, 좀 기괴한 스타일이다. 어리장수잠자리의 옆가슴 면적은 왕잠자리보다도 넓다(Fig. 10). 장수잠자리 수놈보다 옆가슴은 넓고, anterior view에서 보면 가슴너비는 좁다(Fig. 11).

Size(mm)

	whole body	head & thorax	abdomen	forewing / hindwing
♂	78~86	20~22	58~64	47~50 / 46~49
♀	79~81	23	56~58	51~52 / 50~51

• **Population density & Flight season**: common, late Jun.~mid Aug.

• **Ecology & Behavior**: 2년 1세대이고 유충으로 월동한다. 산간 계곡상류에 서

⑤

⑥

⑦

⑧

식하며 대형 측범잠자리과 중 유일하게 전국적으로 관찰이 비교적 용이한 잠자리이다. 영역지배욕이 매우 강하고, 사실상 서식지에서 최강자이기도 하다. 지나가는 모든 것을 공격하고 잡아먹는다. 암놈의 산란은 다양한 모습이다. 원을 그리며(Fig. 6,7), 직선 고속비행 하며(Fig. 8), 또는 좁은 곳에서는 제자리비행하며(Fig. 9) 산란한다.

• **어리장수잠자리의 여타잠자리 포식성**: 북미대륙에도 *Hagenius brevistylus*란 학명으로 어리장수잠자리가 서식하고 있는데, 배의 노란 무늬가 가로무늬가 아니고 세로의 긴 줄인 점에서 차이가 있다. *H. brevistylus*의 미국명은 dragonhunter인데 이는 dragonfly hunter란 의미이다. 이 이름처럼 어리장수잠자리는 엄청나게 다른 잠자리들을 일상적으로 잡아먹는다. 가장 흔한 광경은, 계곡에서 물잠자리를 잡아먹고 있는 광경이다. 첫 기억은 젊은 시절 강화도 저수지에 낚시를 갔을 때인데, 쌩하고 왕잠자리를 쫓아왔다가 놓치고 정지비행을 하며 망설이던 어리장수의 노랗고 엄청나게 컸던 옆가슴이다.

둘째 기억은 남양주의 잠자리 명소이었던 곳이다. 수풀이 가득한 작은 실개천에는 장수잠자리가 우글거렸고, 바로 옆 연꽃 연못에는 참별박이왕잠자리, 왕잠자리, 먹줄왕잠자리, 산잠자리가 있던 잠자리 성지였는데, 산 아래 웅덩이와 논, 작은 연못들이 많았는데 오래전 모두 메워져서 주차장이 되어버려 안다닌지 오래된 곳이다. 이곳에는 소수의 어리장수잠자리만이 이따금씩 보이곤 했는데, 오전 9시쯤 햇살이 가득하면 장수잠자리와 어리장수잠자리가 개천을 훑고 지나다가 바로 옆의 연꽃 연못까지 돌아다니며 먹이사냥을 하곤 했다. 어떤 때는 참별박이왕잠자리가 실개천위를 가로 지르면 장수잠자리가 따라붙어 서로 툭탁거리고 다투기도 하였다. 어느 날 아침이었는데, 어리장수잠자리 한 녀석이 연꽃에 앉아 타이밍을 노리고 있다가 지다가던 왕잠자리를 뒤에서 습격하였다. 왕잠자리는 잽싸게 피하며 어리장수잠자리 등으로 올라타 붙잡고 어리장수잠자리를 물속으로 내다꽂고 사라졌다. 머리부터 가슴까지 물속에 완전히 쳐 박혔던 어리장수잠자리는 낑낑대며 1분여를 씨름해서야 물에서 간신히 빠져나와 날아갔다. 와~ 소리가 절로 나왔다. 고성능 캠코더로 동영상을 촬영하였다면 National Geographic 채널 다큐멘터리 감이었다.

세 번째 기억은 충청의 어리장수잠자리 계곡이다. 이곳은 잔산잠자리, 어리장수잠자리, 개미허리왕잠자리의 성지였다, 인간들이 펜션과 집들을 계곡 옆에 지어대고 매년 계곡을 파헤치고 물길을 변화시키는 일을 하기 전까지는. 6월말까지는 잔산잠자리가 우점종이었다가 어리장수잠자리가 성숙하여 물가를 점령하는 7월초가 되면 잔산잠자리는 자취를 감추고 어리장수잠자리가 독점한다. 그러다 8월에 들어서면 계곡의 주인이었던 어리장수잠자리 수놈들이 낡고 개체수가 급감하기 시작하며 개미허리왕잠자리의 본격적인 영역비행이 시작된다. 어느 날 계곡을 지키고 앉아있는데 저쪽에서 기억자로 꺾인 시커먼 비행체가 천천히 날아오다 물에 빠졌다. 물에 잠시 떠내려가다가 곧 어리장수잠자리 수놈이 쌩하고 날아갔고, 이어서 개미허리왕잠자리 암놈이 빌빌 거리고 간신히 날아올라 숲속의 나무로 올라붙었다. 개미허리왕잠자리를 사냥한 어리장수잠자리의 모습이었다. 심각하게 물어뜯긴 개미허리왕잠자리는 간신히 숲으로 사라지긴 했지만 그 상태로 죽음을 기다려야 했을 것이 분명했다. 물에 떨어졌기에 놓아준 것인지 땅바닥이었다면 그대로 어리장수잠자리 입속으로 사라졌을 상황이었다.

큰 잠자리들이 큰 사냥감을 잡았을 때는 땅이나 풀밭에 그대로 널 부러져 잡아먹는 게 흔한 모습이다. 지인과 제주에서 황줄왕잠자리를 관찰하는 도중, 황줄왕잠자리 미성숙 수놈이 지나가던 꿀벌을 낚아채더니 풀밭으로 그대로 떨어졌다. 둘이 잠시 헤매다 발견했더니, 황줄왕잠자리는 꿀벌을 문채로 배 밑면을 하늘로 향하고 널 부러져, 그 작은 입이 찢어질 정도로 꿀벌을 쑤셔 넣어 씹고 있었다. 실험해보면, 잠자리는 이렇게 배 밑면이 하늘을 향하는 뒤집힌 상태를 극도로 싫어한다. 새가 사람처럼 배를 하늘로 향하고 누워있는 것을 본 일이 있는가? 잠자리는 비행 중 회전을 할 때에도 머리는 중력방향에 직각을 이루며 평형을 유지하려고 한다. 이처럼 배 밑면이 땅으로 향하는 것은 비행생명체의 가장 원초적 본능이다. 그럼에도 불구하고, 큰 먹이에게 순식간에 치명적 공격을 가하는 동시에 역공격당하지 않으려면, 그리고 입속에 실한 먹이가 들어와 식욕이 폭발한 상황에서는, 그 자세로 식사를 마치는 것으로 보인다.

일본 사이트에는 어리장수잠자리가 장수잠자리나 산잠자리 등 대형 잠자리를 잡아먹는 사진이 꽤 올라 왔었다. 어리장수잠자리의 큰 가슴근육과 엄청나게 길고 강한 뒷다리는 뒤에서 습격하여 상대 잠자리가 날갯짓을 못하도록 제압하는데 사용되며, 그 작은 머리는 사냥당한 잠자리의 머리와 등가슴 사이의 좁은 공간에 들이밀고 목을 끊어버리는데 사용된다. Perfect natural born dragonfly killer의 조건을 갖추고 있다. 어리장수잠자리를 손에 잡고 날개를 펴는 힘, 다리의 힘, 배를 구부리는 힘 등을 테스트해보면 알 수 있는데, 그 뻣뻣함과 힘은 국내 잠자리 중

최강이다. 덩치가 더 큰 장수잠자리는 오히려 날개, 다리, 배 구부리는 힘이 모두 의외로 약하다.

장수잠자리와 어리장수잠자리는 서식지를 약간 공유하기도 하지만 주서식지는 다르다. 장수잠자리는 수풀이 많고 폭이 아주 좁고 흐름이 느린 실개천이 주서식지이고, 어리장수잠자리는 좀 더 오픈되고 큰 바위들도 있고 수풀도 적고 물살은 조금 세도 괜찮은, 거친 일반 계곡이 주서식지이다. 예전 남양주 성지의 전성기 시절, 실개천위의 수풀에서 아래를 노려보고 있는 어리장수잠자리와 얌전하게 실개천위를 돌아다니던 장수잠자리들이 많았는데, 여러 날 죽치고 기다렸다면 일본처럼 장수잠자리 사냥에 성공한 어리장수잠자리의 모습을 볼 수 있었을 것이란 생각을 해 본다. 미국 잠자리도감을 보면(Dunkle, 1989), 미국 어리장수잠자리도 cyrano darner(7cm 급의 왕잠자리 종류)까지도 공격하고 잡아먹는 것이 일반적이라는 말이 나오는 것을 보면 알 수 있다.

① ♂. 2012. 6. 22. 충북 괴산, ② ♀. 2013. 7. 29. 충북 괴산, ③ ♂♀. 2009. 8. 19. 충북 괴산, ④ ♂. 2009. 8. 3. 충북 괴산, ⑤ ♂. 2009. 7. 27. 충북 괴산, ⑥ ⑦ ♀. 산란. 2009. 8. 10. 충북 괴산, ⑧ ♀. 산란. 2011. 8. 18. 충북 괴산, ⑨ ♀. 산란. 2010. 8. 9. 충북 괴산, ⑩ 어리장수 ♂ vs. 왕 ♀. 2006. 6. 22. 경기 남양주, ⑪ 어리장수 ♂ vs. 장수 ♂. 2009. 8. 5. 경기 남양주

(Summary *w.r.t.* ecology & behavior)

• living in valleys and rough rocky small streams; • 1 generation in 2 years & passing the winter as larvae; • perching on rocks; • feeding small & medium-sized insects and commonly hunting other dragonflies; • perfect natural born dragonfly killer: extremely long hind legs suppressing another dragonfly's wings, pushing its small head between another's head and prothorax, and cutting the neck; • territory flight all day; • ovipositing, by female alone, on the water surface

51. 부채장수잠자리

Sinictinogomphus clavatus (Fabricius, 1775)

• Identification: 제8배마디에 부채 또는 꽃잎 모양으로 펼쳐진 특이한 돌기가 있어 '부채'란 이름이 붙은 듯하다.

Size(mm)

	whole body	head & thorax	abdomen	forewing / hindwing
♂	74~76	22	53~55	43~44 / 42~43
♀	73	22	51	46 / 45

• Population density & Flight season: local and uncommon, late Jun.~mid Aug.

• Ecology & Behavior: 2년 1세대이고 유충으로 월동한다. 주로 규모가 큰 저수지나 호수, 연못에서 볼 수 있다. 전국적으로 분포하지만 서식지는 흔하지 않고, 서식지에서도 개체수가 많은 곳은 매우 드물고 지속되지 못한다. 수직으로 세워진 나

뭇가지나 풀에 수평으로 아슬아슬하게 앉아있는 모습은 가히 잠자리계의 super model이라고 할 수 있다. 제8배마디의 부채모양 돌기는 수놈이 암놈보다 더 큰데, 이 부채는 얇은 풀끝에 수평으로 균형을 잡고 앉아있는 데에도 큰 도움을 주는 듯

③

④

⑤

⑥

⑦

⑧

싶다. 측범잠자리과는 턱이 매우 크고 강한데, 이 중 부채장수잠자리와 어리부채장수잠자리는 유난히 더 강한 턱을 가지고 있다. 수놈은 물가에서 영역을 지키고 있는 와중에도 쉬지 않고 무언가를 잡아먹고 있다. 딱딱한 무당벌레를 낚아채 우적우적 순식간에 먹어치우는 모습은 어렵지 않게 관찰된다.

부채장수란 이름을 가졌지만, 장수잠자리과는 아니고 좌우겹눈이 떨어져 있는 측범잠자리과에 속한다. 측범잠자리과에서 어리부채장수잠자리와 어리장수잠자리도 이름에 장수란 단어가 들어가는데, 이 3종이 덩치가 큰 잠자리이기에 사람들은 측범 대신 장수란 이름을 넣어 불러왔을 것이어서, 이미 오랜 기간 그렇게 불려온 잠자리의 이름을 이제야 변경하는 것은 혼란만 초래할 뿐 별 의미가 없다고 생각된다.

부채장수잠자리가 보이는 큰 저수지에서는 다수의 왕잠자리와 산잠자리가 같이 영역비행을 하고 있는데, 덩치는 비슷하지만 날개가 유난히 작은 부채장수잠자리는 상대적으로 앉아 있는 시간이 더 많다. 서식지에는 다수의 밀잠자리도 영역을 지키고 있는데, 날개가 크고 비행능력이 좋은 왕잠자리와 산잠자리, 어리부채장수잠자리에게는 감히 도전하지 못하지만, 비행능력이 떨어지는 부채장수잠자리를 밀잠자리가 뒤에서 습격하여 물속으로 내다꽂는 봉변을 주기도 한다. 크고 무거운 몸에 비하여 날개가 유독 작기 때문에, 예를 들어 날개 한 장의 반 정도만 찢겨 없어져도 비행에 큰 어려움이 있다.

개체수가 소수인 곳에서는 유난히 경계심이 강하여 가까이 접근하기가 매우 어렵다. 다가가면 사람에게서 멀어져 한참을, 거의 30분 정도까지도 앉지 않고, 그 작은 날개로, 날아다니며 약을 올리다가 내가 포기하고 멀어지면 그때야 다시 와서 앉는다. 큰 저수지에서 영역 비행할 때는 매우 특이한 비행습성이 있는데, 보통 무릎 높이로 물가를 따라 돌다가, 갑자기 수면 바로 위까지 하강하여 수면을 스치듯 빠른 속도로 저수지나 호수를 쭉 가로지르기도 하는데, 이 장면도 부채장수잠자리의 super model 급 포스에 한 몫을 더한다.

암놈은 주변의 풀숲에서 먹이사냥을 하는 것이 몇 번 관찰되었는데 좀 체로 발견하기 힘들고, 산란을 위하여 물가에 나타날 때가 포인트인데 대부분의 장소에서 개체수가 적어 암놈 관찰은 매우 희귀하다. 부채장수잠자리의 산란은 매우 특이하다. (Fig. 8, 9)를 보면, 암놈의 배 끝에서 실이 나오고 실에는 알이 드문드문 붙어 있으며, 이 실을 수면 위 수초나 나뭇가지가 있는 곳에 얼기설기 엮는다. Genus

*Sinictinogomphus*만의 특징으로 보인다. 한국에는 서식하지 않지만, 부채장수잠자리속과 가장 유사한 Genus *Ictinogomphus*의 *I. decoratus*의 산란을 2011년 Singapore에서 보았는데, 이들은 정말 빛의 속도라고 할 만큼 빠른 속도로 수면 위를 넓게 돌아다니며 산란하였고 배에서 실이 나오는 방식은 아니었다.

① ♂. 2013. 6. 26. 경기 파주, ② ♀. 2013. 6. 29. 경기 파주, ③ ♂♀. 2013. 6. 29. 경기 파주, ④ ♂. 2007. 7. 29. 인천 중구, ⑤ ♂. 2011. 7. 5. 경기 파주, ⑥ ♂. 2013. 6. 28. 경기 파주, ⑦ ⑧ ♀. 산란과 수놈의 경호비행. 2011. 7. 5. 경기 파주, ⑨ ♀. 산란. 2013. 6. 29. 경기 파주, ⑩ ♂♀. 교미. 2015. 7. 25. 경남 산청

(Summary *w.r.t.* ecology & behavior)

• living in ponds and lakes; • 1 generation in 2 years & passing the winter as larvae; • perching and foraging on twig tops; • feeding small & medium-sized insects; • territory flight all day; • female squeezing out a mucous thread with eggs on it, occasionally with male escorting

52. 호리측범잠자리

Stylurus annulatus (Djakonov, 1926)
Stylurus kreyenbergi Ris, 1928 → (synonym)
Stylurus flavicornis (Needham, 1931) → (junior synonym)

①

②

③

④

• Identification: 수놈의 제7~9배마디가 상당히 넓적하고, 제7~10배마디 밑면은 노란색이다(Fig. 1).

Size(mm)

	whole body	head & thorax	abdomen	forewing / hindwing
♂	57~59	16.5~17	40.5~42	33~34 / 31~32
♀	59	17	42	35 / 33

• Population density & Flight season: common, late Jun.~Aug.

• Ecology & Behavior: 2년 1세대이고 유충으로 월동한다. 평지 하천 중하류에 서식한다. 수놈은 하천에서 오랜 시간 비행을 하는데, 배를 치켜세우고 정지비행을 자주 하는 습관이 있다. 8월말이 지나면 하천에서의 영역비행은 자취를 감추나, 우화기간이 6월부터 9월까지 긴 편이어서 하천 주위의 풀숲에서 10월 초까지 성숙 성충이 먹이활동을 하는 것이 관찰된다(Fig. 4).

• 호리측범잠자리의 학명에 관하여: 한국의 호리측범잠자리는 일본의 *S. annulatus*와 옆가슴 무늬, 배의 노란 줄 등에서 약간의 차이를 보이며(Fig. 7), 중국의 *S. flavicornis*와 완벽히 일치하는 외형을 하고 있음을 발견하여 동종 여부에 관한 조사를 실시하게 되었다. 한국의 호리측범잠자리는 중국의 *S. kreyenbergi*와 *S. flavicornis*와 identical한 모습을 보인다. 중국 헤이룽장 성 흑룡강에서 2008년 촬영, 채집된 *S. flavicornis* 사진이 아래의 사이트에 올라 있었다.

http://www.insect-fans.com/bbs/forum.php?mod=viewthread&tid=27019

Keith D.P. Wilson은 2008년 홍콩에서 촬영되고 채집된 *S. kreyenbergi* 자료, 중국의 *S. flavicornis* 자료, 필자가 보낸 한국의 *S. annulatus* 자료를 검토한 바, 부속기 이외에도 *S. annulatus* 수놈과 *S. kreyenbergi* 수놈은 이마 바깥 홑눈 위의 융기된 구조물까지 동일하고, *S. annulatus* 암놈과 *S. flavicornis* 암놈은 머리의 뿔 모양 구조까지 동일함을 확인하여 세 종명을 동종 처리하는 논문을 2018년 10월에 제출하였다. 호리측범잠자리 단일종에 대하여 처음 주어진 이름은 *S. annulatus*, 두 번째 주어진 이름은 *S. kreyenbergi*, 세 번째 주어진 이름은 *S. flavicornis* 이기 때문에, 두 번째 이름은 동종이명이라는 synonym 표현을 쓰고, 세 번째 이름은 junior(3번째의 뜻 또는 후행) synonym 표현을 쓴다.

⑦

한국과 일본의 *S. annulatus*는 구조적 차이를 보이지 않으며, 일본이 대륙과 분리된 섬나라이기 때문에 오랜 세월이 지나며 미세한 무늬 차이를 보이는 것뿐이다. 한국의 호리측범잠자리를 포함한 몇몇 종은 이러한 이유에서 일본보다는 중국과 러시아 즉, 대륙의 종과 더 일치하는 무늬 패턴을 보이고 있다.

* Acknowledgement: I express my thanks to Keith D.P. Wilson for his expert opinion regarding the synonymy of *S. annulatus*, *S. kreyenbergi*, and *S. flavicornis*.

① ♂. 2012. 6. 28. 경기 연천, ② ♀. 2012. 6. 28. 경기 연천, ③ ♂♀. 2012. 6. 28. 경기 연천,
④ ♂. 2012. 9. 30. 서울 강동, ⑤ ♂. 2015. 6. 19. 경기 연천, ⑥ ♀. 2012. 6. 28. 경기 연천,
⑦ (a: Korean *S. annulatus*) vs. (b: Japanese *S. annulatus*). Japanese *S. annulatus* redrawn on the Korean *S. annulatus* photo, based on www.odonata.jp.

(Summary *w.r.t.* identity, ecology, & behavior)

Korean *S. annulatus* has different streak patterns from the Japanese (Fig. 7). Unlike Japanese, Korean *S. annulatus* female never bends the 9th and 10th abdomen down when perching and ovipositing. Nevertheless, no structural difference is found. The look of Korean *S. annulatus* is identical to *S. flavicornis* in China. Keith D.P. Wilson concluded that *S. annulatus* (my photos), *S. kreyenbergi* (Samson So's photos), and *S. flavicornis* are the same species, and submitted a paper in Oct. 2018. • living in large rivers with sand-bottom; • 1 generation in 2 years & passing the winter as larvae; • perching on twigs; • hunting small insects; • territory flight all day; • males often hovering on water; • ovipositing, by female alone, by touching the water surface

53. 가시측범잠자리

Trigomphus citimus (Needham, 1931)

③

• Identification:

Size(mm)

	whole body	head & thorax	abdomen	forewing / hindwing
♂	45	12	33	28 / 27
♀	41	11.5	29.5	29 / 28

• Population density & Flight season: common, May~mid Jun.

• Ecology & Behavior: 2년 1세대이고 유충으로 월동한다. 평지와 산지의 비교적 규모가 작은 연못과 웅덩이에도 서식하고 개천에서도 광범위하게 서식한다. 측범잠자리과에서 비교적 경계심이 덜 한 편이다. 수놈은 물가에 있고, 암놈도 주변 가까이 머문다.

① ♂. 2012. 5. 9. 충북 진천, ② ♀. 2012. 5. 9. 충북 진천, ③ ♂♀. 2012. 5. 9. 충북 진천, ④ ♂. 2012. 5. 9. 충북 진천, ⑤ ♀. 2012. 5. 9. 충북 진천, ⑥ ♂♀. 교미. 2012. 5. 9. 충북 진천

(Summary *w.r.t.* ecology & behavior)

• living in both lentic and lotic environment; • 1 generation in 2 years & passing the winter as larvae; • perching on twigs and rocks; • sometimes not wary and perching on a motionless person; • hunting small insects; • territory flight all day; • ovipositing, by female alone, on the water

54. 검정측범잠자리

Trigomphus nigripes (Selys, 1887)

③

• **Identification**:

Size(mm)

	whole body	head & thorax	abdomen	forewing / hindwing
♂	46	12.5	33.5	26 / 25
♀	46	13.5	32.5	29 / 28

• **Population density & Flight season**: locally common, mid May~mid Jun.

• **Ecology & Behavior**: 2년 1세대이고 유충으로 월동한다. 중부에서는 규모 큰 저수지에 소수 서식하며, 남부에서는 크고 작은 저수지와 연못에 다수 서식한다. 수놈은 물가에 있고, 암놈도 주변 가까이 머문다.

• **가시측범잠자리와 검정측범잠자리의 구분**: 검정측범잠자리는 가시측범잠자리와 구별하기 힘들 정도로 비슷한 외모와 크기를 가지고 있는데, 가장 확실한 동정 포인트는 제9,10배마디 비율이다. 암수 모두 가시측범잠자리는 제9배마디와 제10배마디의 비율이 1 대 0.4~0.5 정도이고, 검정측범잠자리는 1 대 0.9 정도이다(Fig. 7,8). 그 외에도 검정측범잠자리는 옆가슴의 검정 줄무늬에 미세한 틈새가 보이고 배 옆면의 노란 무늬가 더 큰데, 이러한 점은 개체에 따라 차이도 있고 노쇠의 정도에 따라 노란 무늬는 검게 변색되어 가므로 동정의 포인트로는 정확하지 않을 수 있다. 또한 가시측범잠자리 수놈의 부성기가 더 크다는 점도 있는데, 이는 부성

⑤

⑥

기를 얼마나 내밀었을 때 관찰 하냐에 따라 달라 보이므로 이 또한 동정 포인트로는 미약하다.

① ♂. 2012. 5. 15. 경기 성남, ② ♀. 2012. 5. 18. 경기 성남, ③ ♂♀. 2012. 5. 18. 경기 성남,
④ ⑤ ♂. 2012. 5. 18. 경기 성남, ⑥ ♀. 2013. 5. 13. 경기 성남,
⑦ (a: *T. citimus* ♂) vs. (b: *T. nigripes* ♂), ⑧ (a: *T. citimus* ♀) vs. (b: *T. nigripes* ♀)

⑦

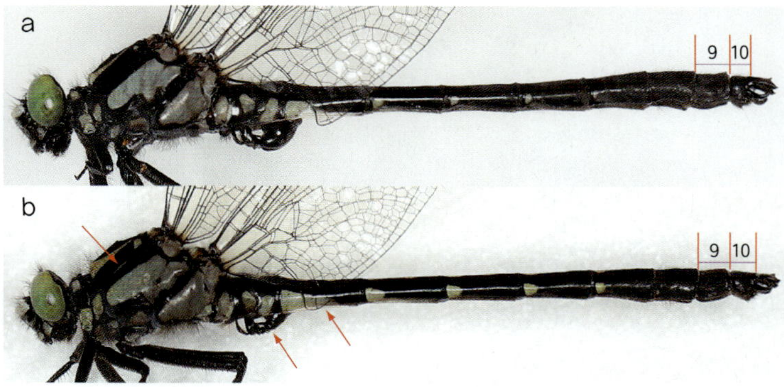

⑧

(Summary *w.r.t.* ecology & behavior)

• living in ponds and lakes; • 1 generation in 2 years & passing the winter as larvae; • perching on twigs and rocks; • hunting small insects; • territory flight all day; • ovipositing, by female alone, on the water

장수잠자리과

Family Cordulegastridae Calvert, 1893

장수잠자리과에는 전세계적으로 3속 49종의 잠자리가 있으며, 한국에는 1속 1종만이 유수성(流水性) 환경에 서식하고 있다. 좌우겹눈은 모서리가 붙어 있는 형태를 취하고 있으며, 머리는 앞에서 볼 때 역삼각형에 가깝고, 턱이 크게 잘 발달해 있다. 암놈의 산란판은 나사못꼬리(spiketail)의 형태이다. 산에 인접한 수풀이 무성한 작은 실개천이나 산속의 수풀이 많은 계곡에 서식한다.

소 개

55. 장수잠자리 *Anotogaster sieboldii* (Selys, 1854)

55. 장수잠자리

Anotogaster sieboldii (Selys, 1854)

①

②

③

④

• **Identification**: 우리나라에서 가장 큰 잠자리로서, 수놈은 몸길이 9cm, 암놈은 10cm에 달한다. Emerald 빛 녹색의 겹눈이 아름다운 종이다. 암놈이 수놈에 비하여 머리, 가슴, 배, 날개 모든 부분에서 월등히 크다(Fig. 3,4).

암놈이 수놈에 비하여 월등히 큰 종으로는 장수잠자리와 잔산잠자리가 있고, 암놈이 수놈보다 제법 큰 종으로는 어리부채장수잠자리, 긴무늬왕잠자리, 큰무늬왕잠자리 정도를 꼽을 수 있을 것이다. (Fig. 10)은 장수잠자리 암놈과 왕잠자리의 크기 비교이다.

Size(mm)

	whole body	head & thorax	abdomen	forewing / hindwing
♂	87~93	22	65~71	51~52 / 50~51
♀	95~101	25	70~76	58~59 / 57~58

• **Population density & Flight season**: local, late Jul.~early Sep.

• **Ecology & Behavior**: 유충 기간은 3~4년 정도이고 유충으로 월동한다. 산에 인접한 수풀이 무성한 작은 개울 또는 산속의 수풀이 많은 계곡에 서식하며, 제주를 제외한 전국에서 볼 수 있다. 개울이나 계곡바닥은 진흙인 곳이 최적이며, 고운 모래가 깔리고 낙엽과 부유물이 덮인 곳도 유충이 살기에 좋은 곳이다. 유충은 긴 기간을 개울에서 지내야 하므로, 오랜 기간 물이 마르지 않고 환경변화가 거의 없는 안정된 서식지를 필요로 한다. 한국과 같이 전국의 모든 하천을 가만두지 않고 매년 공사를 해대는 환경에서는 서식지가 급속도로 줄어들고 있으며 개체수의 감소가 이어지고 있다.

장수잠자리는 커다란 덩치와는 달리 얌전하게 영역비행을 하는 편이다. 논두렁에서도 영역비행을 하는데 자기보다 훨씬 작은 큰밀잠자리에게 쫓겨 밀려나기도 한다. 반면, 미성숙시기에는 주로 산길이나 산에 인접한 풀밭공터에서 거의 하루 종일 날아다니며 먹이사냥을 하는데, 이 시기에는 날아다니는 것은 모두 쫓아다니며 대단한 포식성을 보여 다른 날아다니는 잠자리는 감히 보이지 않는다. 먹이는 다양하다. 턱이 크게 발달해 있어, 꿀벌, 노린재, 각종 날벌레, 경우에 따라서는 말벌까지도 사냥한다.

⑤

⑥

⑦

⑧

⑨

암놈은 얕은 개울바닥에 수직에 가깝게 반복 하강비행하며 산란한다. 암놈의 길쭉한 산란판 때문에 미국에서는 spiketail(나사못꼬리 잠자리)이란 이름으로 불린다. 수놈 개체수가 적은 곳에서는 암놈은 당연히 관찰하기 힘들고, 수놈이 상당한 개체수를 보이는 지역에서도 성숙한 암놈은 관찰하기 쉽지 않으며, 산란하는 모습을 보려면 주로 오전 10시 전후와 오후 3~4시 전후가 가장 좋은데 하루에 1번 정도 마주치면 행운이라고 할 수 있다.

• Memory: 장수잠자리를 처음 접한 기억은 초등학교 3학년 때이다. 이 시기를 잘 기억하는 이유는 외할아버지가 계시던 중학교가 속리산 법주사 가까운 곳이었으며, 이 해 여름, 그러니까 1974년 여름방학이었는데 8월 15일 광복절에 육영수여사가 서거했었고, 이 날도 역시 잠자리채를 들고 학교 운동장 주변을 돌아다니고 있었는데 이모가 달려와 소식을 전했었고, 이 당시 모든 국민들이 그러했듯이 전쟁 나는 줄 알고 어린 가슴을 쿵쾅거리며 집으로 뛰어가서 TV를 보았던 기억이 생생하다. 보은군 탄부면의 보덕중학교이었는데 학교 뒤뜰 가시철망으로 된 담장에 엄청난 덩치에 나사못꼬리를 가진 장수잠자리 암놈이 앉아 있었다. 가까이 가면 멀리 피했다가 내가 후퇴하면 다시 내려와 철망에 앉고를 반복하여, 결국 잡지 못하고 약만 올랐던 기억이 있다.

그 후 1975~1977년, 내가 초등학교 4~6학년까지 3년간의 여름방학은 옥천군 안내면의 안내중학교에서 보냈다. 이 사택은 내 기억속의 여러 사택 중 가장 크다.

마당 펌프와 세면장 바로 옆에 토마토 밭이 있어 거기서 매일 토마토를 따서 흰 설탕을 푹푹 쳐서 먹었었는데(이 못 살던 시대에는 다 이렇게 먹었다. 땀 흘리고 피곤하면 설탕물도 타먹고, 미제 Tang 오렌지 쥬스 가루는 최고였다. 물에 타서 먹기도 하고, 맛있어서 그냥 가루를 퍼먹다가 혼나기도 하고.), 토마토줄기 지지대에 장수잠자리 수놈이, 어느 날 모두가 툇마루에서 앉아 쉬고 있는 가운데, 하늘에서 내려와 붙었다. 외할머니와 이모가 지켜보는 가운데 조심조심 다가가 잠자리채를 밑에서 위로 긁으며 휙 챘고 잡았다. 뛸 듯이 기뻤던 날 중의 하나이다. 모두들 이렇게 큰 잠자리는 처음 본다고 놀랐었고, 충청도에선 그렇게 불렀었는지 바위잠자리(사투리로 바우잠자리라고 했던)라고 했었다. 아마 바위처럼 커서 그렇게 불렸으리라. 왕잠자리는 말잠자리(말처럼 크고 씩씩거리고 하루 종일 날아다녀서일까)라고 불렸고, 된장잠자리는 메밀잠자리(주로 메밀밭에 많아서였는지)라 불렸는데, 이건 그냥 내 주변에서 그렇게 불렀던 것이니 충청도 전체가 그러했는지는 알 수 없다.

① ♂. 2006. 8. 13. 경기 남양주, ② ♀. 2006. 8. 18. 경기 남양주, ③ ④ ♂♀. 2006. 8. 13. 경기 남양주, ⑤ ♂. 2008. 8. 5. 경남 거제, ⑥ ♂. 2013. 7. 25. 경남 거제, ⑦ ⑧ ♀. 산란. 2011. 8. 18. 충북 괴산, ⑨ ♀. 산란. 2017. 9. 2. 충북 보은, ⑩ 장수 ♀ vs. 왕 ♂. 2006. 8. 13. 경기 남양주

(Summary *w.r.t.* ecology & behavior)

• the biggest dragonfly in Korea, female in particular; • living in lotic environment with the preference on small streams with bushes & mud-bottom; • 1 generation in 3~4 years & passing the winter as larvae; • perching on twigs or hanging from weed stems; • hunting small insects including small bees & medium-sized hornets; • territory flight all day except noon; • vertically ovipositing into soft mud/sand in shallow water by repetitively stabbing with its spiketail

잔산잠자리과

Family Macromiidae Needham, 1903

잔산잠자리과에는 전세계적으로 4속 123종의 잠자리가 있으며, 한국에는 2속 4종이 서식하고 있다. 좌우 겹눈은 넓게 마주한 형태를 취하고 있으며, 머리는 구에 가깝다. 잔산잠자리과의 잠자리들은 광택이 강한 영롱한 황록색의 겹눈을 하고 있으며, 광택이 있는 청록색 가슴을 가지고 있다. 산잠자리는 정수성 환경에 서식하며, 잔산잠자리속 3종은 유수성 환경에 서식한다.

소 개

56. 산잠자리 *Epophthalmia elegans* Brauer, 1865.
57. 잔산잠자리 *Macromia amphigena* Selys, 1871
58. 노란잔산잠자리 *Macromia daimoji* Okumura, 1949
59. 만주잔산잠자리 *Macromia manchurica* Asahina, 1964

56. 산잠자리

Epophthalmia elegans Brauer, 1865

①

②

③

④

• Identification: 광택이 매우 강하고 영롱한 황록색의 겹눈을 가지고 있고 청록색 가슴에도 광택이 있다. 성숙하면 수놈 얼굴의 띠가 하얗게 변해, 노란 띠를 유지하는 암놈과 구별된다.

Size(mm)

	whole body	head & thorax	abdomen	forewing / hindwing
♂	78~80	23	55~57	49~50 / 48~49
♀	78~83	23~24	55~59	49~53 / 48~52

• Population density & Flight season: prevalent, late Jun.~mid Aug.

• Ecology & Behavior: 2년 1세대이고 유충으로 월동한다. 평지의 저수지와 연못 주변에서 전국에 걸쳐 서식한다. 본서식지는 정수성 환경이나 유속이 느리고 규모가 큰 하천 중하류에서도 종종 발견된다. 왕잠자리가 수풀이나 부들이 있는 연못에 서식한다면, 산잠자리는 물속에 물풀이 없거나 물가에 수풀이 없이 그냥 물만 많을 뿐 좀 더 척박해 보이는 환경에서도 서식한다. 저수지와 연못에서 왕잠자

리와 함께 하루 종일 영역비행 하는 물가의 주인이며, 왕잠자리보다 영역비행 시기는 짧아, 늦게 출현하고 일찍 사라진다.

① ♂. 2006. 8. 8. 경기 남양주, ② ♀. 2006. 8. 15. 경기 남양주, ③ ♂♀. 2012. 7. 30. 경기 파주, ④ ♂. 2014. 6. 29. 제주 북제주, ⑤ ♂. 2016. 7. 7. 제주 북제주, ⑥ ♀. 2016. 6. 26. 제주 북제주

(Summary *w.r.t.* ecology & behavior)

• living in ponds and lakes; • 1 generation in 2 years & passing the winter as larvae; • hanging from twigs; • hunting small insects; • territory flight all day; • females ovipositing alone by touching the abdomen on the water surface

57. 잔산잠자리

Macromia amphigena Selys, 1871

①

②

③

④

• Identification: 암놈이 수놈에 비하여 월등히 크다(Fig. 3,4). 산간 계곡에 산란하러 온 암놈을 보면 '아니 왜 산잠자리 암놈이 계곡에 와서 산란하고 있지?' 라는 생각이 들 정도로 크다.

Size(mm)

	whole body	head & thorax	abdomen	forewing / hindwing
♂	70~72	20~21	50~51	42~44 / 41~43
♀	72~77	22	50~55	47~50 / 46~49

• Population density & Flight season: common, Jun.(main)~Jul.

• Ecology & Behavior: 2년 1세대이고 유충으로 월동한다. 하천 상류와 계곡이 주서식지이며, 규모가 크지 않은 하천의 중류에서도 종종 발견된다. 6월이 주 활동

시기이며, 어리장수가 성숙해서 나타나는 7월이 되면 수놈의 영역비행은 사라지지만 아주 가끔씩 암놈은 산란을 위해 물가에 나타난다. 계곡에서의 산란은 주로 물 흐름이 느린 곳에서 좁은 영역을 왕복비행 또는 원을 그리면서 산란한다. 넓은 하천중류에서 산란할 때도 수풀이 늘어져 있는 좁은 영역에 들어가 왕복과 정지비행을 하며 산란하여, 직선으로 쭉 지나가며 산란하는 만주잔산잠자리나 노란잔산잠자리와 구분된다. 수놈의 영역비행은 중간 중간 멈추거나 오던 길을 돌아가다가 다시 오기도 하는 등 불규칙하게 돌아다니는 편이다. 산간 계곡에서는 지형이 불규칙하므로 당연히 이렇게 비행하며, 하천 중류의 트인 공간에서도 비행 패턴은 이런데, 쭉 빠르게 직선비행 하는 만주잔산잠자리와의 차이점이다.

① ♂. 2012. 6. 22. 경기 연천, ② ♀. 2012. 6. 2. 경기 연천, ③ ④ ♂♀. 2009. 6. 27. 충북 괴산, ⑤ ♂. 2009. 6. 27. 충북 괴산, ⑥ ♀. 2012. 6. 2. 경기 연천, ⑦ ♀. 산란. 2010. 8. 9. 충북 괴산

(Summary *w.r.t.* ecology & behavior)

• living in upper streams; • 1 generation in 2 years & passing the winter as larvae; • hanging from twigs; • hunting small insects; • males flying patrols in the middle or along the shoreline of streams and commonly going back and force as well as holding back in short sections; • females ovipositing alone by touching the tips of abdomen to the water to wash off eggs while flying back and force or flying in a small circle repetitively at a relatively low speed, compared to other 2 *Macromia*, in early morning and in the evening

58. 노란잔산잠자리

Macromia daimoji Okumura, 1949

①

②

③

④

• **Identification**:

Size(mm)

	whole body	head & thorax	abdomen	forewing / hindwing
♂	71	20	51	43~46 / 42~45
♀	72	20	52	47 / 46

• **Population density & Flight season**: rare, late May~mid Jul.

• **Ecology & Behavior**: 2년 1세대이고 유충으로 월동한다. 고운 모래가 깔린 하천 중하류에 서식하는데, 한국에서의 서식지는 매우 드물며 개체수도 적다. 수놈의 영역비행은 물가를 따라 대략 무릎 높이 정도에서 직선으로 날아다니는 편이며, 하천의 중하류를 따라 움직이므로 꽤 긴 거리를 왕복한다. 5월이 되면 미성숙 수놈이 비행을 시작하지만, 6월 장마가 시작될 즈음이 성숙시기와 겹친다. 물이 불어나고 흙탕물도 되고 유속도 빨라져 장마 때는 영역비행이 보이지 않고, 장마 후 물이 안정되면 다시 영역비행이 시작되고 산란이 보이는데 그 시기는 짧아 개체수가 적은 노란잔산잠자리의 산란은 관찰하기 매우 힘들다.

산란은 물가를 따라 빠르게 직선비행하며 하기도 하고 하천의 한가운데에서 원을 그리며 이루어지기도 하는데, 패턴이 계속 바뀌며 넓은 영역을 돌아다닌다. 산란 광경은 한마디로 '와'소리가 날 정도로 박진감 넘친다. 비행속도도 만주잔산잠자리보다 빠르고 dynamic 하게 이루어진다. 성숙해도 암놈은 배가 날씬한 편이며, 몸에 비해 날개길이는 잔산잠자리나 만주잔산잠자리보다 약간 긴 편인데, 이러한 것들이 암놈의 빠른 비행 속도에 도움을 주는 것 같다.

• **잔산잠자리, 만주잔산잠자리, 노란잔산잠자리의 동정 포인트**: Dorsal view를 비교하면(Fig. 6), 잔산잠자리는 제7~8배마디에 모두 노란 무늬가 있고, 만주

⑥

⑦

잔산잠자리는 제7배마디에만 있으며, 노란잔산잠자리는 제7~8배마디에 모두 있으며 제7배마디의 무늬가 크다. Lateral view를 비교하면(Fig. 7), 잔산잠자리는 제4~7배마디의 노란 무늬가 끊어져 있고, 만주잔산잠자리는 제4~7배마디의 무늬가 연결되어 있으며, 노란잔산잠자리는 제4~6배마디는 끊어지고 제7배마디는 연결되어 있다. 노란잔산잠자리는 제3배마디 옆면에 아래로부터의 노란 삼각형 무늬가 있어 구분이 쉽고, 제8배마디에도 아래로부터의 노란 무늬가 큰 편이다.

① ♂. 2012. 7. 29. 경기 연천, ② ♀. 2014. 6. 27. 경기 연천, ③ ♂♀. 2014. 6. 27. 경기 연천,
④ ♂. 2014. 7. 7. 경기 연천 ⑤ ♀. 2015. 6. 18. 경기 연천,
⑥ (a: *M. amphigena* ♀) vs. (b: *M. manchurica* ♀) vs. (c: *M. daimoji* ♀). dorsal view,
⑦ (a: *M. amphigena* ♀) vs. (b: *M. manchurica* ♀) vs. (c: *M. daimoji* ♀). lateral view

(Summary *w.r.t.* ecology & behavior)

• living in mid/downstreams with sand bottom; • 1 generation in 2 years & passing the winter as larvae; • hanging from twigs; • hunting small insects; • males flying patrols along the shoreline 0.7~1.5m above the water level all day; • females ovipositing alone by touching the tips of abdomen to the water to wash off eggs while flying straight along the shoreline and also flying a big circle in the middle of river at a superhigh speed in the evening

59. 만주잔산잠자리

Macromia manchurica Asahina, 1964

③

• Identification:

Size(mm)

	whole body	head & thorax	abdomen	forewing / hindwing
♂	71~75	20~21	51~54	41~45 / 40~44
♀	73	20.5	52.5	45 / 44

• Population density & Flight season: common, Jul.~Aug.

• Ecology & Behavior: 2년 1세대이고 유충으로 월동한다. 하천의 중하류에 서식한다. 잔산에 비하여 활동시기가 늦게 시작되고 늦게 마감된다. 수놈의 영역비행은 물가를 따라 직선으로 곧장 빠르게 날아다니는 편이며, 하천의 중하류를 따라 움직이므로 꽤 긴 거리를 왕복한다. 암놈의 산란은 물가를 따라 빠르게 지나가며 하고, 긴 하천의 한 쪽 가장자리를 따라 한 번 지나가면 끝나는 것이 보통이고, 중간에 하천을 가로질러 반대편 물가를 따라 사라지기도 한다. 잔산잠자리속 중 잔산잠자리 암놈만 배가 통통하여지며, 만주잔산잠자리와 노란잔산잠자리 암놈은 성숙하여도 배가 꽤 날씬한 편이며 이러한 이유에서인지 산란 비행은 엄청나게 빠르다.

① ♂. 2010. 8. 8. 경기 양주, ② ♀. 2010. 8. 17. 경기 양주, ③ ♂♀. 2010. 8. 17. 경기 양주, ④ ♂. 2013. 7. 30. 경기 양주, ⑤ ♂. 2013. 7. 25. 경남 거제, ⑥ ♀. 2010. 8. 17. 경기 양주

(Summary *w.r.t.* ecology & behavior)

• living in midstream and downstream; • 1 generation in 2 years & passing the winter as larvae; • hanging from twigs; • hunting small insects; • males flying patrols straight along the shoreline up to a few 100ms all day; • females ovipositing alone by touching the tips of abdomen to the water to wash off eggs while flying straight along the shoreline up to a few 100ms at a high speed in early morning and in the evening

청동잠자리과

Family Corduliidae Selys, 1850

청동잠자리과에는 전세계적으로 22속 165종의 잠자리가 있으며, 한국에는 2속 5종이 서식한다. 좌우겹눈은 넓게 마주한 형태를 취하고 있다. 언저리잠자리속에는 1종, 북방잠자리속에는 4종이 있다. 북방잠자리속의 잠자리는, 잔산잠자리과와 비슷하게, 광택이 강한 영롱한 황록색의 겹눈과 광택이 있는 청록색 가슴을 가지고 있다. 백두산북방잠자리와 참북방잠자리는 유수성 환경에 서식하고, 언저리잠자리, 밑노란잠자리, 삼지연북방잠자리는 정수성 환경에 서식한다.

소 개

60. 언저리잠자리 *Epitheca marginata* (Selys, 1883)
61. 백두산북방잠자리 *Somatochlora clavata* Oguma, 1913
62. 참북방잠자리 *Somatochlora exuberata* Bartenev, 1910

    Somatochlora japonica Matsumura, 1911 → (synonym)

    ~~*Somatochlora metallica* (Vander Linden, 1825)~~

63. 밑노란잠자리 *Somatochlora graeseri* (Selys, 1887)
    (1) 아종 *Somatochlora graeseri aureola* Oguma, 1913
    (2) 원종 *Somatochlora graeseri graeseri* Selys, 1887
64. 삼지연북방잠자리 *Somatochlora viridiaenea* (Uhler, 1858)

60. 언저리잠자리

Epitheca marginata (Selys, 1883)

①

②

• Identification: 대표적 북방계열의 잠자리로서, 아침과 저녁의 날씨는 아직 추운 5월초에 출현하며, 몸은 긴 털로 수북하게 덮여 있다(Fig. 3).

③

④

Size(mm)

	whole body	head & thorax	abdomen	forewing / hindwing
♂	51~55	16~18	35~37	35~38 / 34~37
♀	54~55	16~17	38	37~38 / 36~37

• **Population density & Flight season**: common, May~early Jun.

• **Ecology & Behavior**: 1년 1세대이고 유충으로 월동한다. 평지의 저수지와 연못 주변에서 전국에 걸쳐 서식한다. 봄을 알리는 대표적 잠자리로서 5월초부터 영역비행을 시작하여 6월이 되면 사라진다. 수놈은 물가에서 하루 종일 영역비행을 한다. 암놈은 배 끝에 알을 크게 뭉쳐 산란하는 특징을 가지고 있다.

⑤ 

⑥ 

⑦ 

① ♂. 2007. 5. 15. 경기 광명, ② ♀. 2009. 5. 8. 경기 광명, ③ ♂♀. 2012. 5. 5. 경기 광명, ④ ♂. 2012. 5. 5. 경기 광명, ⑤ ♀. 2012. 5. 5. 경기 광명, ⑥ ⑦ ♂♀. 교미. 2012. 5. 5. 경기 광명

(Summary *w.r.t.* ecology & behavior)

• living in lentic environment; • 1 generation in a year & passing the winter as larvae; • perching on twigs; • hunting small insects; • territory flight all day; • dropping a mass of eggs all at once, by female alone, on water

61. 백두산북방잠자리

Somatochlora clavata Oguma, 1913

①

②

③

④

• **Identification**: 암놈의 산란판이 매우 길다. 수놈은 우화하여 미성숙시기에는 옆가슴에 노란 두 줄이 있지만(Fig. 6), 성숙하면 없어진다. 충청지역에서는 암수 모두 몸길이 56mm 정도이고, 따뜻한 제주에서는 수놈 59mm, 암놈 62mm 정도로 덩치가 더 크다.

Size(mm)

	whole body	head & thorax	abdomen	forewing / hindwing
♂	56~59	17~18	39~41	37~41 / 36~40
♀	56~62	16.5~18	39.5~44	38~42 / 37~41

• **Population density & Flight season**: local, mid Jul.~early Sep.

• **Ecology & Behavior**: 2년 1세대이고 유충으로 월동한다. 낮은 산지의 계곡이 주서식지로서 영역비행과 산란이 이루어지는 주지역이며, 의외로 낮은 산지의 논에서 보이는 곳도 많고 여기에서 영역비행과 산란이 관찰되기도 하지만 벼 수확시즌에 들어서 논에서 물을 다 빼고 말라버리면 영역비행도 사라지고 이곳에 산란된 알들은 부화하지 못하거나 부화 후 모두 loss 처리되는 것으로 보인다.

계곡에서는 탁 트이고 햇살이 잘 드는 공간에서 영역비행을 하는데 정지비행을 자주 하는 특징을 가지고 있다. 암놈의 산란은 수면 위 수초나 낮은 수면에 이끼 낀 지역에서 이루어지는데 점액이 실처럼 늘어나며 여기에 알이 붙어있는 형태로 이루어지는 것으로 보인다(Fig. 8). 물론 부채장수잠자리처럼 실 형태로 명확하게 뽑아내며 이루어지는 것은 아니다. 한 포인트에 두세 차례 산란하고 옆으로 계속 옮겨 다니는 식으로 산란이 이루어진다. 이끼 낀 바위에 알을 바르는 형식으로 산란하기도 한다(Fig. 10).

① ♂. 2012. 7. 20. 충북 청주, ② ♀. 2012. 8. 8. 충북 보은, ③ ♂♀. 2012. 8. 8. 충북 보은,
④ ♂. 2010. 7. 31. 충북 괴산, ⑤ ♂. 2016. 7. 29. 충북 보은, ⑥ ♂. 우화 후. 2017. 5. 15. 충북 보은,
⑦ ⑧ ⑨ ♀. 산란. 2016. 9. 4. 충북 보은, ⑩ ♀. 산란. 2017. 8. 12. 경북 안동

⑤

⑥

⑦

(Summary *w.r.t.* ecology & behavior)

• living in sunny valley and upstream; • 1 generation in 2 years & passing the winter as larvae; • perching on twigs; • hunting small insects; • territory flight all day; • ovipositing, by female alone, on floating plants and mossy rocks

62. 참북방잠자리

Somatochlora exuberata Bartenev, 1910

Somatochlora japonica (Matsumura, 1911) → (synonym)

~~*Somatochlora metallica* (Vander Linden, 1825)~~

• **Identification**: 몸길이 자체는 백두산북방잠자리와 비슷한데, 가슴과 날개가 약간 작은 편이다. 암놈의 산란판이 길게 발달해 있다.

Size(mm)

	whole body	head & thorax	abdomen	forewing / hindwing
♂	55~59	16.5~17.5	38.5~41.5	37~39 / 36~38
♀	59	17	42	39 / 38

• **Population density & Flight season**: local and rare, Jul.~mid Aug.

③

④

⑤

⑥

⑦

⑧

⑨

⑩

⑪

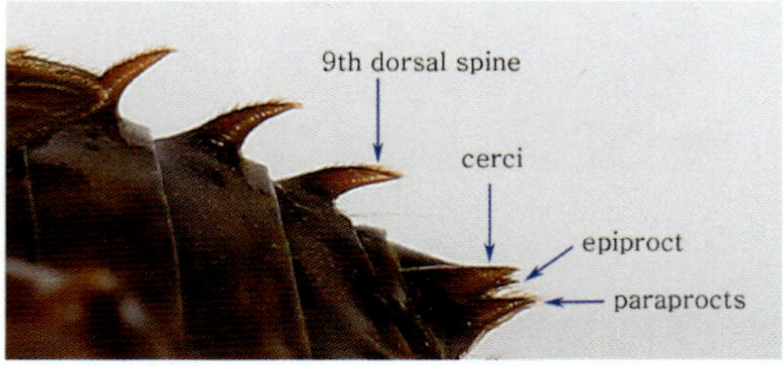

• **Ecology & Behavior**: 2년 1세대이고 유충으로 월동한다. 산지의 수풀이 우거진 계곡에서 볼 수 있는데, 그늘진 곳을 좋아하며 정지비행을 오래 하는 특징이 있다. 백두산북방잠자리와 서식지를 공유하기도 하지만 좀 더 산지성이라 할 수 있다. 산지 계곡에서 참북방잠자리는 그늘진 곳에서 있는 듯 없는 듯 자세히 살펴보지 않으면 발견하기 어려운데 반해, 백두산북방잠자리는 탁 트인 햇살 드는 곳에서 난다. 참북방잠자리가 먼저 성숙하여 계곡에 나타나고, 이후 백두산북방잠자리 시즌이 도래하면 참북방잠자리는 밀려난다. 계곡의 무법자 어리장수잠자리의 간섭에도 드센 편인 백두산북방잠자리는 꿋꿋하게 영역을 지키는 편이고, 참북방잠자리는 그처럼 드세지는 않다.

암놈은 그늘지고 어두운 곳에서 물이 축축한 진흙이나 모래에 배 끝을 꽂아 가며 대략 45도 각도로 반복 산란 한다(Fig. 6, 7). 혹은 수놈의 드센 추적을 피해 수풀이 우거지고 수심도 배가 닿지 않는 깊이에 들어가서 배 끝을 물에 담그며 산란하기도 한다(Fig. 8). 밑노란잠자리, 백두산북방잠자리, 참북방잠자리의 산란은 한 방식으로만 규정지을 수 없고, 모래 속에 산란판을 찔러 넣기도 하고 바위에 바르기도 하고 수면에 직접 하기도 하는 등 환경에 따라 다양한 모습을 보인다.

• **참북방잠자리의 학명에 대하여**: 조복성(1958) 도감에는 참북방잠자리 학명을 *S. coreana* Doi, 1938로 기재하였고, Asahina(1989)는 *S. exuberata*로 기재하

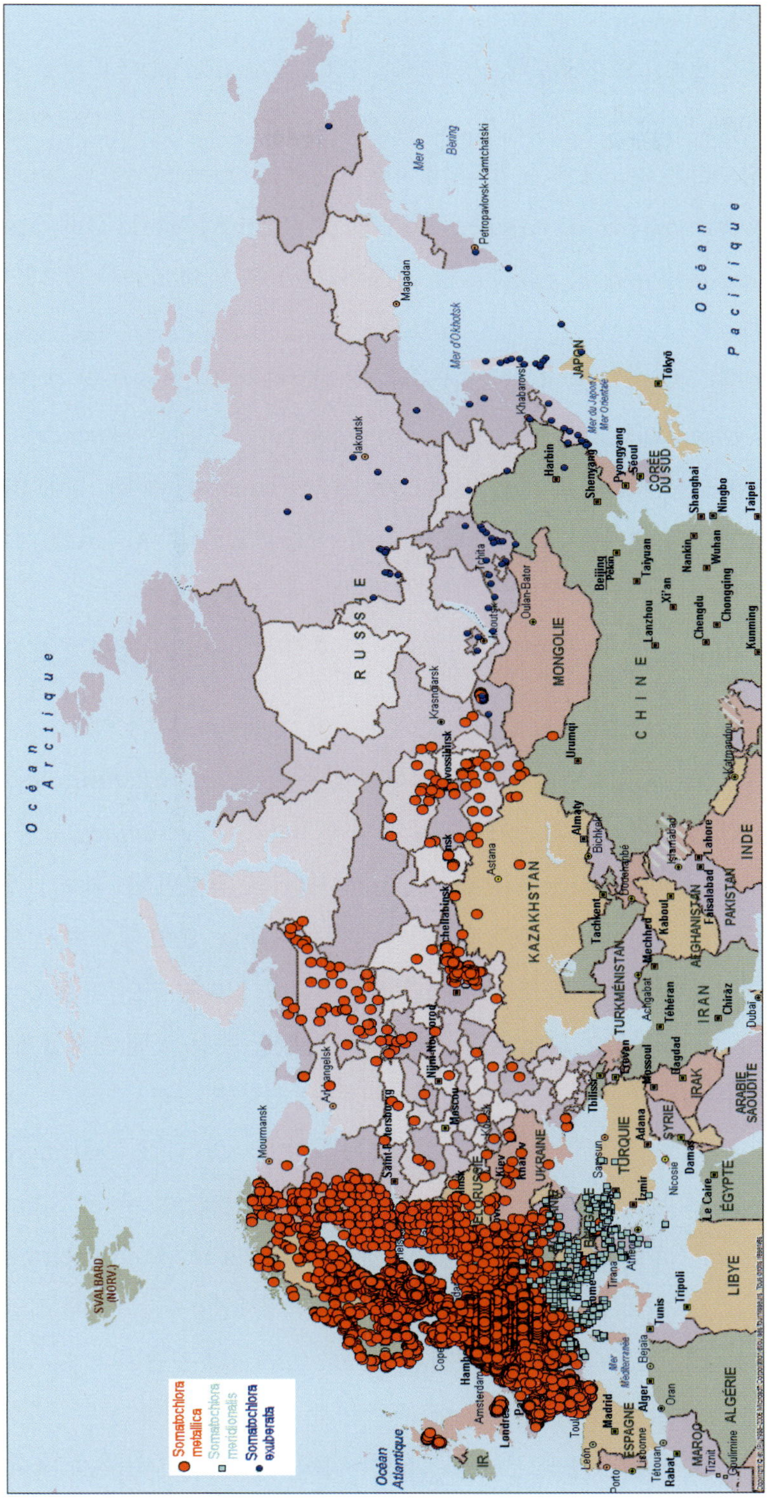
Somatochlora metallica
Somatochlora meridionalis
Somatochlora exuberata

⑫

고 있다.

이승모(2001) 도감에는 참북방잠자리 학명은 *S. exuberata*이고 남한에도 분포하고 북해도북방잠자리 학명은 *S. japonica*이고 북한 고지에 서식한다고 기술하였다.

정광수(2007) 도감에는 참북방잠자리 학명은 *S. metallica*이고 synonym으로 *S. exuberata*와 *S. coreana*를 기록하고 있다. 2010년 World Odonata list에는 *S. metallica* (*syn. S. exuberata, S. coreana*), *S. japonica* 두 종으로 분류하고 있었다.

2018년 현재, 단일 종 *S. japonica*와 일본에서 두 아종으로 분류하였던 *S. exuberata exuberata*, *S. exuberata japonica*는 모두 *S. exuberata* 동일종으로 통합된 상태이고, *S. metallica* (*syn. S. coreana*)와 분리된 상태이다. 한국의 참북방잠자리 학명은 *S. exuberata* (*syn. S. japonica*)이며 외국에 서식하는 *S. exuberata*의 모습은 아래 사이트에서 확인할 수 있다.

http://www.allodonata.com/?q=somatochlora&Continent=1&OB=-2

Kovacs and Ambrus(2017) 논문에는 *S. meridionalis* Nielsen, 1935 유충과 *S. metallica* 유충의 사진이 실려 있는데, *S. meridionalis* 유충은 한국의 참북방잠자리 유충과 형태적으로 거의 일치하며, *S. metallica* 유충은 등가시(dorsal spine)와 옆가시(lateral spine)가 한국의 참북방잠자리보다 훨씬 작다. 한국의 참북방잠자리 유충의 옆가시와 등가시는 (Fig. 9,10)에서 보는 봐와 같다. 참북방잠자리의 학명 *S. metallica*가 오동정일 수 있다는 판단 아래 Kovacs and Amburs를 포함하여 Genus *Somatochlora* 관련 논문을 낸 학자들에게 질문을 하였고, Jean-Pierre Boudot으로부터 답변을 얻었다.

(Fig. 12)는 유라시아 대륙에 분포하는 *S. metallica*, *S. meridionlalis*, *S. exuberata*의 분포도이다. *S. metallica*의 동쪽 한계선은 west Siberia까지이고, *S. meridionalis*는 지중해 연안에만 분포하는 a mediterranean species이고, *S. exuberata*는 west Siberia 동쪽부터 태평양연안까지 분포하고 있다. (Fig. 13, 14, 15, 16)은 유럽에 분포하는 *S. metallica*의 모습이다. *S. metallica*, *S. exuberata*, *S. merionalis*에 관련된 논문과 보고서를 모두 review하였는데, 안타깝게도 이 3종의 부속기 모식도는 올라 있지 않았다(Fleck et al., 2007;

⑬

⑭

⑮

⑯

⑰

a
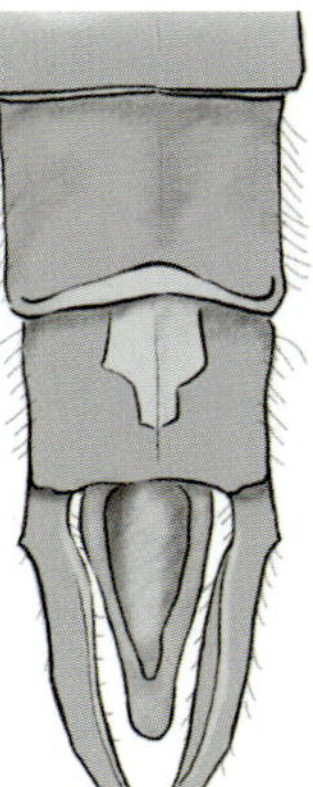

b
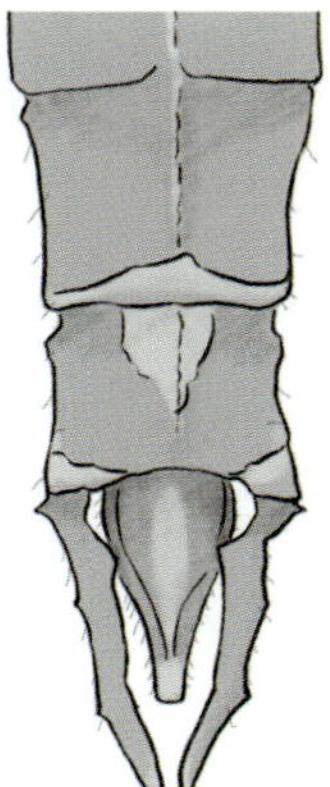

⑱

b
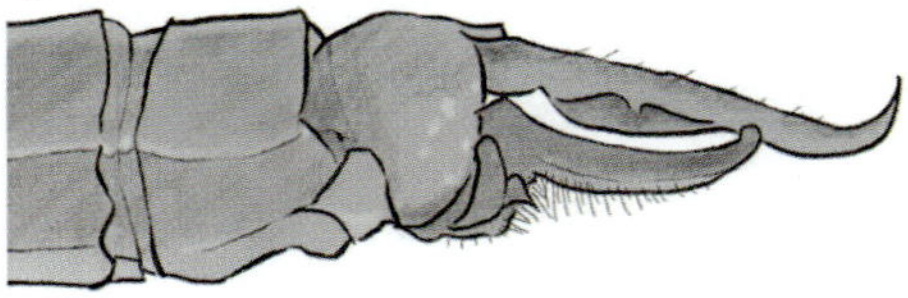

Kosterin & Zaika, 2003; Kosterin & Zaika, 2010; Kosterin & Zaika, 2018; Medvedev et al., 2013; Paillat & Tabut, 2018).

(Fig. 17)은 J.-P. Boudot이 보내온 사진 중 dorsal view를 제대로 볼 수 있는 파일로 부속기 모식도를 참북방잠자리와 함께 그려 비교한 모습이다. (1) 참북방잠자리는 상부속기가 끝으로 내려오는 부분 대비 꺾여 안쪽으로 오무려진 부분의 길이가, *S. metallica*보다, 길다; (2) 참북방잠자리는 상부속기 끝이 바깥쪽으로 벌어지며 끝나고, *S. metallica*는 안쪽으로 오무려지며 끝난다; (3) 참북방잠자리는 상부속기 대비 하부속기의 길이가, *S. metallica*보다, 짧다; (4) (Fig. 18)의 lateral view에서 볼 때, 참북방잠자리는 상부속기 끝이 반원을 그리며 위쪽으로 길게 올라가고, *S. metallica*는 완만한 곡선을 그리며 위쪽으로 짧게 올라가 있다 (Fig. 15).

제2,3배마디의 노란 무늬는 암수 모두 한국의 참북방잠자리와 *S. metallica* 사이에 차이가 있는데 이는 단지 variation in coloration이므로 중요한 차이점이라고 볼 수 없다. 그 외에 필자가 보낸 참북방잠자리 성충과 유충사진을 본 J.-P. Boudot의 답변에는, *S. metallica*는 이마 양 측면의 노란 무늬를 연결하는 가는 노란 선이 있는데(Fig. 16), 한국의 참북방잠자리는 양 측면의 노란 무늬만 있고 이를 연결하는 노란 선이 없다고 하였다. 또한, 한국의 참북방잠자리 유충은 lateral view에서 볼 때 epiproct가 paraprocts보다 짧고 제9배마디의 등가시가 크게 발달해 있는데(Fig. 11), 이는 Ozono et al.(2012) 책에 올라있는 일본의 *S. exuberata*와 일치하고 있다고 지적하였다. 최종적으로 한국의 참북방잠자리는 *S. metallica*나 *S. meridionalis*가 될 수 없고 *S. exuberata*라고 결론지었다.

Karube et al.(2012) 논문에는 *S. metallica* 시료를 Sweden으로부터 받아 *S. exuberata, S. japonica*와의 계통 관계를 nuclear and mitochondrial gene genealogies(핵과 미토콘드리아 유전자 계보) 분석한 결과가 실려 있다. *S. metallica*는 완전히 다른 종이며, *S. exuberata*와 *S. japonica*는 미세한 차이는 있으나 haplotype(일배체형(一倍體型), 단상형(單相型): 한쪽 어버이에 의하여 기여된 연쇄 유전자의 대립형질군)이 reciprocal monophyly(단계통성(單系統性))이기 때문에, *S. japonica*를 *S. exuberata*의 아종으로 downgrading 한

다고 결론 내렸다. 또한, *S. japonica*와 *S. exuberata* 부속기 모식도가 올라 있다. *S. japonica*와 *S. exuberata*를 한 종으로 보는 견해는 Asahina(1938), Lohmann(1994), Malikova(2006), Malikova et al.(2007)에서 제시되었는데, Bartenev(1910) 논문에서 *S. exuberata*의 존재를 먼저 언급하였기에 *S. exuberata*로 동종 처리하는 것으로 마무리되었다.

* Acknowledgement: I express my thanks to Jean-Pierre Boudot for his identification of *S. exuberata* in Korea, together with providing his photos of *S. metallica* & *S. meridionalis*, as well as related articles and the distribution map of Genus *Somatochlora*.

① ♂. 2012. 7. 20. 충북 청주, ② ♀. 2013. 7. 13. 충북 청주, ③ ♂♀. 2013. 7. 13. 충북 청주, ④ ♂. 2013. 7. 13. 충북 청주, ⑤ ♂. 2017. 8. 19. 강원 홍천, ⑥ ⑦ ⑧ ♀. 산란. 2017. 8. 19. 강원 홍천, ⑨ larva of *S. exuberata* in Korea. lateral spines, ⑩ larva of *S. exuberata* in Korea. dorsal spines, ⑪ larva of *S. exuberata* in Korea. anal appendages,
⑫ distribution of *S. metallica*, *S. meridionalis*, and *S. exuberata*, ⑬ *S. metallica*. ♂. 2005. 7. 1. northern Finland. ©Jean-Pierre Boudot, ⑭ *S. metallica*. ♀. 2005. 5. 29. France. ©Jean-Pierre Boudot, ⑮ *S. metallica*. ♂. 2005. 7. 1. northern Finland. ©Jean-Pierre Boudot, ⑯ *S. metallica*. ♂. 2005. 5. 29. Italy. ©Jean-Pierre Boudot, ⑰ (a: *S. metallica*) vs. (b: *S. exuberata*). dorsal view-cerci & epiproct, ⑱ (b: *S. exuberata*). lateral view-cerci & epiproct

(Summary *w.r.t.* identity, ecology, & behavior)

The scientific name of this species should be corrected as *S. exuberata*. *S. exuberata* in Korea has the following properties: (1) the cerci are more angulated outside, whereas *S. metallica's* are less angulated and toward inside (Fig. 15,17,18); (2) the epiproct is much shorter than the cerci, compared to *S. metallica* (Fig. 17); (3) there is no horizontal yellow stripe connecting the yellow sides of the frons, whereas *S. metallica* has the stripe (Fig. 16). • living in shady valleys and upstreams surrounded with bush; • 1 generation in 2 years & passing the winter as larvae; • perching on twigs; • hunting small insects; • territory flight all day and repeatedly hovering for a while; • ovipositing, by female alone, on shallow watered ground and water surface

63. 밑노란잠자리

(1) 아종 *Somatochlora graeseri aureola* Oguma, 1913

(2) 원종 *Somatochlora graeseri graeseri* Selys, 1887

(1) 밑노란잠자리 아종

Somatochlora graeseri aureola Oguma, 1913

• **Identification**: 북방잠자리속의 잠자리로서, 광택이 강한 황록색 겹눈과 광택 있는 청록색 가슴을 가지고 있다. .

Size(mm)

	whole body	head & thorax	abdomen	forewing / hindwing
♂	53~54	16	37~38	35~36 / 34~35
♀	53	16	37	37 / 36

• **Population density & Flight season**: common, Jul.~mid Aug.

③

④

⑤

• Ecology & Behavior: 1년 1세대이고 유충으로 월동한다. 산지의 그늘지고 어두운 웅덩이에 서식한다. 수놈은 물가를 따라 돌며, 정지비행을 짧게 하는 특성을 가지고 있다. 암놈은 제9~10배마디를 직각으로 위로 꺾어 배를 물에 적신 후 물주변의 흙에 알에 묻히는 형태로 반복 산란하는데(Fig. 6), 물 깊이가 있는 풀 주변에서는 물에 직접 산란하기도 한다(Fig. 7).

① ♂. 2012. 7. 13. 경기 용인, ② ♀. 2011. 7. 6. 경기 용인, ③ ♂♀. 2011. 7. 6. 경기 용인, ④ ♂. 2013. 7. 16. 충북 청주, ⑤ ♂. 2013. 7. 3. 충북 청주, ⑥ ♀. 산란. 2016. 7. 14. 충북 청주, ⑦ ♀. 산란. 2014. 7. 15. 충북 청주, ⑧ exuviae of *S. g. aureola*

⑥

⑦

⑧

(Summary *w.r.t.* ecology & behavior)

• living in shady small ponds in low mountains; • 1 generation in a year & passing the winter as larvae; • perching on twigs; • hunting small insects; • territory flight all day; • applying eggs, by female alone, on the ground nearby as well as sometimes touching the tips of abdomen on the water directly

(2) 밑노란잠자리 원종

Somatochlora graeseri graeseri Selys, 1887

• **Identification**: 일본에서는 밑노란잠자리를 *S. graeseri aureola* Oguma, 1913(밑노란 아종)과 *S. graeseri graeseri* Selys, 1887(밑노란 원종)로 구분하고 있었다. 그러나, Akihiko Sasamoto에 따르면 일본에서도 얼마 전부터는 두 아종으로 분류하기 보다는 한 종으로 묶어 부르고 있다고 한다. 한국의 밑노란잠자리는 대부분 밑노란 아종이고, 밑노란 원종은 좀 더 고지대에 서식하는 경향이 있다.

S. g. aureola 수놈은 제3배마디 윗면에 노란 삼각형 무늬가 있고, *S. g. graeseri* 수놈은 제3배마디 윗면에 노란 줄무늬만 있는데, 이는 배 옆면에서 볼 때 노란 삼각형 무늬가 중간 지점까지만 올라와 있어 dorsal view에서는 노란 삼

각형이 나타나지 않기 때문이다(Fig. 1). *S. g. aureola* 암놈은 제3배마디 윗면에 노란 삼각형무늬가 있고 제9배마디는 잘록하게 들어가 있고, *S. g. graeseri* 암놈은 제3배마디 윗면에 노란 줄무늬만 있고 제9배마디는 계단식으로 되어 있는 차이를 보인다(Fig. 2).

Size(mm)

	whole body	head & thorax	abdomen	forewing / hindwing
♂	50~53	16	37~38	35~36 / 34~35
♀	53	16	37	37 / 36

- **Population density**: rare

- **밑노란잠자리 원종과 아종의 구분에 관하여**: 밑노란잠자리는 다른 잠자리에 비하여 변이가 크다고 할 수 있다. 첫째, 일본의 *S. g. graeseri* 암놈은 제9배마디가 계단식이 아니고 *S. g. aureola* 암놈처럼 잘록하게 들어가 있어, 한국의 *S. g. graeseri* 암놈과 형태적 차이를 보인다. 둘째, 2014년 강원 고성에서는 암놈인데 제3배마디 윗면은 줄무늬이고 제9배마디는 잘록한 형태인, 두 타입이 섞인 암놈이 확인되었다. 이 두 아종은 수놈 부속기나 암놈 산란기관에 교미가 불가한 큰 차이를 보이지 않는 한 종이다. 한국에서는 원종이 서식하는 장소에는 아종도 당연히 발견되고 있고 흔하게 교미와 산란이 이루어지고 있는 것으로 보인다.

- **유충에 관하여**: *S. g. aureola* 유충과 *S. g. graeseri* 유충의 구분은 매우 어렵다. (Fig. 5)는 2015년 6월 15일 강원 인제의 산속 웅덩이에서 각각 2마리씩 함께 채집되었던 개체의 비교이다. *S. g. graeseri* 유충은 배가 날씬하며 미모가 검다. (Fig. 6)은 2016년 5월 3일 강원 고성에서 채집된 *S. g. graeseri* 유충으로서, 종령 중기 때까지는 *S. g. aureola* 유충과 마찬가지로 미모가 검은 부분과 밝은 부분으로 나뉘어있다가, 우화 모드로 들어간 후인 5월 22일에는 미모 전체가 검게 변하는 것을 보여준다. (Fig. 7)은 5월 26일 우화한 후의 모습으로서 제3배마디에 거의 퇴화한 등가시가 하나 더 있는 것을 보여준다.

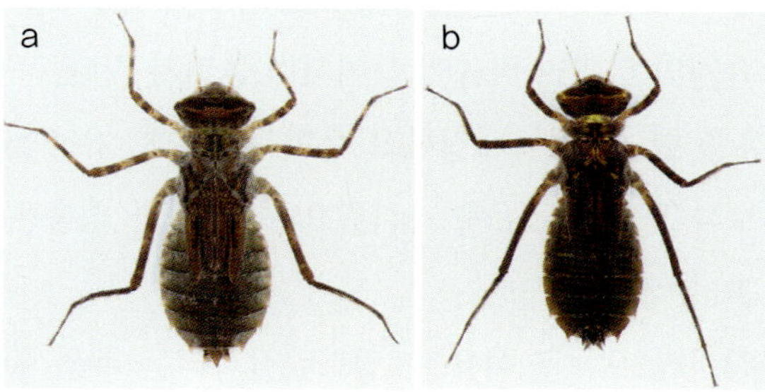

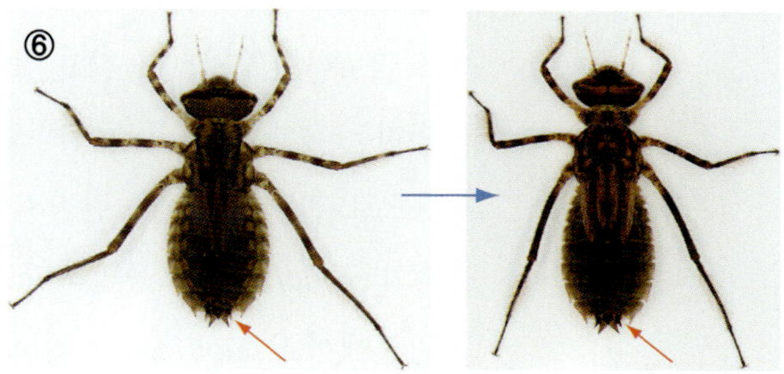

⑤

① ♂. 2018. 7. 27. 강원 고성, ② ♀. 2011. 7. 6. 경기 용인, ③ ♂. 2018. 7. 27. 강원 고성, ④ ♀. 2011. 7. 6. 경기 용인, ⑤ (a: larva of *S. g. aureola*) vs. (b: larva of *S. g. graeseri*). 2015. 6. 15. 강원 인제, ⑥ last instar larva of *S. g. graeseri*. 2016. 5. 3.~2016. 5. 22. 강원 고성, ⑦ exuviae of *S. g. graeseri* . 2016. 5. 26. 강원 고성

(Summary *w.r.t.* ecology & behavior)

• living in high mountains; • all other ecological & behavioral characteristic being the same as those of *S. g. aureola*; • cerci of larva becoming all black as the last instar larva going into the emerging mode (Fig. 6), which distinguishing this subspecies from those of *S. g. aureola* (Fig. 5); • larva of *S. g. graeseri* having degenerated third dorsal spine (Fig. 7), which being absent in that of *S. g. aureola*

* Regarding the existence of *Somatochlora uchidai* Forster, 1909

: 일본에서 *S. g. greaseri*는 홋카이도의 일부 지역에서만 서식하고 *S. g. aureola*는 홋카이도와 혼슈 북부의 일부 지역에만 서식하는 반면, *S. uchidai*는 일본 전역에 넓게 서식하고 있다. *S. uchidai*는 한국에서는 아직 발견된 바 없다. *S. uchidai* 유충의 특징은, (1) 밑노란잠자리 유충처럼 다리 끝이 검고; (2) 등가시가 밑노란잠자리 유충보다 길고 뒤편으로 누워 있고; (3) 미모가 우화할 때까지, *S. g. graeseri*와는 달리, 전체가 검어지지 않는다. *S. uchidai* 성충의 특징은 *S. g. graeseri*처럼 제3배마디 윗면에 노란 줄무늬만 나타나고, 몸길이와 수놈 부속기가 밑노란잠자리보다 길고 상부속기의 부위별 비율이 상이하며 돌기가 작다.

필자는 2016년 청동잠자리속 유충 한 개체를 채집하고 우화시켰는데, 유충을 기준으로 판단하면 밑노란잠자리보다 *S. uchidai*에 가까웠으나, 우화한 성충은 일본의 *S. uchidai*와 동일하다고 볼 수 없었다.

일본에서 *S. uchidai*가 밑노란잠자리보다 큰 이유는, 밑노란잠자리는 추운 홋카이도가 서식지이지만 *S. uchidai*는 한국보다 덥고 습하며, 특히 성충 크기에 결정적 영향을 미치는 덜 춥고 기간이 짧은 겨울을 가진 큐슈, 시코쿠, 대부분의 혼슈 지역에 서식하기 때문에 당연히 몸길이와 수놈 부속기가 길다. 이 지역의 삼지연북방잠자리 암놈과 한라별왕잠자리는 7cm 이상인 개체가 자주 일본 웹사이트에 등장한다. 필자가 간토지방에서 채집했던 *P. milnei* 암놈도 7.7cm, 도깨비왕잠자리 수놈도 7.5~7.7cm로 컸다. 만약 한국에 *S. uchidai*가 서식한다면 일본의 *S. uchidai*보다 몸길이와 수놈 부속기는 짧을 가능성이 크다.

*S. uchidai*는 일본고유종으로 여겨져 왔는데, 밑노란잠자리에서 분리되어 한 종으로 취급된 것도 역사가 짧다. *S. uchidai*가 일본 고유종이 아니게 된 것은 Ozono et al.(2012)에서 중국의 Zhejiang 지역에서 한 개체뿐이지만 *S. uchidai*를 채집하고 DNA 분석을 통해 종을 확인하면서부터이다. Akihiko Sasamoto는 밑노란잠자리는 연해주에서 일본 홋카이도로 서식지를 넓혔고 *S. uchidai*는 중국 남부에서 일본 남부 열도로 서식지를 넓힌 것으로 보인다는 견해를 피력했다.

최근 Li & Zhang(2018) 논문에서는 중국의 청동잠자리속에 대한 내용을 다루고 있는데, *S. uchidai*는 중국의 Shaanxi, Shanxi, Heilongjiang, Jilin, Henan, Hubei, Jiangxi, and Sichuan에 광범위하게 분포하고 있으며, 해발 1,200~2,020m 고지의 1~3m 크기의 작은 웅덩이에 서식하며 정오에서 오후 2시 사이에 교미가 이루어진다고 기술하고 있으며, 위 분포지에서 다수의 개체가 채집된 보고를 하고 있다. 다만 중국에 서식하는 *S. uchidai* 사진과 부속기 모식도를 올린 논문이나 보고서는 찾을 수 없는 실정이다.

중국과 일본의 중간에 위치한 한반도에는 *S. uchidai*가 서식하고 있을 가능성이 상당하다고 판단된다. 잠자리 매니아가 일본에 비하여 절대적으로 적은 한국에서는 이 종을 목표로 한 탐사가 충분치 않아 현재까지 발견하지 못하고 있을 수도 있다. 한국개미허리왕잠자리와 한라별왕잠자리가 좋은 예가 될 것이다. 한국 잠자리 몇몇 종의 서식환경과 성충의 coloration은 일본보다 중국의 그것과 더 유사하다. 남한에도 해발 1,000m 넘는 고지를 가진 산으로 한라산, 지리산, 설악산, 덕유산, 함백산, 태백산 등이 있는 것을 감안하면, 그리고 중국의 서식환경과 유사할 것이라고 가정하면, 이러한 곳에서 *S. uchidai*가 발견될 가능성이 있다.

(Re: the existence of *S. uchidai* in Korea)

• The larva that I caught in 2016 was morphologically different from those of typical *S. graeseri* in Korea. However, the cerci of the dragonfly emerged were not identical to those of *S. uchidai* in Japan. *S. uchidai* is no longer a Japanese endemic species since it has been found in many regions, China (Li & Zhang, 2018). In China, *S. uchidai* inhabits in areas of more than 1,200m above sea level. Further investigation is needed to identify whether *S. uchidai* inhabits in Korea.

64. 삼지연북방잠자리

Somatochlora viridiaenea (Uhler, 1858)

• **Identification**: 수놈은, 암놈처럼, 미성숙시기에는 옆가슴에 노란 두 줄이 있다가 성숙하며 없어진다. 암놈은 성숙하며 날개 안쪽에 검은 실루엣이 생긴다(Fig. 2: 측면 윗 개체). 암놈은 유난히 긴 배와 날개 안쪽의 검은 실루엣으로 북방잠자리속에서 이국적인 느낌을 준다.

Size(mm)

	whole body	head & thorax	abdomen	forewing / hindwing
♂	55~58	16.5~17	38.5~41	36~38 / 35~37
♀	61~63	16.5	44.5~46.5	39 / 38

• **Population density & Flight season**: local and rare, Jul.~Aug.

⑤

⑥

⑦

• **Ecology & Behavior**: 1년 1세대이고 유충으로 월동한다. 강원 산지의 부들이 가득한 습지에 서식한다. 일본에서는 전국구인데, 한반도에서는 미시령 넘어 한랭 다습한 북동쪽에서만 발견되고 다른 지역에서는 아직까지 발견되지 않고 있다. 수놈은 수풀 우거진 습지 위에서 영역비행을 하기도 하지만, 더 많은 개체는 주변 풀숲의 터진 공간이나 나무가 양쪽으로 늘어선 길에서 볼 수 있다. 암놈도 같은 장소에서 먹이사냥을 한다. 암놈은 우거진 수풀 속으로 쑥 들어가 산란한다.

• **북방잠자리속 구분**: (Fig. 8)은 북방잠자리속 4종의 수놈 비교이다. 제2배마디 노란 무늬에도 약간의 차이가 있으나, 가장 확연한 차이는 수놈 부속기 모양에 있다. 밑노란잠자리는 마치 창을 연상시키는 모양을 하고 있으며, 백두산북방잠자리는 상부속기가 평행하게 벌어져 있다가 끝이 안으로 오므려지는 형태이고, 참북방잠자리는 상부속기가 제9~10배마디와 같은 너비로 폭이 크고 끝이 닿아있고 하부속기가 크며, 삼지연북방잠자리는 상부속기가 평행하게 나오다 오므려져 붙기 직전의 모습을 하고 있다. 성숙한 수놈들은 4종 모두 옆가슴에 노란 줄무늬가 없다. 단, 백두산북방과 삼지연북방 수놈은 우화 후 미성숙 시기에는 옆가슴에 2개의 노

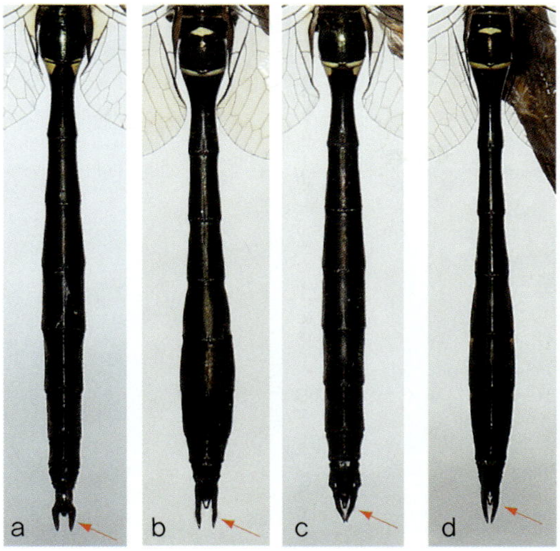

⑧

⑨

란 줄무늬가 있는데 성숙하면서 사라진다.

(Fig. 9)는 암놈의 비교이다. 밑노란잠자리는 옆가슴에 노란 줄무늬가 없고 산란판이 매우 작고, 백두산북방잠자리는 옆가슴에 노란 줄무늬 2개가 있고 산란판이 매우 길게 뻗어 있고, 참북방잠자리는 옆가슴에 노란 줄무늬가 없고 산란판은 매우 길게 뻗어 있고, 삼지연북방잠자리는 옆가슴에 노란 줄무늬 2개, 약간 긴 산란판, 그리고 날개 안쪽의 검은 실루엣으로 구분할 수 있다.

① ♂. 2012. 7. 25. 강원 고성, ② ♀. 측면 위: 완성숙, 측면 아래: 미성숙. 2012. 7. 25. 강원 고성, ③ ♂♀. 2012. 7. 25. 강원 고성, ④ ⑤ ♂. 2016. 8. 23. 강원 고성, ⑥ ♂. 2018. 7. 26. 강원 고성, ⑦ ♀. 2012. 7. 25. 강원 고성, ⑧ (a: *S. graeseri* ♂) vs. (b: *S. clavata* ♂) vs. (c: *S. exuberata* ♂) vs. (4: *S. viridiaenea* ♂), ⑨ (a: *S. graeseri* ♀) vs. (b: *S. clavata* ♀) vs. (c: *S. exuberata* ♀) vs. (4: *S. viridiaenea* ♀)

(Summary *w.r.t.* ecology & behavior)

• living in bushy marsh; • 1 generation in a year & passing the winter as larvae; • perching on twigs; • hunting small insects; • territory flight all day and often hovering; • ovipositing, by female alone, deep inside bushy marsh

잠자리과

Family Libellulidae Rambur, 1842

잠자리과에는 전세계적으로 140속 1,039종의 잠자리가 있으며, 한국에는 12속 30종이 발견되고 있다. 이 중 된장잠자리와 날개잠자리는 비래종이고, 대륙고추좀잠자리, 두점배좀잠자리, 긴꼬리고추잠자리는 비래한 개체와 정착한 개체가 혼재한다. 좌우겹눈은 넓게 마주한 형태를 취하고 있다. 서식지는 매우 다양하여, 큰 규모의 저수지에서 아주 작은 습지까지의 정수성 환경과 소규모 하천인 유수성 환경에 서식한다.

소 개

65. 남색이마잠자리 *Brachydiplax chalybea* Brauer, 1868
66. 고추잠자리 *Crocothemis servilia mariannae* Kiauta, 1983
67. 어리밀잠자리(밀잠자리붙이) *Deielia phaon* (Selys, 1883)
68. 대모잠자리 *Libellula angelina* Selys, 1883
69. 넉점박이잠자리 *Libellula quadrimaculata* Linnaeus, 1758
70. 배치레잠자리 *Lyriothemis pachygastra* (Selys, 1878)
71. 꼬마잠자리 *Nannophya pygmaea* Rambur, 1842
72. 밀잠자리 *Orthetrum albistylum speciosa* (Uhler, 1858)
73. 중간밀잠자리 *Orthetrum internum* McLachlan, 1894
    ~~*Orthetrum japonicum* (Uhler, 1858)~~
74. 홀쭉밀잠자리 *Orthetrum lineostigma* (Selys, 1886)
75. 큰밀잠자리 *Orthetrum melania* (Selys, 1883)
76. 된장잠자리 *Pantala flavescens* (Fabricius, 1798)
77. 노란허리잠자리 *Pseudothemis zonata* (Burmeister, 1839)
78. 나비잠자리 *Rhyothemis fuliginosa* Selys, 1883
79. 날개잠자리 *Tramea virginia* (Rambur, 1842)
80. 산깃동잠자리 *Sympetrum baccha* (Selys, 1884)
81. 긴꼬리고추잠자리 *Sympetrum cordulegaster* (Selys, 1883)
82. 노란잠자리 *Sympetrum croceolum* (Selys, 1883)
83. 여름좀잠자리 *Sympetrum darwinianum* (Selys, 1883)
84. 대륙고추좀잠자리 *Sympetrum depressiusculum* (Selys, 1841)
85. 두점박이좀잠자리 *Sympetrum eroticum* (Selys, 1883)
86. 두점배좀잠자리 *Sympetrum fonscolombii* (Selys, 1840)
87. 고추좀잠자리 *Sympetrum depressiusculum* (Selys, 1841)
    Sympetrum frequens (Selys, 1883) → (synonym)
88. 깃동잠자리 *Sympetrum infuscatum* (Selys, 1883)
89. 흰얼굴좀잠자리 *Sympetrum kunckeli* (Selys, 1884)
90. 애기좀잠자리 *Sympetrum parvulum* Bartenev, 1912
91. 날개띠좀잠자리 *Sympetrum pedemontanum* (Muller, 1766)

92. 들깃동잠자리 *Sympetrum risi* Bartenev, 1914
93. 하나잠자리 *Sympetrum speciosum* Oguma, 1915
94. 대륙좀잠자리 *Sympetrum striolatum* (Charpentier, 1840)
95. 진노란잠자리 *Sympetrum uniforme* (Selys, 1883)

65. 남색이마잠자리

Brachydiplax chalybea Brauer, 1868

③

• Identification:

Size(mm)

	whole body	head & thorax	abdomen	forewing / hindwing
♂	39~41	15~16	24~25	30~31 / 29~30
♀	37~38	14~14.5	23~23.5	31 / 30

• Population density & Flight season: locally common, late Jul.~Aug.

• Ecology & Behavior: 1년 1~2세대이고 유충으로 월동한다. 남색이마잠자리는 열대, 아열대 지방에 사는 종인데, 2000년대에 제주에 날아와 성공적으로 정착하여 세대를 거듭하고 있고 전라 지방에도 여러 곳에서 서식이 확인되고 있다. 평지의 연못과 웅덩이 주위에 분포한다.

① ♂. 2012. 8. 1. 제주 북제주, ② ♀. 2012. 8. 1. 제주 북제주, ③ ♂♀. 2012. 8. 1. 제주 북제주,
④ ♂. 2013. 8. 13. 제주 북제주, ⑤ ⑥ ♀. 2016. 6. 25~26. 제주 북제주

(Summary *w.r.t.* ecology & behavior)

• living in ponds; • come-flying individuals successfully settled down in Jeju-island in year 2000s and slowly expanding its habitat; • 1~2 generations in a year & passing the winter as larvae; • perching on twigs; • hunting small insects; • territory flight all day; • ovipositing, by female alone, in the water

66. 고추잠자리

Crocothemis servilia mariannae Kiauta, 1983

①

②

③

④

• Identification: 배가 통통하고, 수놈은 진정 '빨간 고추' 라 할 만큼 온몸이 빨갛다.

Size(mm)

	whole body	head & thorax	abdomen	forewing / hindwing
♂	49	18	31	36 / 35
♀	46	17	29	39 / 38

• Population density & Flight season: common, Jun.~Aug.

• Ecology & Behavior: 1년 1세대이고 유충으로 월동한다. 평지의 연못과 웅덩이, 냇가의 정체 구역에 서식한다. 왕잠자리, 밀잠자리와 같은 최고의 사나움을 지닌 잠자리들이 사는 곳에서 치열하게 살아가는 종이다.

① ♂. 2011. 9. 25. 서울 마포, ② ♀. 2012. 6. 8. 제주 북제주, ③ ♂♀. 2012. 6. 8. 제주 북제주, ④ ♂. 2009. 6. 12. 경기 광명, ⑤ ♀. 2014. 6. 29. 제주 북제주, ⑥ ♀. 산란. 2016. 7. 10. 제주 북제주

(Summary *w.r.t.* ecology & behavior)

• living in ponds and slow streams; • 1 generation in a year & passing the winter as larvae; • perching on everywhere; • hunting small insects; • territory flight all day; • ovipositing, by female alone, on water

67. 어리밀잠자리(밀잠자리붙이)

Deielia phaon (Selys, 1883)

• Identification: 회하늘색 체색을 갖고 이름에 '밀'이 들어가지만 밀잠자리류와는 전혀 다른 속에 속한다. 이름에 '붙이'란 말은 겉은 비슷하지만 가짜라는 의미로서 해석할 수 있다. 암놈은 수놈과 같은 회하늘색(동색형)과 날개에 실루엣이 들어간 누런색(이색형)이 있는데, 이색형은 지역성이 있어 보이는 장소에서만 집중적으로 나타나는 경향이 있다.

Size(mm)

	whole body	head & thorax	abdomen	forewing / hindwing
♂	46	15	31	37 / 36
♀	41~45	14~16	27~29	36~40 / 35~39

③

④

⑤

⑥

• **Population density & Flight season**: prevalent, Jun.~Aug.

• **Ecology & Behavior**: 1년 1세대이고 유충으로 월동한다. 평지의 저수지, 연못 등 정수성 환경에는 전국적으로 서식한다. 적응력이 강하고 영역 점유욕도 강하여, 같은 장소에서 덩치 큰 밀잠자리에게 밀리지 않고 잘 버틴다. 물 속 풀줄기에 단독 산란한다.

① ♂. 2006. 7. 5. 경기 광명, ② ♀. 2006. 8. 22. 경기 광명, ③ ♂♀. 2011. 8. 9. 인천 중구, ④ ♀. 이색형. 2011. 6. 10. 제주 북제주, ⑤ ♂. 2011. 7. 10. 제주 북제주, ⑥ ♀. 이색형. 산란. 2016. 7. 7. 제주 북제주, ⑦ ♀. 이색형. 2011. 7. 10. 제주 북제주

(Summary *w.r.t.* ecology & behavior)

• living in ponds and lakes; • 1 generation in a year & passing the winter as larvae; • perching nearly vertically on weed stems; • hunting small insects; • territory flight all day with strong territory occupation; • ovipositing, by female alone, on plant stems in the water

68. 대모잠자리

Libellula angelina Selys, 1883

①

②

③

④

• **Identification**: 암수 모두 진한 밤색이며 배가 통통하다.

Size(mm)

	whole body	head & thorax	abdomen	forewing / hindwing
♂	46	17	29	35 / 34
♀	42	16	28	34 / 33

• **Population density & Flight season**: locally common, May~early Jun.

• **Ecology & Behavior**: 1년 1세대이고 유충으로 월동한다. 부들이 빼곡한 연못과 소류지에 서식하는데, 서해안과 가까운 내륙에서 주로 발견된다. 5월 봄에 가장 먼저 나타나는 잠자리 중의 하나이다. 멸종 위기종으로 지정되어오고 있는데, 희귀한 것은 일본에서나 그렇고, 전남 지방에는 대규모 서식지가 많아서 nonsense라 생각된다. 경기 서해안의 기존 서식지는 아파트와 산업 단지가 들어서며 파괴가 심각한 수준이다.

① ♂. 2012. 5. 5. 경기 광명.
② ♀. 2012. 5. 5. 경기 광명.
③ ♂♀. 2012. 5. 5. 경기 광명.
④ ♂. 2014. 5. 1. 경기 광명.
⑤ ♀. 2009. 5. 30. 인천 중구

(Summary *w.r.t.* ecology & behavior)

• living in ponds and marsh with cattails; • 1 generation in a year & passing the winter as larvae; • perching on bush and twigs; • hunting small insects; • territory flight all day; • ovipositing, by female alone, on water

69. 넉점박이잠자리

Libellula quadrimaculata Linnaeus, 1758

③

• **Identification**: 몸은 짙은 황색이고 체형은 대모잠자리와 유사하다.

Size(mm)

	whole body	head & thorax	abdomen	forewing / hindwing
♂	46	17	29	35 / 34
♀	44	17	27	35 / 34

• **Population density & Flight season**: common, May~Jul.

• **Ecology & Behavior**: 1년 1세대이고 유충으로 월동한다. 연못과 웅덩이 주위에 서식하는데, 우화기간이 길어 여름까지 발견된다. 대모잠자리와 중간밀잠자리와 함께 5월 봄이 되면 가장 먼저 출현하는 잠자리이다. 대모잠자리에 비하여 영역 점유욕이 강한 편이다.

① ♂. 2012. 5. 3. 서울 마포
② ♀. 2012. 5. 3. 서울 마포
③ ♂♀. 2012. 5. 3. 서울 마포
④ ♂. 2014. 5. 26. 서울 마포
⑤ ♀. 2012. 5. 3. 서울 마포

(Summary *w.r.t.* ecology & behavior)

• living in small ponds with cattails; • 1 generation in a year & passing the winter as larvae; • perching on bush and twigs; • hunting small insects; • territory flight all day with strong territory occupation; • ovipositing, by female alone, on water

70. 배치레잠자리

Lyriothemis pachygastra (Selys, 1878)

• **Identification**: 몸길이는 짧고 배는 통통한 형태를 하고 있다.

Size(mm)

	whole body	head & thorax	abdomen	forewing / hindwing
♂	36~37	14	22	27~28 / 26~27
♀	36	14	22	28~30 / 27~29

• **Population density & Flight season**: common, late May~mid Aug.

• **Ecology & Behavior**: 1년 1세대이고 유충으로 월동한다. 연못과 습지에 전국적으로 서식한다.

① ♂. 2012. 5. 20. 서울 마포, ② ♀. 2011. 6. 7. 서울 마포, ③ ♂♀. 2012. 5. 21. 서울 마포,
④ ⑤ ♂. 2012. 6. 3. 서울 마포, ⑥ ♀. 2017. 6. 28. 제주 북제주

(Summary *w.r.t.* ecology & behavior)

• living in mud-bottomed marsh and pond; • 1 generation in a year & passing the winter as larvae; • perching on everywhere; • hunting small insects; • territory flight all day; • ovipositing, by female alone, on water

71. 꼬마잠자리

Nannophya pygmaea Rambur, 1842

①

②

③

④

• **Identification**: 한국의 잠자리 중에서 몸길이가 가장 짧은 잠자리이다.

Size(mm)

	whole body	head & thorax	abdomen	forewing / hindwing
♂	20	7.5	12.5	15.5 / 14.5
♀	19	7.5	11.5	15 / 14

• **Population density & Flight season**: local and rare, mid Jun.~Jul.

• **Ecology & Behavior**: 1년 1세대이고 유충으로 월동한다. 작고 연약한 부들이 있는 낮은 산지의 아주 얕은 습지에서 발견된다. 이러한 습지는 시간이 지나며 육지화가 진행되고, 또 가뭄이 심한 해는 말라버릴 수도 있어, 꼬마잠자리의 안정적인 서식지는 귀한 편이다. 꼬마잠자리 서식 습지에는 중간밀잠자리, 큰밀잠자리, 여타 포식성 곤충들이 공존한다. 중간밀잠자리는 꼬마잠자리 이전에 나타나고, 이후 꼬마잠자리가 나타나며, 곧 큰밀잠자리가 나오면 꼬마잠자리를 포식하고, 꼬마잠자리는 자취를 감추기 시작한다. 지난 10여 년 간 알고 있던 꼬마잠자리의 서식지는 자연적으로 혹은 인간의 이기적 행동에 의해 거의 모두 사라졌는데, 자연적으로 사

⑥

⑦

⑧

라질 수밖에 없는 서식지의 특성을 감안하면, 이동성이 거의 없는 이들이 아직도 이 땅에서 멸종하지 않고 있는 것은 참으로 불가사의 하다. 꼬마잠자리의 이동성에 관한 연구조사가 필요해 보인다.

① ♂. 2012. 7. 13. 인천 중구, ② ♀. 2012. 7. 13. 인천 중구, ③ ♂♀. 2011. 7. 17. 인천 중구, ④ ⑤ ♂. 2010. 7. 7. 인천 중구, ⑥ ♂. 2014. 6. 13. 전남 영암, ⑦ ♀. 2010. 7. 7. 인천 중구, ⑧ ♀. 미성숙. 2010. 7. 7. 인천 중구

(Summary *w.r.t.* ecology & behavior)

• living in shallow marsh with soft bush in low mountain areas; • shortest dragonfly in Korea; • 1 generation in a year & passing the winter as larvae; • perching on cattails; • hunting small insects; • territory flight all day; • ovipositing, by female alone, on water

72. 밀잠자리

Orthetrum albistylum speciosa (Uhler, 1858)

③

• Identification:

Size(mm)

	whole body	head & thorax	abdomen	forewing / hindwing
♂	52~56	16~17	36~39	39~41 / 38~40
♀	52~58	17	35~41	41 / 40

• Population density & Flight season: prevalent, mid Jun.~Aug.

• Ecology & Behavior: 1년 1세대이고 유충으로 월동한다. 저수지, 연못 등 정수성 환경에는 전국 어디나 서식하며, 냇가에서도 흔하게 서식한다. 우리나라 잠자리과 대표 잠자리라고 할 수 있다. 개체수도 엄청나게 많고, 적극성과 공격성도 매우 강하다.

① ♂. 2006. 7. 5. 경기 남양주, ② ♀. 2006. 6. 19. 경기 남양주, ③ ♂♀. 2011. 8. 9. 서울 마포, ④ ♂. 2009. 6. 18. 인천 중구, ⑤ ♀. 2010. 8. 27. 인천 중구, ⑥ ♂♀. 교미. 2009. 7. 30. 제주 북제주

(Summary *w.r.t.* ecology, & behavior)

• living in lentic environment and sometimes in lotic, too; • 1 generation in a year & passing the winter as larvae; • perching on everywhere; • very aggressive; • hunting small insects; • territory flight all day; • ovipositing, in tandem or by female alone, on water

73. 중간밀잠자리

Orthetrum internum McLachlan, 1894

~~*Orthetrum japonicum* (Uhler, 1858)~~

①

②

③

④

- **Identification**:

Size(mm)

	whole body	head & thorax	abdomen	forewing / hindwing
♂	44	15	29	32 / 31
♀	43	15	28	33 / 32

- **Population density & Flight season**: common, May~early Jun.

- **Ecology & Behavior**: 1년 1세대이고 유충으로 월동한다. 웅덩이, 논, 수로 등 주로 진흙바닥에 물이 고인 곳에 서식한다. 5월 봄이 되면 가장 먼저 출현하는 잠자리이며, 6월 중순이 되어 큰밀잠자리가 나타나면 영역에서 밀려 사라진다. 성숙 성충의 비행시기가 짧은 편이다.

- **중간밀잠자리의 학명에 관하여**: : 중간밀잠자리의 학명은 *Orthetrum internum* McLachlan, 1894로 수정되어야 한다. 2010년 World Odonata list에는 *O. japonicum* (*syn. O. internum*) 한 종으로 분류되어 있었다. Karube et al.(2012) 논문에는 *O. japonicum*과 *O. internum*을 두 종으로 분리하여야 하고, 대만, 한국, 중국 중남부에 서식하는 종은 *O. internum*이라고 기술하고 있다. 이 논문의 공동저자인 Akihiko Sasamoto와 소통하며 위 논문을 전해 받았고, 한국의 중간밀잠자리 사진을 보내 *O. internum*이라는 회신을 받았다. *O. internum*

은 (1) 뒷날개 삼각실에 횡맥(crossvein)이 있고; (2) 몸에 검정색 라인이 확실하고; (3) 턱 입술의 측열편이 검정색이고; (4) 옆가슴에 검정색 선이 확실하고; (5) 암놈의 제8배마디 측면이 크게 발달하여 있는데, 한국의 중간밀잠자리와 일치한다. 단, 암놈의 측면 배 끝의 모양은 *O. internum*과 *O. japonicum* 사이의 애매한 모습을 하고 있다.

* Acknowledgement: I express my thanks to Akihiko Sasamoto for his identification of *O. internum* in Korea, together with providing the related article.

① ♂. 2012. 5. 9. 충북 진천, ② ♀. 2012. 5. 9. 충북 진천, ③ ♂♀. 2012. 5. 9. 충북 진천,
④ ♂. 2009. 6. 2. 경기 광명, ⑤ ⑥ ♂♀. 교미와 산란. 2012. 5. 9. 충북 진천

(Summary *w.r.t.* identity, ecology & behavior)

The scientific name of this species should be corrected as *O. internum*. Like *O. internum* described in Karube et al. (2012), Korean *O. internum* has the following properties: (1) the presence of a crossvein in hindwing triangle; (2) clearly blackish body coloration; (3) the median and middle of lateral lobes of labium are black; (4) the lateral side of the synthorax has a broad black stripe; (5) female 8th abdominal segment. But, the female abdominal ends in left lateral view is in between *O. internum* and *O. japonicum* as contrasted in Karube et al. (2012).

• living in mud-bottomed marsh; • 1 generation in a year & passing the winter as larvae; • perching on everywhere; • hunting small insects; • territory flight all day; • ovipositing, by female alone, on water

74. 홀쭉밀잠자리

Orthetrum lineostigma (Selys, 1886)

• **Identification**: 날개 가장자리의 밤색 실루엣이 특징이다.

Size(mm)

	whole body	head & thorax	abdomen	forewing / hindwing
♂	45~47	15~16	30~31	33~35 / 32~34
♀	45	16	29	35 / 34

• **Population density & Flight season**: locally common, Jun.~early Jul.

• **Ecology & Behavior**: 1년 1세대이고 유충으로 월동한다. 수풀이 우거진 작은 규모의 냇가와 계곡에 서식한다. 중부에서는 소수 서식하고 남부 하천에는 다수 서식하는 곳이 많다. 밀잠자리, 큰밀잠자리, 중간밀잠자리에 비하여 얌전한 편이며, 강자가 드문 작은 하천에서 생활한다.

① ♂. 2012. 6. 23. 서울 마포, ② ♀. 2012. 6. 23. 서울 마포, ③ ♂♀. 2012. 6. 23. 서울 마포,
④ ♂. 2010. 6. 22~28. 서울 마포, ⑤ ♀. 2010. 6. 28. 서울 마포,
⑥ ♂♀. 교미. 2010. 6. 28. 서울 마포

(Summary *w.r.t.* ecology & behavior)

• living in valleys and small streams with bush; • 1 generation in a year & passing the winter as larvae; • perching on everywhere; • hunting small insects; • territory flight all day; • ovipositing, by female alone, on water

75. 큰밀잠자리

Orthetrum melania (Selys, 1883)

• Identification: 밀잠자리보다 가슴과 날개가 크고, 통통한 배가 특징이다. 수놈은 미성숙시기에는 암놈처럼 노란색을 띠다가 성숙이 진행되며 탁한 진보라색, 그리고 탁한 회하늘색으로 변한다.

Size(mm)

	whole body	head & thorax	abdomen	forewing / hindwing
♂	52~56	19~20	33~36	41 / 40
♀	52~54	19~20	33~34	41~44 / 40~43

• Population density & Flight season: common, mid Jun.~Aug.

• Ecology & Behavior: 1년 1세대이고 유충으로 월동한다. 웅덩이, 습지, 논 등 정수성 환경에 서식하는데, 바닥이 진흙인 곳을 선호한다. 밀잠자리처럼 영역점유가 강한 편이다.

① ♂. 2011. 7. 2. 충북 진천, ② ♀. 2011. 7. 2. 충북 진천, ③ ♂♀. 2011. 7. 2. 충북 진천,
④ ♂. 2010. 7. 10. 충북 진천, ⑤ ♀. 산란. 2010. 7. 6. 경기 용인,
⑥ ♂♀. 교미. 2010. 7. 10. 충북 진천

(Summary *w.r.t.* ecology & behavior)

• living in small ponds and marsh with mud bottom; • 1 generation in a year & passing the winter as larvae; • perching on everywhere; • hunting small insects; • territory flight all day; • ovipositing, by female alone, on water

76. 된장잠자리

Pantala flavescens (Fabricius, 1798)

• Identification:

Size(mm)

	whole body	head & thorax	abdomen	forewing / hindwing
♂	48~51	17~18	31~33	41~42 / 40~41
♀	51~52	17~18	34	42~45 / 41~44

• Population density & Flight season: prevalent, Jun.~Sep.

• Ecology & Behavior: 초여름에 남쪽 나라에서 날아오는 비래종이며, 유충은 늦가을이 되어 기온이 떨어지면 모두 얼어 죽는다. 유충의 성장도 빨라 한 해 동안 거의 3세대 살이 한다. 연못, 웅덩이, 논 등 정수성 환경에는 어디에나 분포하고 계류에서도 유충은 성장한다. 몸은 연약하고 날개는 커서 바람을 타고 잘 나는 구조이며, 대륙 간 이동에 적합한 잠자리이다. 북미 대륙에서의 이름 wandering

③

④

⑤

⑥

glider가 나타내듯 방랑하는 활공자이다. 까다롭지 않고 적응력도 대단해 아파트 단지, 학교, 도로 위 등 어느 곳에서나 보인다. 비가 와서 물이 조금만 고여도 아무 곳에나 산란하고 먹이가 부족한 곳에서는 동족포식하며 성장하여 우화한다.

① ♂. 2012. 8. 21. 서울 서초, ② ♀. 2012. 8. 21. 서울 서초, ③ ♂♀. 2012. 8. 21. 서울 서초,
④ ♂. 2009. 7. 19. 제주 북제주, ⑤ ♀. 2012. 8. 21. 서울 서초,
⑥ 다수의 휴식. 2012. 9. 8. 경기 시흥

(Summary *w.r.t.* ecology & behavior)

• living in lentic and lotic environment; • come-flying individuals living 2~3 generations in a year & larvae dying in late Fall; • perching on twigs and bush; • hunting small insects; • territory flight all day; • ovipositing, in tandem or by female alone, in the water

77. 노란허리잠자리

Pseudothemis zonata (Burmeister, 1839)

①

②

• Identification: 배와 옆가슴 무늬가 미성숙 시기에는 암수 모두 연한 노란색이었다가, 성숙하면 수놈은 흰색으로 변한다. 물가에서 사람들에게 보이는 95% 이상의 노란허리잠자리는 성숙 수놈으로서, 일반인에게 이 잠자리 이름이 노란허리잠자리라고 하면 이해를 못한다. 흰허리잠자리라고 했어야 맞는다는 생각을 이 잠자리를 볼 때마다 하게 된다.

Size(mm)

	whole body	head & thorax	abdomen	forewing / hindwing
♂	47	15	32	38 / 37
♀	44	15	29	39~40 / 38~39

• Population density & Flight season: common, Jun.~Aug.

③

• Ecology & Behavior: 1년 1세대이고 유충으로 월동한다. 평지의 저수지와 연못 주위에 분포한다. 물위의 풀이나 부유물에 암놈 단독 산란한다.

① ♂. 2012. 6. 16. 경기 양평, ② ♀. 2006. 7. 25. 경기 남양주, ③ ♂♀. 2012. 6. 16. 경기 양평,
④ ⑤ ♂. 2016. 6. 13~18. 경기 연천, ⑥ ♀. 산란. 2013. 6. 28. 경기 파주

(Summary *w.r.t.* ecology & behavior)

• living in lentic environment; • 1 generation in a year & passing the winter as larvae; • perching on cattail and twigs; • hunting small insects; • territory flight all day; • applying eggs, by female alone, floaters in the water

78. 나비잠자리
Rhyothemis fuliginosa Selys, 1883

①

②

③

④

• **Identification**: 배는 짧고 날개는 크고 검은색이라, 멀리서 보면 마치 나비처럼 보여 나비잠자리란 이름을 얻은 듯하다.

Size(mm)

	whole body	head & thorax	abdomen	forewing / hindwing
♂	42	16	26	39 / 38
♀	37	15	22	38 / 37

• **Population density & Flight season**: common, Jun.~Aug.

• **Ecology & Behavior**: 1년 1세대이고 유충으로 월동한다. 평지의 연못과 웅덩이 주위에 분포한다. 비교적 온순한 편이고 암놈 단독 산란한다.

① ♂. 2012. 6. 16. 경기 파주, ② ♀. 2012. 6. 16. 경기 파주, ③ ♂♀. 2012. 6. 16. 경기 파주,
④ ♂. 2012. 7. 17. 경기 파주, ⑤ ♀. 2012. 6. 16. 경기 파주, ⑥♀. 산란. 2012. 6. 16. 경기 파주

(Summary *w.r.t.* ecology & behavior)

• living in ponds with mud bottom; • 1 generation in a year & passing the winter as larvae; • perching on twigs; • hunting small insects; • territory flight all day; • ovipositing, by female alone, in the water

79. 날개잠자리

Tramea virginia (Rambur, 1842)

①

②

③

④

• Identification:

Size(mm)

	whole body	head & thorax	abdomen	forewing / hindwing
♂	54	18	36	46 / 45
♀	56	18.5	37.5	48 / 47

• Population density & Flight season: local and uncommon, Jul.~early Sep.

• Ecology & Behavior: 여름이 되면 남쪽 나라에서 날아오는 비래종이며, 유충은 한국의 늦가을에 동사한다. 평지의 연못과 웅덩이 주위에 분포한다. 된장잠자리보다 약간 크고 몸도 탄탄한 편이며, 영역비행에서도 왕잠자리의 간섭을 잘 견디고 자리를 유지하는 편이다. 암놈은 물가에서는 산란할 때 외에는 볼 수 없고, 물가에

⑤

⑥

⑦

⑧

서 떨어진 곳에서는 매우 높게 날며, 앉을 때에도 높은 나무 꼭대기에 앉는 특성이 있다. 암놈은 단독산란하거나(Fig. 6), 수놈과 연결한 상태에서는 잠깐 떨어지며 한두 차례 물속에 배 끝을 담그고 바로 다시 연결되기를 반복하는데(Fig. 7,8), 이는 일본에서도 동일한 패턴으로 산란한다고 알려져 있다. 암놈이 산란 시 물고기의 공격을 받을 수 있는데 수놈이라도 살아남기 위한 이기적 혹은 종 보존을 위한 현명한 행동이 아닐까 생각된다.

① ♂. 2015. 8. 24. 제주 북제주, ② ♀. 2015. 8. 24. 제주 북제주,
③ ♂♀. 2015. 8. 23. 제주 북제주, ④ ♂. 2014. 8. 21. 제주 북제주,
⑤ ♀. 2015. 8. 24. 제주 북제주, ⑥ ♀. 단독산란비행. 2016. 8. 15. 경기 용인,
⑦ ⑧ ♂♀. 산란비행. 2016. 8. 15. 경기 용인,

(Summary *w.r.t.* ecology & behavior)

• come-flying species living 1~2 generations in a year & larvae dying in late Fall; • living in ponds; • perching on twigs; • hunting small insects; • territory flight all day; • ovipositing, in tandem or by female alone, in the water

80. 산깃동잠자리(깃동잠자리붙이)

Sympetrum baccha (Selys, 1884)

• Identification: 날개 끝에 밤색 실루엣이 있고, 수놈은 온 몸이 빨갛다. 산깃동잠자리는 날개 끝 실루엣과 옆가슴 무늬의 유사성 때문에 깃동, 들깃동잠자리와 가까운 종으로 오해될 수 있지만, 깃동잠자리붙이란 이름에서 알 수 있듯이(깃동과 닮았지만 깃동은 아니란 의미), 깃동, 들깃동잠자리와 가까운 종이 아니다. 성충 외모는 닮았지만 유충을 비교하여 보면 확실해진다. 산깃동잠자리 유충은 등가시도 없고 옆가시도 매우 작아 깃동, 들깃동잠자리와 매우 다른 종임을 확인할 수 있다.

Size(mm)

	whole body	head & thorax	abdomen	forewing / hindwing
♂	39	14	25	31 / 30
♀	36	13	23	29 / 28

- Population density & Flight season: local, late Aug.~early Oct.

- Ecology & Behavior: 1년 1세대이고 알로 월동한다. 평지와 낮은 산지의 연못

③

④

⑤

⑥

⑦

⑧

⑨

⑩

에 서식한다. 산깃동잠자리 유충을 사육하여 보면 매우 온순한 타입이어서 산깃동잠자리 개체수가 많아지거나 많은 곳에 서식하기 어려움을 이해할 수 있다. 성충도 온순한 편이어서 제주의 한 연못에서는(Fig. 4) 오전 9시전에 떼로 몰려나와 산란을 하고 9시에 큰밀잠자리가 나타나기 시작하면 연못과 주변 풀밭에서 아주 자취를 감추었다.

• **깃동잠자리, 들깃동잠자리, 산깃동잠자리의 구분**: : 수놈의 경우 깃동잠자리는 온몸이 밤색이고 배 윗면이 약간 검붉은 빛을 띠고, 들깃동잠자리는 배만 빨간색이며, 산깃동잠자리는 온몸이 빨간색이다(Fig. 9). 암놈의 경우 옆가슴의 둘째와 셋째 검은 줄 모습이 약간씩 다르다. 깃동잠자리는 둘째 줄이 좌우로 흩어지지 않고 깨끗하게 위로 가며 좁아지는 스타일이다. 들깃동잠자리는 둘째 줄이 좌우로 위로 올라가며 벌어져 있고, 산깃동잠자리는 둘째 줄이 중간에서 갈라지고 날개에 도달하기 한참 전에 끝난다(Fig. 10).

① ♂. 2011. 9. 23. 서울 중랑, ② ♀. 2011. 9. 25. 서울 중랑, ③ ♂♀. 2012. 9. 20. 서울 중랑, ④ ♂. 2009. 8. 24. 제주 북제주, ⑤ ♂. 2012. 9. 20. 서울 중랑, ⑥ ♀. 2013. 9. 3. 서울 중랑, ⑦ ⑧ ♂♀. 산란비행. 2015. 10. 3. 서울 중랑, ⑨ (a: *S. infuscatum* ♂) vs. (b: *S. risi* ♂) vs. (c: *S. baccha* ♂), ⑩ (a: *S. infuscatum* ♀) vs. (b: *S. risi* ♀) vs. (c: *S. baccha* ♀)

(Summary *w.r.t.* ecology & behavior)

• living in ponds; • 1 generation in a year & passing the winter as eggs; • perching on twigs and grass; • hunting small insects; • due to less aggressive larvae, habitat being local and the population size not growing; • territory flight all day; • ovipositing, in tandem, on ponds

81. 긴꼬리고추잠자리

Sympetrum cordulegaster (Selys, 1883)

③

• **Identification**: 수놈의 하얀 얼굴과 암놈의 긴 산란판이 동정 포인트라고 할 수 있다.

Size(mm)

	whole body	head & thorax	abdomen	forewing / hindwing
♂	37	13.5	23.5	28 / 27
♀	37	13	24	28 / 27

• **Population density & Flight season**: local and uncommon, Sep.~Oct.

• **Ecology & Behavior**: 1년 1세대이고 알로 월동한다. 평지의 연못과 웅덩이 주위에 분포한다. 서해안과 가까운 내륙에서 주로 발견되며, 비래 개체와 정착 개체가 섞여 있다. 덩치와 서식지에 어울리는 행동양식을 보인다.

① ♂. 2012. 10. 2. 경기 시흥
② ♀. 2012. 9. 8. 경기 시흥
③ ♂♀. 2012. 10. 2. 경기 시흥
④ ♂. 2012. 10. 8. 경기 시흥
⑤ ♀. 2012. 9. 8. 경기 시흥

(Summary *w.r.t.* ecology & behavior)

• living in swamp and small ponds; • 1 generation in a year & passing the winter as eggs; • distribution limited to the west coast area; • perching on cattail and twigs; • hunting small insects; • territory flight all day; • ovipositing, in tandem, on water

82. 노란잠자리

Sympetrum croceolum (Selys, 1883)

• Identification: 날개에 주홍빛 진노란 실루엣이 크게 들어간 잠자리이다.

Size(mm)

	whole body	head & thorax	abdomen	forewing / hindwing
♂	41	15	26	29 / 28
♀	41	14	27	29 / 28

• Population density & Flight season: common (increasing), late Sep.~Oct.

• Ecology & Behavior: 1년 1세대이고 알로 월동한다. 평지의 연못과 웅덩이가 주서식지인데, 하천과 고산 연못에도 분포한다. 지난 10여 년간 여러 곳에서 개체수가 꾸준히 증가하고 있다. 개체수가 적은 곳에서는 사람에게 곁을 잘 주지 않는다.

① ♂. 2013. 9. 19. 서울 마포, ② ♀. 2013. 9. 20. 서울 마포, ③ ♂♀. 2010. 10. 7. 경기 구리,
④ ♂. 2011. 9. 24. 서울 마포, ⑤ ♀. 2011. 9. 24. 서울 마포, ⑥ ♂♀. 2011. 9. 24. 서울 마포

⑤

⑥

(Summary *w.r.t.* ecology & behavior)

• living in ponds and sometimes in streams; • 1 generation in a year & passing the winter as eggs; • perching on twigs; • hunting small insects; • territory flight all day; • ovipositing, in tandem, on ponds

83. 여름좀잠자리

Sympetrum darwinianum (Selys, 1883)

①

②

③

④

- **Identification**:

Size(mm)

	whole body	head & thorax	abdomen	forewing / hindwing
♂	42	15	27	32 / 31
♀	38~40	13~13.5	25~26.5	29~31 / 28~30

- **Population density & Flight season**: uncommon, mid Sep.~Oct.

- **Ecology & Behavior**: 1년 1세대이고 알로 월동한다. 논과 습지에 서식한다. 평지의 정수성 환경에 늦은 가을이 되어야 성숙한 성충이 나타나는데 개체수는 매우 적은 편이다. 여름좀이란 이름은 무엇을 근거로 지어졌는지 의문이 가는 것이, 성숙한 성충의 활동 시기는 여름과는 거리가 멀고, 가을도 늦가을이 되어야 나타나며 고추좀잠자리보다도 늦게 출현하고 늦게 사라진다. 이름은 가을좀잠자리가 더 잘 어울린다. 가을 오전 논에서의 암수연결 산란이 이루어진다.

- **고추좀잠자리와 여름좀잠자리의 구분**: 두 종은 거의 같은 크기이며, 고추좀잠자리의 서식지에 드물게 여름좀잠자리가 극소수 섞여 있는 형태로 발견된다. 수놈의 경우, 여름좀잠자리는 얼굴, 가슴, 배 모두 빨갛고, 고추좀잠자리는 배만 빨간색이고 얼굴과 가슴은 누런색이다. 암놈의 경우, 여름좀잠자리는 배 윗면의 검은 선이 굵고, 배의 형태가 위에서 아래까지 같은 너비여서 짤막한 느낌을 주고, 고추좀잠자리는 배가 끝으로 갈수록 좁아진다(Fig. 6).

⑥

① ♂. 2016. 10. 10. 경기 파주, ② ♀. 2015. 10. 4. 경기 파주, ③ ♂♀. 2011. 10. 10. 경기 파주, ④ ♂. 2010. 9. 28. 경기 시흥, ⑤ ♀. 2015. 10 .4. 서울 양서, ⑥ (a: *S. frequens* ♂) vs. (b: *S. darwinianum* ♂) vs. (c: *S. frequens* ♀) vs. (d: *S. darwinianum* ♀)

(Summary *w.r.t.* ecology & behavior)

• living in rice fields and marsh; • 1 generation in a year & passing the winter as eggs; • perching on twigs; • hunting small insects; • territory flight all day; • ovipositing, in tandem, in the rice fields

84. 대륙고추좀잠자리

Sympetrum depressiusculum (Selys, 1841)

①

②

③

④

• **Identification**: 머리 대비 가슴이 유난히 작고 암수의 배 모양이 고추좀잠자리의 배 모양과 차이를 보인다. 이 책에 수록한 사진 속의 대륙고추좀잠자리는 대륙 북쪽의 한랭한 지역에서 비래한 후 여러 해를 지나며 약간 한국화 되어 머리 대비 옆가슴이 미세하게 커진 특징을 보인다.

Size(mm)

	whole body	head & thorax	abdomen	forewing / hindwing
♂	38	13.5	24.5	29 / 28
♀	34~36	11.5~12	22.5~24	28~30 / 27~29

• **Population density & Flight season**: local and very rare, late Sep.~Oct.

• **Ecology & Behavior**: 1년 1세대이고 알로 월동한다. 러시아와 중국북부 등 한랭한 곳에서 비래하는 종으로서 서해안에 가까운 내륙 평지의 습지 주변에서 2009년 한 해 소수의 개체가 관찰된 바 있다. 일본 사이트에도 2010년대에 들어서는 거의 비래하지 않는다고 되어 있는데, 이는 한국에서도 같은 상황이다. 온난화 진행으로 한반도 남쪽과 일본 열도로의 이동은 극히 희박한 것으로 보인다.

• **고추좀잠자리와 대륙고추좀잠자리의 구분에 대하여**: 정통적인 고추좀잠자리로 보이는 개체는 8월이면 성숙개체가 보이고 몸길이는 42~43mm 정도이다. 정통적인 대륙고추좀잠자리로 보이는 즉, 비래하였다고 보이는 개체는 9월말 이후에야 비로소 관찰되는데 크기는 34~38mm이고 2009년 경기도 시흥의 한 곳에서 소수 발견되었었다. 과거 한 때 비래한 대륙고추좀잠자리가 있었던 것은 사실로 보인다. 이들 대륙고추좀잠자리는 해를 거듭하며 고추좀잠자리와 섞이기도 하고, 한랭한 북쪽 대륙보다 따스한 한국에서 머리 대비한 옆가슴 크기가 약간 커진 것으로 보인다. 그리하여 2010년대 중반이후에 관찰되는 대륙고추좀잠자리의 특징을 가진 후손은 (Fig. 1,2)에서 볼 수 있다.

(Fig. 5)에서 보면, 대륙고추좀잠자리 수놈은 dorsal view에서는 확연한 S자의 배 모양과 배 끝으로 갈수록 확실히 넓어지는 특징을 보이고, lateral view에서는 머리 대비 작은 옆가슴과 배의 검은 무늬가 선명한 특징을 보인다. (Fig. 6)에서 보

면, 대륙고추좀잠자리 암놈은 dorsal view에서, 암놈임에도 불구하고, 수놈처럼, S자의 배 모양을 하고 있으며, lateral view에서는 머리 대비 작은 옆가슴과 배의 밑면이 고추좀잠자리 암놈보다 확연히 flatter한 형태를 하고 있다. (Fig. 4)에서 보면, 대륙고추좀잠자리는 이마 갈라지는 부분에 검은 선 또는 그 흔적이 있는 경우가 많다.

Sawabe et al.(2004)의 연구와 Seehausen and Fiebig(2016)의 주장처럼, 학계에서는 이 두 종은 형태적 차이가 있다고 보기 어렵기 때문에 한 종, 즉, *S. depressiusculum*으로 봐야한다는 입장이다.

① ♂. 2014. 10. 11. 경기 파주, ② ♀. 2018. 9. 22. 경기 파주, ③ ♂♀,
④ ♀. 2018. 9. 22. 경기 파주, ⑤ (a: *S. frequens* ♂) vs. (b: *S. depressiusculum* ♂),
⑥ (a: *S. frequens* ♀) vs. (b: *S. depressiusculum* ♀)

(Summary *w.r.t.* ecology & behavior)

- Refer to (87. *S. frequens*) Section.

85. 두점박이좀잠자리

Sympetrum eroticum (Selys, 1883)

③

• **Identification**: 이마에 두 개의 점이 있다(Fig. 3).

Size(mm)

	whole body	head & thorax	abdomen	forewing / hindwing
♂	39	13.5	25.5	29 / 28
♀	38	12.5	25.5	28 / 27

• **Population density & Flight season**: prevalent, mid Aug.~Sep.

• **Ecology & Behavior**: 1년 1세대이고 알로 월동한다. 기본적으로 정수성 환경에 서식하는데 하천에도 서식하며, 유충조사를 하여보면 없는 곳이 거의 없을 정도로 개체수가 많고 어디에나 분포한다. 유충은 작지만 꽤 사납고 경쟁적이기 때문에 성충 개체수가 많은 편이다.

① ♂. 2013. 8. 30. 서울 마포, ② ♀. 2013. 8. 30. 서울 마포, ③ ♂♀. 2010. 8. 17. 경기 용인,
④ ♂. 2012. 8. 23. 서울 마포, ⑤ ⑥ ♂♀. 교미와 산란. 2010. 9. 7. 경기 용인

⑤

⑥

(Summary *w.r.t.* ecology & behavior)

• living in lentic and lotic environment; • 1 generation in a year & passing the winter as eggs; • pretty predatory larvae; • perching on twigs and ground; • hunting small insects; • territory flight all day; • scattering eggs, in tandem, on water

86. 두점배좀잠자리

Sympetrum fonscolombii (Selys, 1840)

①

②

③

④

• Identification: 제8,9배마디 위에 점이 두 개 있다.

Size(mm)

	whole body	head & thorax	abdomen	forewing / hindwing
♂	39	14	25	32 / 30
♀	38	14	24	32 / 30

• Population density & Flight season: local and uncommon, Sep.~Oct.

• Ecology & Behavior: 1년 1~2세대이고, 좀잠자리속에서, 하나잠자리와 함께, 유충으로 월동하는 종이다. 서해안과 가까운 해안내륙 평지의 습지에 서식한다. 가을에 산란된 알은 2주 이내에 부화되어 성장하는데 온순하고 등가시가 없고 옆가시도 극히 작아 산란지의 왕, 밀, 고추잠자리 유충에게 대부분 희생되고 극소수만

이 이듬해까지 살아남아 우화하는 것으로 판단되는데, 떼 산란지에서도 봄에 유충 채집이 거의 되지 않기 때문이다. 가을에 남쪽에서의 비래 개체가 다수인 것으로 여겨지며, 유충의 특성으로 볼 때, 비래하여 나날이 번성하고 있는 하나잠자리와는 달리, 국내에 다수 서식하는 것은 어려울 것으로 전망된다. 성충도 사납지 못하고 온순한 종이다. 수놈은 땅 위에도 잘 앉아 있는데 유심히 살펴보면 두점배좀잠자리인 경우가 많다.

① ♂. 2013. 9. 5. 경기 화성, ② ♀. 2013. 9. 5. 경기 화성, ③ ♂♀. 2013. 9. 5. 경기 화성,
④ ♂. 2009. 9. 24. 경기 시흥, ⑤ ♀. 2017. 10. 2. 인천 중구,
⑥ ⑦ ⑧ ♂♀. 교미와 산란. 2017. 9. 24. 인천 중구

(Summary *w.r.t.* ecology & behavior)

• living in swamp and small ponds; • 1~2 generations in a year & passing the winter as larvae; • distribution limited to the west coast area; • eggs hatching in 2 weeks after oviposition in Fall; • both larva and adult dragonfly being kind of meek; • unlike *S. speciosum* that settled and expanding, most larvae being sacrificed by larger dragonfly larvae in the habitat; • a major proportion of adult dragonflies seeming to come flying every Fall; • perching on the ground and cattail; • hunting small insects; • territory flight all day; • ovipositing, in tandem, on water in the morning

87. 고추좀잠자리

Sympetrum depressiusculum (Selys, 1841)

Sympetrum frequens (Selys, 1883) → (synonym)

①

②

③

④

• **Identification**: 일반인들이 흔히 고추잠자리라고 잘못 부르는 대상으로서, 수놈은 배만 빨간색이고, 암놈은 빨간 배를 가진 녀석도 흔히 발견된다.

Size(mm)

	whole body	head & thorax	abdomen	forewing / hindwing
♂	43	15	28	31 / 30
♀	39~42	13~15	26~27	31~34 / 30~33

• **Population density & Flight season**: prevalent, mid Aug.~Oct.

• **Ecology & Behavior**: 1년 1세대이고 알로 월동한다. 평지의 연못, 습지, 논 등이 주서식지이나 계류성 환경에도 널리 분포한다. 개체수로만 따지면 된장잠자리, 깃동잠자리와 함께 가장 많은 개체수를 자랑하는 잠자리로 9월 이후에는 도시에도 가득하다. 경계심도 적고 공격성도 적지만, 된장잠자리처럼 무난하고 적응력 강하고 서식환경이 까다롭지 않아 개체수가 엄청나게 많다.

• **고추좀잠자리의 학명에 대하여**: Sawabe et al.(2004)의 rRNA 염기서열 분석에서 한국의 대륙고추좀잠자리(*S. depressiusculum*)와 일본의 고추좀잠자리(*S. frequens*)는 한 종으로 봐야한다고 주장하였다. 일본에서는 *S. frequens*를 일본고유종인데 한국에도 분포하고 있다는 입장을 취해왔었는데, 이는 유라시아 대륙에 광범위하게 분포하는 *S. depressiusculum*이 일본이라는 섬에 오래 격리되어 생긴 크기와 무늬의 미세한 차이일 뿐이라는 설명이다. Seehausen and Fiebig(2016)는 이것을 근거로 한국의 잠자리 리스트에서 *S. frequens*를 *S. depressiusculum*과 동종처리하고 삭제시켜야 한다고 했다.

한국의 고추좀잠자리는 일본의 고추좀잠자리와 무늬가 100% 일치하지 않는다. 대륙의 *S. depressiusculum*과 일본의 *S. frequens*의 중간적인 형태라고도 볼 수 있다. 암수의 부속기 형태를 근거로 판단하면, 크기 차이는 있으나, 형태적 차이를 보이지 않는다.

Oleg Kosterin에 따르면, Ryo Futahashi를 포함하는 몇몇 일본학자는 *S. frequens*가 일본, 한국, 연해주 서부에 서식하고 있으므로 별개의 종으로 취급해야 한다는 논문을 준비 중이라고 하며, Elena Malikova는 *S. depressiusculum frequens*라는 아종명을 써야 한다는 입장이라고 한다.

① ♂. 2012. 10. 2. 서울 강동, ② ♀. 2012. 10. 2. 서울 강동, ③ ♂♀. 2011. 8. 25. 서울 강동,
④ ♂. 2012. 9. 8. 서울 강동, ⑤ ♀. 2014. 9. 10. 경기 파주,
⑥ ♂♀. 산란. 2011. 10. 13. 서울 강동

⑤

⑥

(Summary *w.r.t.* identity, ecology, & behavior)

The scientific name of this species, *S. frequens* is still in controversial: (1) should be synonymized as *S. depressiusculum* since there is no structural difference between the two (Sawabe et al., 2004; Seehausen & Fiebig, 2016); or (2) should be named using a subspecies, *S. depressiusculum frequens* (Elena Malikova); or (3) should be remained as a species, *S. frequens* (Ryo Futahashi).

• living in ponds and marsh; • 1 generation in a year & passing the winter as eggs; • perching on twigs; • hunting small insects; • territory flight all day; • ovipositing, in tandem, on the paddy fields as well as in the water

88. 깃동잠자리

Sympetrum infuscatum (Selys, 1883)

• **Identification**: 날개 끝의 밤색 실루엣으로 구분이 용이한 잠자리이다.

Size(mm)

	whole body	head & thorax	abdomen	forewing / hindwing
♂	47~48	16	31~32	35~38 / 34~37
♀	45~47	15~16	30~31	36~37 / 35~36

• **Population density & Flight season**: prevalent, Aug.~early Oct.

• **Ecology & Behavior**: 1년 1세대이고 알로 월동한다. 평지의 습지, 논, 연못, 냇가 등 어디에나 분포한다. 서식조건이 까다롭지 않아 개체수가 엄청나게 많고 도심에도 흔한 잠자리이다. 개체수가 많은 이유는 유충을 보면 알 수 있는데, 유충은

③

성충 모습에서 상상하기 어려울 정도로 매우 공격적이고 포식성이 강하다. 좀잠자리속 유충 중에서 제일 경쟁력이 강하다고 판단된다.

① ♂. 2011. 9. 20. 서울 강동, ② ♀. 2011. 9. 20. 서울 강동, ③ ♂♀. 2011. 8. 6. 서울 마포,
④ ♂. 2014. 9. 22. 경기 파주, ⑤ ♀. 2014. 9. 22. 경기 파주,
⑥ ♂♀. 교미. 2015. 10. 9. 서울 마포

(Summary *w.r.t.* ecology & behavior)

• living in lentic and lotic environment; • 1 generation in a year & passing the winter as eggs; • most aggressive and predatory larva among Genus *Sympetrum* in Korea and thus most abundant in numbers; • perching on twigs; • hunting small insects; • territory flight all day; • ovipositing, in tandem, on rice fields, marsh, and streams

89. 흰얼굴좀잠자리

Sympetrum kunckeli (Selys, 1884)

①

②

③

④

• Identification: 수놈의 얼굴은 푸른빛이 도는 흰색이다(Fig. 3).

Size(mm)

	whole body	head & thorax	abdomen	forewing / hindwing
♂	34~36	13~13.5	21~22.5	25~27 / 24~26
♀	34	12.5	21.5	25 / 24

• Population density & Flight season: common, Sep.~Oct.

• Ecology & Behavior: 1년 1세대이고 알로 월동한다. 평지와 낮은 산지의 작은 부들이 웅덩이에 서식한다. 좀잠자리속에서 애기좀잠자리 다음으로 작은 녀석으로 얌전히 행동하는 편이다.

① ♂. 2013. 9. 7. 서울 마포, ② ♀. 2013. 9. 7. 서울 마포, ③ ♂♀. 2010. 9. 28. 경기 시흥,
④ ♂. 2011. 9. 24. 서울 마포, ⑤ ♀. 2010. 9. 29. 경기 시흥,
⑥ ♂♀. 교미. 2014. 9. 22. 서울 마포

(Summary *w.r.t.* ecology & behavior)

• living in small ponds and swamp; • 1 generation in a year & passing the winter as eggs; • perching on twigs and bush; • hunting small insects; • territory flight all day; • laying eggs, in tandem, on water

90. 애기좀잠자리

Sympetrum parvulum Bartenev, 1912

③

• Identification:

Size(mm)

	whole body	head & thorax	abdomen	forewing / hindwing
♂	28	9.5	18.5	22 / 21
♀	28	9	19	21 / 20

• Population density & Flight season: uncommon, Sep.~Oct.

• Ecology & Behavior: 1년 1세대이고 알로 월동한다. 밀잠자리와 큰밀잠자리 등 크고 센 녀석들이 없는 수량이 적고 작은 부들이 무성한 얕은 습지에 서식한다. 좀잠자리중에서 가장 작아 소심하고 얌전한 편이다. 암놈 단독 산란하는데 암수 연결 상태로 산란하는 경우도 있다.

• 두점박이좀잠자리, 흰얼굴좀잠자리, 애기좀잠자리의 구분: 두점박이좀잠자리는 38mm, 흰얼굴좀잠자리는 35mm, 애기좀잠자리는 28mm 내외이다. 애기좀잠자리는 확연히 작아 구분이 쉽고, 두점박이좀잠자리는 암놈의 날개 끝 실루엣, 흰얼굴좀잠자리는 수놈의 창백한 흰 얼굴로 확인할 수 있다. 옆가슴 무늬에도 차이가 있다(Fig. 6). 두점박이좀잠자리는 첫째 검은 선이 약간 꺾여있으며, 흰얼굴좀잠자리는 첫째 검은 선이 둘로 나뉘어있고 가운데 두 개의 짧은 검은 선이 있고, 애기좀잠자리는 첫째 검은 선이 매우 굵고 곧은 형태이다.

⑥

① ♂. 2011. 9. 18. 서울 은평. ② ♀. 2011. 9. 18. 서울 은평. ③ ♂♀. 2010. 9. 14. 경기 고양.
④ ♂. 2012. 9. 10. 서울 은평. ⑤ ♀. 2012. 8. 23. 서울 은평.
⑥ (a: *S. eroticum* ♀) vs. (b: *S. kunckeli* ♀) vs. (c: *S. parvulum* ♀)

(Summary *w.r.t.* ecology & behavior)

• living in soft stem bulrush swamp; • 1 generation in a year & passing the winter as eggs; • perching on bulrush; • hunting small insects; • territory flight all day; • laying eggs, by female alone and rarely in tandem, on swamp

91. 날개띠좀잠자리

Sympetrum pedemontanum (Muller, 1766)

③

• **Identification**: 날개 가장자리에 밤색 실루엣이 크게 들어간 아름다운 잠자리이다.

Size(mm)

	whole body	head & thorax	abdomen	forewing / hindwing
♂	34~37	12~13	22~24	26~30 / 25~29
♀	34~36	12	22~24	29~30 / 28~29

• **Population density & Flight season**: common, late Jul.~Sep.

• **Ecology & Behavior**: 1년 1세대이고 알로 월동한다. 평지의 냇가에 서식한다. 사람에 대한 경계심이 비교적 덜 하고 온순한 성격을 가진 잠자리이다.

① ♂. 2011. 9. 3. 경기 양평, ② ♀. 2011. 8. 30. 경기 양평, ③ ♂♀. 2006. 8. 29. 경기 남양주, ④ ♀. 2012. 9. 20. 서울 중랑, ⑤ ♂. 2010. 9. 7. 경기 용인, ⑥ ♂♀. 교미. 2012. 9. 20. 서울 중랑

⑤

⑥

(Summary *w.r.t.* ecology & behavior)

• living in small streams; • 1 generation in a year & passing the winter as eggs; • perching on twigs and the ground; • low sense of wariness; • hunting small insects; • territory flight all day; • ovipositing, in tandem, in streams

92. 들깃동잠자리

Sympetrum risi Bartenev, 1914

③

• Identification: 날개 끝의 밤색 실루엣과 수놈의 빨간 배로 구분이 용이한 잠자리이다. 암놈 배는 연한 밤색 타입과 빨간색 타입이 있다.

Size(mm)

	whole body	head & thorax	abdomen	forewing / hindwing
♂	44	15.5	28.5	35 / 34
♀	41.5	14.5	27	34 / 33

• Population density & Flight season: common, Aug.~Oct.

• Ecology & Behavior: 1년 1세대이고 알로 월동한다. 평지와 낮은 산지의 연못과 웅덩이 주위에 분포한다. 암놈 단독 혹은 암수 연결된 상태로 산란한다.

① ♂. 2010. 8. 7. 경기 용인, ② ♀. 2010. 8. 7. 경기 용인, ③ ♂♀. 2012. 9. 15. 서울 강동,
④ ♂. 2011. 9. 24. 서울 마포, ⑤ ♂♀. 교미. 2012. 10. 2. 서울 강동,
⑥ ♂♀. 산란. 2011. 10. 13. 서울 강동

(Summary *w.r.t.* ecology & behavior)

• living in lentic environment; • 1 generation in a year & passing the winter as eggs; • perching on twigs; • hunting small insects; • territory flight all day; • ovipositing, in tandem or by female alone, on swamp and nearby grass

93. 하나잠자리

Sympetrum speciosum Oguma, 1915

• **Identification**:

Size(mm)

	whole body	head & thorax	abdomen	forewing / hindwing
♂	47	18	29	35 / 34
♀	44	16.5	27.5	35 / 34

• **Population density & Flight season**: common (increasing), mid Jul.~Aug.

• **Ecology & Behavior**: 2000년대 비래한 하나잠자리가 제주에서 보고된 이후 꾸준히 서식지를 넓혀 전국에서 안정적으로 서식하는 정착종이 되었다. 평지와 낮은 산지의 연못과 웅덩이 주위에서 볼 수 있다. 1년 1세대이고, 남쪽에서 비래한 종으로서, 두점배좀잠자리와 함께, 좀잠자리속에서 유충으로 월동하는 종이다. 대

③

④

⑤

⑥

부분의 종에서 잠자리 성충에 비해 유충은 상당히 작은 편인데, 몇몇 종은 유충이 꽤 큰데, 그 중에 하나가 하나잠자리 유충이다. 유충 사육을 하여 보면 유충이 꽤 경쟁력 있고, 그러한 이유에서 하나잠자리의 서식지는 점점 커지고 있는 것으로 추정된다.

① ♂. 2012. 8. 23. 서울 마포, ② ♀. 2011. 8. 15. 제주 북제주, ③ ♂♀. 2011. 8. 10. 제주 북제주, ④ ♂. 2009. 7. 13. 제주 북제주, ⑤ ♂. 2012. 8. 13. 서울 마포, ⑥ ♀. 2014. 8. 3. 충북 진천

(Summary *w.r.t.* ecology & behavior)

• come-flying species settled down and rapidly expanding its habitat; • living in lentic environment; • 1 generation in a year & passing the winter as larvae; • perching on twigs; • hunting small insects; • territory flight all day; • ovipositing, in tandem, on water

94. 대륙좀잠자리

Sympetrum striolatum (Charpentier, 1840)

③

• Identification: 우화하여 미성숙 시기에는 날개에 실루엣이 강한데 성숙하며 열어진다.

Size(mm)

	whole body	head & thorax	abdomen	forewing / hindwing
♂	46	16	30	32 / 31
♀	47	15.5	31.5	34 / 33

• Population density & Flight season: common, Sep.~Oct.

• Ecology & Behavior: 1년 1세대이고 알로 월동한다. 평지의 냇가 주위에 서식하며, 드물게 습지에서도 서식한다. 덩치와 서식지에 어울리는 평이한 행동양식을 보인다.

① ♂. 2013. 9. 18. 경기 구리, ② ♀. 2010. 9. 30. 경기 시흥, ③ ♂♀. 2010. 9. 30. 경기 시흥, ④ ♀. 2010. 9. 28. 경기 시흥, ⑤ ♂. 2014. 8. 30. 서울 마포

(Summary *w.r.t.* ecology & behavior)

• living in small streams; • 1 generation in a year & passing the winter as eggs; • perching on twigs and the ground; • hunting small insects; • territory flight all day; • ovipositing, in tandem, in streams

95. 진노란잠자리

Sympetrum uniforme (Selys, 1883)

①

②

③

④

• Identification: 좀잠자리속에서 덩치가 가장 크다. 가슴과 배에 특별한 무늬 없이 그냥 황등색 단색을 한 잠자리이다.

Size(mm)

	whole body	head & thorax	abdomen	forewing / hindwing
♂	49~52	16.5~18	32.5~34	34~38 / 33~37
♀	51	17	34	37 / 36

• Population density & Flight season: local and very rare (rapidly decreasing), late Sep.~Oct.

• Ecology & Behavior: 1년 1세대이고 알로 월동한다. 평지의 부들이 많은 저수지와 습지에 서식하는데, 2010년 이후 서식지와 개체수가 급격히 줄어들어 매우 보기 힘든 종이 되어가고 있다. 정수성 환경에서 우화하고, 주위 들판과 낮은 야산 혹은 계곡에서 미성숙 시기를 보내고, 성숙하면 산란지로 돌아오는데 암수 연결 상태로 날아오는 경우가 많다. 계곡에서의 생활 때문에 계곡성으로 오해되는 잠자리인데, 산란과 유충 생활은 규모가 큰 정수성 환경에서 이루어진다. 하늘 높이 날아와 뚝 떨어져 한 자리에서 3~4번 타수산란하고 휙 멀리 이동하여 3~4번 산란하고 다시 하늘 높이 올라 사라져 버린다. 넓은 산란지에서 뜨문뜨문 아주 짧게 산란하고 사라져 유충의 밀도는 매우 낮아 유충채집이 매우 어렵다. 일본 자료에 따르면 암수 산란비행의 거리는 5~10km에 달한다고 하며 일본에서도 점점 개체수가 줄어들어 서식지는 희소해졌다고 한다. 온난화에 따라 드센 남방종이 늘어나며 드세지 못한 북방계인 진노란잠자리는 사라져가고 있는 것으로 보인다.

교미시기에도 물가에서 수놈의 영역지킴은 매우 드물며 보통 수놈은 물가에 오면 5분 남짓 머물다 가버리고 오히려 암놈이 물가에 오래 머문다. 오랜 세월의 관찰에서도 수놈이 물가에서 1시간 정도 머문 일은 꼭 한 번 뿐 이었다. 수놈은 영역비행을 하는 종이라고 말 할 수 없다. 물가에서의 교미도 이루어지지만 대부분 멀리 들판과 낮은 산지에서 쌍이 붙어 저수지까지 날아와 짧게 산란하는 형태이다.

① ♂. 2013. 9. 21. 인천 중구, ② ♀. 2013. 9. 21. 인천 중구, ③ ♂♀. 2010. 10. 2. 경기 고양, ④ ♂. 2017. 9. 20. 경기 연천, ⑤ ⑥ ♂♀. 산란비행. 2018. 9. 25~29. 인천 중구

(Summary *w.r.t.* ecology & behavior)

• biggest dragonfly among Genus *Sympetrum* in Korea; • population size rapidly decreasing and rarer; • living in large ponds with cattails; • 1 generation in a year & passing the winter as eggs; • perching on twigs; • hunting small insects; • no territory flight; • ovipositing, in tandem, here and there very shortly in large ponds and leaving soon

부록
Appendix

부록 Appendix

I. 북한의 잠자리

Odonata in North Korea that do not inhabit in South Korea

96. 북청실잠자리(북파란실잠자리) *Lestes dryas* Kirby, 1890
97. 청실잠자리 *Lestes sponsa* (Hansemann, 1823)
98. 검은날개물잠자리 *Matrona basilaris* Selys, 1853
99. 시골실잠자리 *Coenagrion ecornutum* (Selys, 1872)
100. 북방청띠실잠자리 *Coenagrion hastulatum* Charpentier, 1825
101. 큰실잠자리(청띠실잠자리) *Coenagrion hylas* (Trybom, 1889)
102. 알락실잠자리 *Enallagma cyathigerum* (Charpentier, 1840)
103. 청동실잠자리 *Nehalennia speciosa* (Charpentier, 1840)
104. 청동잠자리 *Cordulia aenea* (Linnaeus, 1758)
105. 북방잠자리 *Somatochlora alpestris* (Selys, 1840)
106. 밑노란잠자리붙이(작은북방잠자리) *Somatochlora arctica* (Zetterstedt, 1840)
107. 진주잠자리 *Leucorrhinia dubia* Vander Linden, 1825
108. 큰진주잠자리 *Leucorrhinia intermedia* Bartenev, 1912
109. 검정좀잠자리(검은고추잠자리) *Sympetrum danae* (Sulzer, 1776)
110. 붉은좀잠자리(북방고추잠자리) *Sympetrum flaveolum* (Linnaeus, 1758)
111. 만주좀잠자리 *Sympetrum vulgatum imitans* (Selys, 1886)
112. 백두산옛잠자리 *Epiophlebia sinensis* (Li & Nel, 2011)
113. ~~북알락실잠자리 *Enallagma deserti* (Selys, 1871)~~
114. ~~북해도북방잠자리 *Somatochlora exuberata* Bartenev, 1910~~
    ~~[*syn. Somatochlora japonica* Matsumura, 1911]~~
115. 검은얼굴쇠측범잠자리 *Davidius* sp.
116. 검은쇠측범잠자리 *Davidius* sp.
117. 온수평좀잠자리 *Sympetrum onsupyongensis* Hong & Hwang, 1999
    (doubtful status)

118. 보천보좀잠자리 *Sympetrum pochonboensis* Ri & Hong, 2001

[doubtful status]

II. 비래 기록이 있거나 비래/정착 가능한 종

Odonata with come-flying record and with possibility of come-flying or settling down in the future

119. 독수리잠자리 *Chlorogomphus brunneus* Oguma, 1926
120. 점박이잠자리 *Tholymis tillarga* (Fabricius, 1798)
121. 얼룩날개나비잠자리 *Rhyothemis variegata* (Linnaeus, 1763)
122. ~~남방갈록허리왕잠자리 *Gynacantha basiguttata* Selys, 1882~~
123. 담색물잠자리 *Mnais pruinosa* Selys, 1853
124. 점박이황등색실잠자리 *Mortonagrion hirosei* Asahina, 1972
125. *Anax panybeus* Hagen, 1867
126. *Anaciaeschna jaspidea* (Burmeister, 1839)
127. *Planaeschna milnei* (Selys, 1883)
128. *Gynacantha ryukyuensis* Asahina, 1962
129. *Orthetrum sabina sabina* (Drury, 1733)
130. *Trithemis aurora* (Burmeister, 1839)
131. *Lyriothemis elegantissima* Selys, 1883

I. 북한의 잠자리

Odonata in North Korea that do not inhabit in South Korea

96. 북청실잠자리(북파란실잠자리)

Lestes dryas Kirby, 1891

이승모(2001) 도감에는 북한 온수평에서의 문헌 기록(Ju, 1993)이 있다고 한다. Oleg Kosterin은 *L. dryas*가 북한에 서식할 것으로 판단하였다.

① ♂. 2010. 11. 17. http://www.freenatureimages.eu. ©Ab H. Baas,

② ♀. 2010. 11. 17. http://www.freenatureimages.eu. ©Ab H. Baas

97. 청실잠자리

Lestes sponsa (Hansemann, 1823)

1936년 Masaki에 의한 전남 지방에서의 기록은 있으나 그 후 관찰된 바 없다. 북한에서는 광범위하게 서식하고 있다. 유럽 중부에서 아시아까지 분포하고 있다.

① ♂. 2006. 12. 15. Saxifraga. http://www.freenatureimages.eu. ©Edo van Uchelen,

② ♀. 2010. 11. 17. http://www.freenatureimages.eu. ©Ab H. Baas

98. 검은날개물잠자리

Matrona basilaris Selys, 1853
Matrona basilaris japonica (Forster, 1897)

인터넷에는 인도, 중국, 대만, 일본 오키나와 등지에서의 사진이 올라와있다. 일본에서도 본토에는 서식하지 않고 아열대인 오키나와에 서식하고 있고, 중국도 남부 Guangxi의 Longtan national forest park에 서식하고 있어, 북한에서의 서식가능성은 없다고 판단되고, 중국에서 비래했었을 가능성이 있다. 필자는 2011년 일본 오키나와 탐방 시에 아종인 *M. basilaris japonica*를 확인하였다.

• Identification:

Size(mm)

	whole body	head & thorax	abdomen	forewing & hindwing
♂	59	11.5	47.5	36
♀	58	11.5	46.5	39

This species inhabit in subtropical regions. A record in North Korea might be a come-flying individual from China. I identified male and female *M. basilaris japonica* in Okinawa, Japan in 2011.

① ♂. 2011. 6. 28. Okinawa, Japan, ② ♀. 2011. 6. 28. Okinawa, Japan

99. 시골실잠자리

Coenagrion ecornutum (Selys, 1872)

북한에 서식하며 6~7월에 활동한다고 한다(이승모, 2001).

① ♂. 2017. 6. 26. Novosibirsk, West Siberia, Russia. ©Oleg Kosterin,

② ♂. 2017. 7. 26. Novosibirsk, West Siberia, Russia. ©Oleg Kosterin

100. 북방청띠실잠자리

Coenagrion hastulatum Charpentier, 1825

Asahina(1989) 논문에는 한반도에서 1941년, 1943년에 각 수놈 1개체씩의 채집기록이 있었다고 기재되어있다. Oleg Kosterin에 따르면, *C. hastulatum*은 희소하지만 극동지역(Far East)의 러시아 남부에도 서식하고 있으므로 북한에서의 서식가능성은 높다고 한다.

① ♂. 2009. 6. 1. Own work. northern Lower Saxony, Germany. Wikimedia Commons. https://commons.wikimedia.org. ©Loz (L.B. Tettenborn).
② ♀. 2013. 6. 7. Own work. northern Lower Saxony, Germany. Wikimedia Commons. https://commons.wikimedia.org. ©Loz (L.B. Tettenborn)

①

②

101. 큰실잠자리(청띠실잠자리)

Coenagrion hylas (Trybom, 1889)

북한에 국지적으로 서식하며 6월말에서 7월까지 활동한다고 한다(이승모, 2001).

① ② ♂. 2015. 7. 22. observado.org. Tirol, Austria. Wikimedia Commons. https://commons.wikimedia.org. ©Tim Adriaens

102. 알락실잠자리

Enallagma cyathigerum (Charpentier, 1840)

Asahina(1989) 논문에는 백두산 삼지연과 성북(成北)에서의 기록이 기재되어있다. Oleg Kosterin에 의하면, 유럽에서 North East Asia까지 분포하며 Kamchatka에는 다수 개체가 서식하고 Amur 강 유역에도 서식한다고 한다. 과거에 많이 사용되던 학명은 *Agrion antiquum* Bartenev, 1956과 *Enallagma nigrolineatum* Belyshev & Haritonov, 1975였으며, 현재는 synonym 처리된 상태다.

① ♂. 2006. 5. 17. http://www.freenatureimages.eu. ©Tim Termaat,

② ♀. 2007. 5. 17. http://www.freenatureimages.eu. ©Andre den Ouden

103. 청동실잠자리

Nehalennia speciosa (Charpentier, 1840)

북한에 서식하며 7~8월에 활동한다(이승모, 2001). 유럽과 일본, 북한에 분포하고 있다.

① ♂. 2006. 6. 18. http://www.freenatureimages.eu. ©Jaap Bouwman.

② ♀. 2007. 6. 24. http://www.freenatureimages.eu. ©Tim Termaat

104. 청동잠자리

Cordulia aenea (Linnaeus, 1758)

북한에서 관찰되는 북방계열이며, 5월에서 8월초까지 활동한다고 한다(이승모, 2001). 유럽 대부분에 분포하고 있다.

① ♂. 2005. 3. 21. Saxifraga. http://www.freenatureimages.eu. ©Frits Bink.

② ♀. 2006. 5. 3. http://www.freenatureimages.eu. ©Jaap Bouwman

105. 북방잠자리

Somatochlora alpestris (Selys, 1840)

북한에서 관찰되는 북방계열이며, 7~8월에 해발 1,000미터 이상의 고지에서 활동한다고 한다(이승모, 2001). 유럽의 고산지, 스칸디나비아 남부, 아시아의 시베리아 남부에 분포하고 있다.

① ② ♂. 2017. 7. 6. http://www.freenatureimages.eu. ©Jaap Bouwman

106. 밑노란잠자리붙이(작은북방잠자리)

Somatochlora arctica (Zetterstedt, 1840)

북한에서 관찰되는 북방계열이며, 7월에서 9월초까지 활동한다고 한다(이승모, 2001). 유라시아대륙 북반구와 서유럽에 분포한다.

① ♂. 2008. 2. 29. http://www.freenatureimages.eu. ©Antoin van der Heijden,

② ♀. 2009. 5. 20. Saxifraga. http://www.freenatureimages.eu. ©Mark Zekhuis

107. 진주잠자리

Leucorrhinia dubia Vander Linden, 1825

Asahina(1990) 논문에는 북한 기록이 있는 것으로 기재되어있다.

국명으로는 진주잠자리(*L. dubia*)와 큰진주잠자리(*L. intermedia*)가 매우 인접한 종으로 보이지만, Oleg Kosterin에 의하면, 큰진주잠자리(*L. intermedia*)는 *L. rubicunda* (Linnaeus, 1758)와 가까운 종이며 진주잠자리(*L. dubia*)와는 관련이 거의 없는 종이라고 한다.

① ♂. 2013. 11. 11. Saxifraga. http://www.freenatureimages.eu. ©Harry van Oosterhout.

② ♀. 2010. 11. 18. http://www.freenatureimages.eu. ©Ab H. Baas

①

②

108. 큰진주잠자리

Leucorrhinia intermedia Bartenev, 1912

북한에서 관찰되는 북방계열이며, 6월말에서 7월 중순이 주 활동시기로 알려져 있다(이승모, 2001). IUCN Red List endangered species에 올라있고, 일본 홋카이도의 Kushiro-shitsugen National Park에 서식하고 있는 것으로 소개되어 있다.

① ♂. 2017. 6. 20. Hokkaido, Japan. ©Samson So

② ♀. 1996. 7. 15. SE Transbaikalia, Chita Province, Russia. ©Oleg Kosterin

109. 검정좀잠자리(검은고추잠자리)

Sympetrum danae (Sulzer, 1776)

북한의 고지대에서 기록이 있고 7월말에서 10월말까지 볼 수 있다고 한다(이승모, 2001). 북유럽, 아시아, 북미 대륙에 광범위하게 분포하고 있다.

① ♂. 2006. 7. 14. Saxifraga. http://www.freenatureimages.eu. ©Bas Klaver.

② ♀. 2006. 12. 16. Saxifraga. http://www.freenatureimages.eu. ©Luc Hoogenstein

110. 붉은좀잠자리(북방고추잠자리)

Sympetrum flaveolum (Linnaeus, 1758)

북한에서 관찰되며, 해발 2,000미터 이상의 고지에서 7~8월에 관찰된다고 한다(이승모, 2001). 유럽과 중국 중북부에 분포하고 있다.

① ♂. 2009. 8. 15. Saxifraga. http://www.freenatureimages.eu. ©Rob Felix.

② ♀. 2006. 12. 16. Saxifraga. http://www.freenatureimages.eu. ©Luc Hoogenstein

111. 만주좀잠자리

Sympetrum vulgatum imitans (Selys, 1886)

조복성(1958) 도감에는 서울 三聖山에서의 *S. vulgatum imitans* 채집 기록이 있다. Wikipedia에는 유럽 분포종이라고 되어 있으나, Oleg Kosterin은 Wikipedia는 전문 지식이 없는 누구나 올릴 수 있는 자료로서 믿을 것이 못된다고 하며, *S. vulgatum*은 시베리아와 중앙아시아에도 널리 분포하고 있으며, *S. vulgatum*의 eastern subspecies인 *S. vulgatum imitans*는 북한에 서식할 가능성이 크다고 한다.

① ♂. 2009. 8. 18. Saxifraga. http://www.freenatureimages.eu. ©Rob Felix.

② ♀. 2013. 8. 8. Saxifraga. http://www.freenatureimages.eu. ©Jan van der Straaten

112. 백두산옛잠자리

Epiophlebia sinensis (Li & Nel, 2011)

중국의 Heilongjiang 지역에 서식하고 있으며, Fleck et al.(2013)은 북한의 삼지연지역에서 *E. sinensis*가 채집되었다고 보고하고 있다.

113. ~~북알락실잠자리~~

~~*Enallagma deserti* (Selys, 1871)~~

북아프리카 서식종으로서, 한반도 서식과는 관련이 없다.

Oleg Kosterin에 따르면, *E deserti*(북알락실잠자리), *E. circulatum, E. cyathigerum risi*(알락실잠자리)는 cerci 모양의 유사성 때문에, 예전에는 특히 *E. deserti*와 *E. circulatum*간에 혼동이 있었다고 한다. 한반도잠자리 목록에서 제외되어야 한다.

• This species inhabits in the northern Africa and has nothing to do with Korean peninsula. The name should be eliminated from the North Korean odonata list.

114. ~~북해도북방잠자리~~

~~*Somatochlora exuberata* Bartenev, 1910~~

~~(*syn. Somatochlora japonica* Matsumura, 1911)~~

이승모(2001) 도감에 북해도북방잠자리, 학명 *S. japonica*로 명명된 종은 북한 고지에 서식한다고 기술되어 있는데, 2018년 현재 *S. japonica*는 *S. exuberata*로 동종처리 되어있다. 즉, 남한의 참북방잠자리와 동일종이다. 북해도북방잠자리는 남한에는 서식하지 않는 북한의 잠자리 목록에서 제외시켜야 한다.

• The scientific name of this species is *S. exuberata*, which also inhabits in South Korea. Thus, the name should be eliminated from the North Korean (only) odonata list.

115. 검은얼굴쇠측범잠자리

Davidius sp.

No data available.

116. 검은쇠측범잠자리

Davidius sp.

No data available.

117. 온수평좀잠자리

Sympetrum onsupyongensis Hong & Hwang, 1999
(doubtful status)

No data available.

118. 보천보좀잠자리

Sympetrum pochonboensis Ri & Hong, 2001 (doubtful status)

No data available.

Ⅱ. 비래 기록이 있거나 비래/정착 가능한 종

Odonata with come-flying record and with possibility of come-flying or settling down in the future

119. 독수리잠자리

Chlorogomphus brunneus Oguma, 1926

③

1993년 제주 서귀포에서 수놈 1마리가 채집된 기록이 있고(이승모, 2001), 그 후 한반도에서의 관찰 기록은 없다. 일본 본토의 혼슈 최남단인 주고쿠 지방와 시코쿠에 서식하는 즉, 난대지역에 있는 아종인 *C. brunneus costalis* Asahina, 1949가 비래한 것으로 보인다. 오키나와에 서식하는 *C. brunneus brunneus*와 *C. brunneus keramensis*는 아열대종으로 비래한다 하여도 서식할 가능성은 없고, *C. brunneus costalis*가 비래하면 제대로 된 계류가 없는 제주에는 정착할 수 없고 남해안 지역에는 다수가 비래할 경우 적응 가능성이 있다고 보인다.

필자는 2011년 일본 오키나와에서 독수리잠자리 두 아종을 확인하였다. 암놈의 날개에 검은 실루엣이 크게 들어가 있어 멀리서도 한 눈에 존재를 확인할 수 있다. (Fig. 1~5)는 *C. brunneus brunneus* Oguma, 1926이고, (Fig. 6)은 *C. brunneus keramensis* Asahina, 1972로 추정된다.

• Identification:

Size(mm)

	whole body	head & thorax	abdomen	forewing & hindwing
♂	75~77	18~19.5	56.5~57	48~49 / 47~48
♀	78~82	19~20	59~62	53~57 / 52~56

• Ecology & Behavior: 2년 1세대이고 유충으로 월동한다. 계곡 상류에 서식한다. 일본 오키나와에서의 관찰 경험에 의하면, 암놈은 산지 정상에서 하늘 높이 떠서 바람을 타며 상당 시간 제자리 비행을 하고, 계곡에 나타난 암놈은 잠시 비행을 하다가 앉을 때는 제일 높은 나무의 꼭대기에 앉곤 한다.

① ♂. *C. brunneus brunneus*. 2011. 6. 30. Okinawa, Japan

② ♀. *C. brunneus brunneus*. 2011. 6. 30. Okinawa, Japan

③ ♂♀. *C. brunneus brunneus*

④ ⑤ ♀. *C. brunneus brunneus*. 2011. 6. 29. Okinawa, Japan

⑥ ♂♀. 교미. *C. brunneus keramensis*. 2011. 6. 29. Okinawa, Japan,

(Summary *w.r.t.* ecology & behavior)

• 1 record of *C. brunneus costalis* at Jeju-island in 1993; • living in valleys and upper streams; • 1 generation in 2 years & passing the winter as larvae; • females gliding standstill by riding the wind at more than 10m above from the top of mountains; • hanging from twigs

120. 점박이잠자리

Tholymis tillarga (Fabricius, 1798)

아열대 종이다. 연도는 불명확하고 어느 해의 8월에 한국에서 채집되었었다는 기록이 있다고 하는데 확인할 수 없다. 뒷날개의 밤색 짙은 실루엣이 특징이다. 일본 오키나와에서 관찰한 경험에 의하면 어두운 저녁에 먹이 사냥을 하러 나왔고 낮에는 거의 관찰되지 않았다.

① ② ♂. 2011. 6. 29. Okinawa, Japan, ③ ♂. 2016. 9. 6. Own work. Kerala, India. Wikimedia Commons, https://commons.wikimedia.org. ©Jeevan Jose ④ ♀. 2016. 7. 6. Own work. Wikimedia Commons. https://commons.wikimedia.org. ©Vengolis

• 1 unclear record; • subtropical species; • feeding in the evening and not showing in daytime

121. 얼룩날개나비잠자리

Rhyothemis variegata (Linnaeus, 1763)

아열대 종이다. 2017년 제주에서 채집된 적이 있다고 하는데, 익일 같은 장소에서 채집자를 우연히 만났고 몇 시간을 보내는 동안 실물을 확인한 적은 없다. 일본 오키나와에서 산 비탈진 곳에 높게 날던 암놈을 관찰하였는데 사람을 피해 멀리 날아갔다.

① ♂. 2015. 9. 8. Own work. Wikimedia Commons.
https://commons.wikimedia.org. ©Vengolis.
② ♀. 2013. 7. 17. Own work. Wikimedia Commons.
https://commons.wikimedia.org. ©Vengolis

• 1 unclear record at Jeju-island in 2017; • subtropical species

122. ~~남방잘록허리왕잠자리~~

~~*Gynacantha basiguttata* Selys, 1882~~

열대 종이다. 제주에서 한 곤충인이 채집하여 표본 한 사진이 한국의 잠자리 사이트에 올랐었으나(채집일자: 2005. 8. 17.), 이 종은 *G. basiguttata*로서 아열대가 아닌 열대 지역에 사는 종으로서 한국까지의 비래 가능성은 zero이다. 비래목록에서 제외시켜야 한다.

*G. basiguttata*의 모습은 아래의 사이트에서 확인할 수 있다. 수놈 부속기가 독특한 모습을 하고 있어 구분이 쉽다.

http://www.allodonata.com/search/?q=s:1068&page=2

- 1 record at Jeju-island in 2005, which is unreliable because this tropical species can never fly to Korea. The name should be eliminated from the Korean odonata come-flying list.

123. 담색물잠자리

Mnais pruinosa Selys, 1853

아열대와 난대에 서식하는 종이다. 1933년 일본학자 Doi가 제주도산을 보고한 바 있으나 이후 관찰된 바 없고, 조복성(1958) 도감에는 제주도에서의 담색물잠자리(*M. strigata: M. pruinosa*로 동종 처리됨)를 기록하고 있는데 Doi 기록을 쓴 것으로 보인다. Asahina(1989) 논문에는 조복성(1958) 기록이 불완전하며 제주에서의 담색물잠자리 서식을 확인한 바 없는 것으로 되어있다.

이 종은 계곡의 원류에 서식하는 종으로서, 일본 간토지방에서의 관찰 경험에 의하면 물잠자리의 서식이 끊기는 계곡지점에서 더 상류 쪽에 하늘이 나무로 가려지는 지역에 서식하고 있었다. 물 흐름이 없는 제주 계곡에서의 서식은 불가능

하고, 남해안 자락에는 만약 일정 개체수가 비래한다면 서식할 가능성은 있다고 판단된다.

① ♂. 2012. 5. 27. Own work. Japan. Wikimedia Commons. https://commons.wikimedia.org. ©Alpsdake
② ③ ♀. 2017. 7. 18. Kanto region, Japan.
④ ♂♀. 2012. 5. 12. Own work. Japan. Wikimedia Commons. https://commons.wikimedia.org. ©Alpsdake

• 1 record at Jeju-island by Doi in 1933, which is doubtful; • no record in Korea by Asahina (1989); • distributing in subtropical & warm temperature zone in Japan; • inhabiting in upper valleys with trees covering the sky

124. 점박이황등색실잠자리

Mortonagrion hirosei Asahina, 1972

아열대와 난대에 서식하는 종으로서 일본에서는 도쿄도에도 서식한다고 되어 있으나, Akihiko Sasamoto에 따르면, 급격히 개체수가 줄어 희귀종이 되어가고 있다고 한다.

황등색실잠자리속(Genus *Mortonagrion*)에 속하는 소형의 실잠자리로서 일본에서는 민물과 바닷물이 만나는 기수역(汽水域)에 서식한다. 2010년대 중반 전남 광양에서의 미성숙 암놈 채집기록이 있다. 이 지역 일대를 수차례 여러 잠자리인이 조사하였지만 추가 발견되지 않았다. 한 개체만 비래했었을 가능성이 있다.

① ♂. 2017. 4. 27. Flickr. Mong Tseng Tsuen, Hong Kong. Wikimedia Commons. https://commons.wikimedia.org. ©CharlesLam

- 1 record of an immature female at Gwangyang in mid 2010

125. *Anax panybeus* Hagen, 1867

• Identification: 아열대 종이다. *Anax* 속에서 가장 큰 덩치를 갖고 있다.

Size(mm)

	whole body	head & thorax	abdomen	forewing / hindwing
♂	90~94	23	67~71	53~56 / 52~55

• Ecology & Behavior: 1년 1~2세대이고 유충으로 월동한다. 정수성 환경에 서식한다. 일본 오키나와에서의 관찰에 의하면 어두운 저녁에 낮게 날며 먹이사냥을 하였다. 3개체를 채집하였는데 2개체는 몸길이 9.0cm였고, 1개체는 9.4cm에 달하였다.

① ② ♂. 2011. 6. 30. Okinawa, Japan.

②

• distributing in subtropical area; • feeding very low just above ground in the evening

126. *Anaciaeschna jaspidea* (Burmeister, 1839)

①

②

③

④

• Identification: 아열대 종이다. 한국의 도깨비왕잠자리가 속하는 *Anaciaeschna* 속의 또 다른 종으로서 아시아의 아열대 지역에 광범위하게 분포하고 있다. 도깨비왕잠자리와 마찬가지로 오묘한 겹눈 색을 갖고 있다.

Size(mm)

	whole body	head & thorax	abdomen	forewing / hindwing
♂	68	19	49	45 / 44
♀	69	19	50	47 / 46

• Ecology & Behavior: 1년 1~2세대이고 유충으로 월동한다. 정수성 환경에 서식한다. 일본 오키나와에서의 관찰에 의하면, 낮에는 전혀 비행모습을 관찰할 수 없고 어두운 저녁에 논에 나타나 벼 사이를 어지럽게 헤집고 다니며 수놈은 암놈을 찾았고 암놈도 논에 산란하고 있었다. 일본 자료에 의하면, 대표적인 이동성 잠자리(migratory dragonfly)이고 이동 거리도 매우 커서 오키나와와 타이완 등지에서 일본 본토로 상당수의 개체가 2010년대 전에는 비래했었고 이후 비래 개체는 매우 줄어들었다고 한다. 과거 비슷한 시기에 한국의 제주와 남해안 지역에 비래하여 저녁에 논에서 영역비행, 교미와 산란, 섭식하였을 가능성이 상당하다고 판단된다.

① ♂. 2011. 6. 29. Okinawa, Japan, ② ♀. 2011. 6. 28. Okinawa, Japan, ③ ♂♀, ④ ♂. 2011. 6. 29. Okinawa, Japan, ⑤ ♀. 2011. 6. 28. Okinawa, Japan

• distributing in subtropical area and highly migratory; • in the evening, males patrolling in search of females and females ovipositing in the rice fields

127. *Planaeschna milnei* (Selys, 1883)

③

• Identification:

Size(mm)

	whole body	head & thorax	abdomen	forewing / hindwing
♀	77	18	59	51 / 50

• Ecology & Behavior: 2~4년 1세대이고 유충으로 월동한다. 계곡 상류에 서식한다. 일본 간토지방에서의 관찰에 의하면 담색물잠자리가 사는, 계곡 상류의 하늘을 나무가 가리고 있는 어두운 지역에 서식하고 있었다. 개미허리왕잠자리와 함께 서식지를 공유하고 있었고 일본 전역에 서식하는 점을 고려하면, 한국의 남해안 지방에서도 서식하고 있을 가능성이 있다고 판단된다.

① ⑤ ♂. 미성숙. 2012. 8. 3. Own work. Mie Prefecture, Japan.
Wikimedia Commons. https://commons.wikimedia.org. ©Alpsdake

② ③ ④ ♀. 2018. 7. 17. Kanto region, Japan.

• inhabiting in upper valleys together with *Boyeria maclachlani* in Japan

128. *Gynacantha ryukyuensis* Asahina, 1962

필자는 2015년 제주에서 *G. ryukyuensis* 암놈의 산란을 목격했으나 채집에 실패하였다. 이 종은 일본 오키나와에서도 사람이 발을 들여놓기 무서운 풀숲이 빽빽하게 우거지고 땅은 축축한 어두운 숲속에 서식하는 종으로서 발견하기 힘든 종으로 일본의 잠자리 필드 전문가들이 기술하고 있다. 제주에서 목격된 환경도 이러하였고 추가 목격은 못한 실정이다. 우연히 비래한 개체였는지 제주에 서식하고 있는지 추가 확인이 필요하다. *G. ryukyuensis*의 모습은 아래의 사이트에서 확인할 수 있다.

http://odonatavietnam.blogspot.com/2015/06/gynacantha-ryukyuensis-exciting.html

http://taiwandragonfly.blogspot.com/2013/02/aeshnidae.html

- I observed a female ovipositing at Jeju-island in 2015 and failed to catch. Since then, no more observation yet.

129. *Orthetrum sabina sabina* (Drury, 1733)

- Identification:

Size(mm)

	whole body	head & thorax	abdomen	forewing / hindwing
♂	51	16.5	34.5	35 / 34
♀	52	16.5	35.5	35 / 34

- Ecology & Behavior: 아열대와 열대에 서식하는 종이다. 1년 1~2세대이고 아열대지역에서는 유충으로 월동하고, 정수성 환경에 서식한다. 한국의 밀잠자리와 같이 동남아시아에서 가장 흔한 대표적 밀잠자리이다.

한국에 비래하여 정착한 남색이마잠자리는 아열대와 열대 지역에 골고루 분포하고 있는데 한국에 정착할 수 있었던 요인 중의 하나는 작은 덩치일 것이다. 두점배좀잠자리도 일정 개체수가 비래하여 정착하였는데, 이 두 종은 작은 덩치를 가져 기온이 다른 즉, 추운 겨울이 있는 한국에 적응할 수 있었던 것으로 보인다. 덩치가 큰 남방왕잠자리, 날개잠자리, 된장잠자리 등은 한국의 추운 겨울에 적응하지 못하고 있는 것을 보면 유추할 수 있다. 본 종은 크기는 밀잠자리와 비슷하지만 한국의 밀잠자리처럼 굉장한 적응력과 생존력을 갖고 있는 것으로 보여 한국에 비래하면 정착에 성공할 가능성은 어느 정도 있는 것으로 추정된다.

① ♂. 2013. 2. 16. Kuala Lumpur, Malaysia, ② ♀. 2013. 2. 16. Kuala Lumpur, Malaysia, ③ ♂♀. 2013. 2. 16. Kuala Lumpur, Malaysia, ④ ♂. 2011. 6. 28. Okinawa, Japan,

• inhabiting in lentic areas; • prevalent in tropical and subtropical region

130. *Trithemis aurora* (Burmeister, 1839)

②

• Identification: 수놈은 빨간 색의 머리와 핑크 색의 몸을 하고 있는 아름다운 종이다.

Size(mm)

	whole body	head & thorax	abdomen	forewing / hindwing
♂	39	13	26	29 / 28

• Ecology & Behavior: 아열대와 열대에 서식한다. 열대의 말레이시아와 아열대의 오키나와에서 관찰한 경험에 의하면 계류와 정수성 환경 모두에 서식하고 있는 것으로 보이며, 한국으로의 비래와 정착할 가능성도 어느 정도 있어 보인다.

① ② ♂. 2011. 7. 1. Okinawa, Japan, ③ ♂. 2011. 7. 1. Okinawa, Japan,
④ ♀. 2011. 6. 28. Okinawa, Japan

• inhabiting in lentic and lotic areas

131. *Lyriothemis elegantissima* Selys, 1883

• Identification: 일본 오키나와에서 우연히 수놈 한 개체만을 발견하고 채집하였다.

Size(mm)

	whole body	head & thorax	abdomen	forewing / hindwing
♂	45	17	28	36 / 35

① ② ③ ♂. 2011. 7. 1. Okinawa, Japan

Reference

이승모(李承模). 2001. 韓半島產 잠자리目 昆蟲誌, 正行社

Lee, Seung-Mo. 2001. The dragonflies of Korean peninsula (Odonata). Junghaeng-Sa

정광수(Jung, K.-S.). 2007. 한국의 잠자리 생태도감(Odonata of Korea). 일공육사

정광수(Jung, K.-S.). 2012. 한국의 잠자리(The dragonflies and damselflies of Korea). 자연과 생태

조복성(趙福成). 1958. 韓國產잠자리目昆蟲. 高麗大學校文理科大學

Cho, P.S., 1958. A manual of the dragonflies of Korea (Odonata)

Appel, E., Heepe, L., Lin, C.P,, & Gorb, S.N,, 2015, "Ultrastructure of dragonfly wing veins: composite structure of fibrous material supplemented by resilin", Journal of Anatomy, 227(4), 561-582.

Arnold, J.W., 1964. Blood Circulation in Insect Wings. Memoirs of the Entomological Society of Canada. 38.

Asahina, S., 1938. Odonata of Hokkaido. Tenthredo, Kyoto, 2: 149-172.

Asahina, S., 1978, "Notes on Chinese odonata", The Entomological Society of Japan, 46(2), 234-252.

Asahina, S., 1989, "The Odonata of Korean Peninsula, a summarized review Part I. Introductory notes and the suborder Zygoptera", GEKKAN-MUSHI, 220, 8-15.

Asahina, S., 1989, "The Odonata of Korean Peninsula, a summarized review Part II. Anisoptera 1 (Gomphidae)", GEKKAN-MUSHI, 222, 8-12.

Asahina, S., 1989, "The Odonata of Korean Peninsula, a summarized review Part III. Anisoptera 2 (Aeschnidae and Corduliidae)", GEKKAN-MUSHI, 224, 14-18.

Asahina, S., 1990, "The Odonata of Korean Peninsula, a summarized review Part 4. Anisoptera 3. Libellulidae", GEKKAN-MUSHI, 228, 16-19.

Bartenef, A.N., 1910. [Materials on the fauna of dragonflies of Siberia. 15. Dragonflies of Transbaikalia]. Raboty iz laboratorii zollogicheskogo kabineta Imperatorskago Varshavskago Universiteta 1910 goda, p.77. (In Russian)

Bernath, B., Szedenics, G., Wildermuth, H., & Horvath, G., 2002, "How can dragonflies discern bright and dark waters from a distance? The degree of polarisation of reflected light as a possible cue for dragonfly habitat selection", Freshwater Biology, 47(9), 1707-1719.

Berry, R., van Kleef, J., & Stange. G., 2007, "The mapping of visual space by dragonfly lateral ocelli". Journal of Comparative Physiology A, 193, 495-513.

Berry, R.P., Stange, G., & Warrant, E.J., 2007, "Form vision in the insect dorsal ocelli: an anatomical and optical analysis of the dragonfly median ocellus", Vision Research, 47(10), 1394-1409.

Chen, S.-U. & Yeh, W.-C., 2014, "Description of a new species of the genus Sarasaeschna Karube & Yeh, with a key to the species of Taiwan (Odonata: Anisoptera: Aeshnidae)", Zootaxa, 3764(1), 92-100.

Donoughe S., Crall J.D., Merz, R.A., & Combes, S.A., 2011, "Resilin in dragonfly and damselfly wings and its implications for wing flexibility", Journal of Morphology, 272(12), 1409-1421.

Dumont, H.J., 2004, "Distinguishing between the East Asiatic representatives of Paracercion Weekers & Dumont (Zygoptera: Coenagrionidae)", Odonatologica, 33(1), 361-370.

Dunkle, S.W., 1989. Dragonflies of the Florida Peninsula, Bermuda and the Bahamas. Scientific Publishers.

Elvin, C.M., Carr, A.G., Huson, M.G., Maxwell, J.M., Pearson, R.D., Vuocolo, T,, Liyou, N.E., Wong, D.C., Merritt, D.J., & Dixon, N.E., 2005, "Synthesis and properties of crosslinked recombinant pro-resilin", Nature, 437, 999-1002.

Fleck, G., Grand, D., & Boudot, J.-P., 2007, "Description of the last stadium larva of Somatochlora borisi, with comparison to that of Somatochlora metallica meridionalis (Odonata: Corduliidae)", International Journal of Odonatology, 10(1), 43-52.

Fleck, G., Li, J., Martin, S., Andre, N., Zhang, X., Lin, L., & Gao, M., 2013, "Epiophlebia sinensis Li & Nel 2011 in Li et al. (2012) (Odonata) newly recorded in North Korea", International Dragonfly Fund, Report 61, 1-4.

Fraser, F.C., 1957. A reclassification of the order Odonata. Royal Zoological Society of New South Wales.

Handlirsch, A., 1906-1908. Die fossilen Insekten und die Phylogenie der rezenten Formen. Ein Handbuch fur Palaontologen und Zoologen. Leipzig. Engelmann.

Hatch, G.E., 1966, "Structure and mechanics of the dragonfly pterothorax", Annals of the Entomological Society of America, 59(4), 702-714.

Horridge, G.A., 1969, "Unit studies on the retina of dragonflies", Zeitschrift fur vergleichende Physiologie, 62(1), 1-37.

Horvath, G., 1995, "Reflection-polarization patterns at flat water surfaces and their relevance for insect polarization vision", Journal of Theoretical Biology, 175(1), 27-37.

Hunt, R.W.G., 2004. The Reproduction of Colour (6th ed.). Chichester UK: Wiley-IS&T Series in Imaging Science and Technology, 11-12.

Johansson, F. & Nilsson, A.N., 1991, "Freezing tolerance and drought resistance of Somatochlora alpestris (Selys) larvae in boreal temporary pools (Anisoptera: Corduliidae)", Odonatologica, 20(2), 245-252.

Jongerius, S.R. & Lentink, D., 2010, "Structural analysis of a dragonfly wing", Experimental Mechanics, 50, 1323-1334.

Karube, H., Futahashi, R., Sasamoto, A., & Kawashima, I., 2012, "Taxonomic revision of Japanese odonate species, based on nuclear and mitochondrial gene genealogies and morphological comparison with allied species. Part I", TOMBO, Fukui, 54, 75-106.

Kosterin, O.E. & Zaika, V.V., 2003, "Odonatological expeditions to the Tuva Republic (Tuva)", IDF-Report 5. 1-32.

Kosterin, O.E. & Zaika, V.V., 2010, "Odonata of Tuva, Russia", International Journal of Odonatology, 13(2), 277-328.

Kosterin, O.E. & Zaika, V.V., 2018, "Update to the knowledge of Odonata of Tuva and southern Krasnoyarskiy Kray, Siberia, Russia", IDF-Report 113, 1-28.

Kovacs, T. & Ambrus, A., 2017. "Ket gyujtemeny Somatochlora metallica (Vander Linden, 1825) anyaganak revizioja", Folia Historico-Naturalia Musei M atraensis, 42, 5-8.

Labhart, T. & Nilsson, D.E., 1995, "The dorsal eye of the dragonfly Sympetrum: specializations for prey detection against the blue sky", Journal of Comparative Physiology A, 176(4), 437-453.

Land, M.F., & Nilsson, D.E., 2002. Animal eyes. Oxford: Oxford University Press.

Li, H. & Zhang, H.-J., 2018, "Taxonomic notes on the dragonfly Genus Somatochlora selys, 1871 from China (Odonata: Anisoptera: Corduliidae)", Mun. Ent. Zool., 13(2), 401-405.

Li, J.-K., Nel, A., Zhang, X.-p., Fleck, G., Gao, M.-x., Lin, L., & Zhou, J., 2012, "A third species of the relict family Epiophlebiidae discovered in China (Odonata: Epiproctophora)", Systematic Entomology, 37(2), 408-412.

Lohmann, H., 1994, "Somatochlora metallica abocanica Belyshev, 1955, a new member of the European dragonfly fauna (Anisoptera: Corduliidae)", Notulae Odonatologicae, 4, 39-40.

Malikova. E.I. 2006, “Synonymy of Somatochlora japonica Matsumura, 1911 and S. exuberata Bartenev, 1911, with the priority of the former”, XVII International Symposium of Odonatology, 31 July - 4 August 2006. Abstracts of Papers. Hong Kong Wetland Park, Hong Kong, China, 2006, p33.

Malikova, E.I., Kosterin, O.E., & Dubatolov, V.V., 2007, “A dragonfly (Odonata) collection from the Bolshekhekhtsirskii State Nature Reserve (Khabarovskii Krai, RUSSIA). II. Seasons 2006 and 2007”, Animal World of the Far East, A., 6, 5-9.

Medvedev, A.F., Kosterin, O.E., Malikova, E.I., & Schneider, W., 2013, “Description date of Somatochlora exuberata Bartenev, Leucorrhinia intermedia Bartenev, and Sympetrum vulgatum grandis Bartenev, the fate of A.N. Bartenev's type specimens and designation of the lectotype of L. intermedia (Anisoptera: Corduliidae, Libellulidae)”, Odonatologica, 42(3), 211-228.

Meinertzhagen, I.A., Menzel, R., & Kahle, G., 1983, “The identification of spectral receptor types in the retina and lamina of the dragonfly Sympetrum rubicundulum”, Journal of comparative physiology A, 151(3), 295-310.

Ozono, A. et al., 2012. Dragonflies of Japan. 日本のトンボ. 文一総合出版.

Paillat, P.R. & Tabut, C., 2018, “Cordulie a taches jaunes et Cordulie metallique a I'honneur en Eure-et-Loir”, Recherches naturalistes, 7-14.

Sawabe, K., Ueda, T., Higashi, K., & Lee, S.-M., 2004, “Genetic identity of Japanese Sympetrum frequens and Korean S. depressiusculum inferred from mitochondrial 16S rRNA sequences (Odonata: Libellulidae)”, International Journal of Odonatology, 7(3), 517-527.

Seehausen, M. & Fiebig, J., 2016, “A collection of Odonata from North Korea, with first record of Ischnura elegans (Odonata: Coenagrionidae)”, Notulae odonatologicae, 8(7), 203-245.

Solomon, S.G. & Lennie, P., 2007, “The machinery of colour vision”, Nature Reviews Neuroscience, 8, 276-286.

Tillyard, R.J., 1928. The evolution of the order Odonata. Part 1. Introduction and early history of the order. Records of the Indian Museum 30: 151-172.

Tillyard, R.J., & Fraser, F.C., 1938-1940, “A reclassification of the order Odonata”, Australian Journal of Zoology, 9, 125-169, 195-221, 359-390.

Wilson, K.D.P., 2005, “Odonata of Guangxi Zhuang autonomous region, China, part II: Anisoptera”, International Journal of Odonatology, 8(1), 107-168.

Wyszecki, G. & Stiles, W.S., 1982. Color Science: Concepts and Methods, Quantitative

Data and Formulae (2nd ed.). New York: Wiley Series in Pure and Applied Optics.

Yang, E.-C. & Osorio, D., 1991, "Spectral sensitivities of photoreceptors and lamina monopolar cells in the dragonfly, Hemicordulia tau", Journal of Comparative Physiology A, 169(6), 663-669.

Yokoi, N., 2002, "Description of a new Boyeria species from Central Laos (Anisoptera: Aeshnidae)", TOMBO, Matsumoto, 45(1/4), 12-14.

Zhang, H. M. & Tong, X., 2011, "Descriptions of Boyeria karubei Yokoi and Periaeschna f. flinti Asahina larvae from China (Anisoptera: Aeshnidae)", Odonatologica, 40(1), 57-65.